用心字里行间　雕刻名著经典

心理学与生活

第20版

第4册

心理障碍、治疗与社会心理学

［美］ 理查德·格里格 著

王 垒 等译

人民邮电出版社

北 京

图书在版编目（CIP）数据

心理学与生活：第 20 版 . 第 4 册，心理障碍、治疗与社会心理学 /（美）理查德 · 格里格著；王垒等译 . 北京：人民邮电出版社，2024. 10. -- ISBN 978-7-115-64641-5

Ⅰ . B84-49

中国国家版本馆 CIP 数据核字第 20243DX903 号

心理学与生活（第 20 版，第 4 册）

◆ 著　　　[美] 理查德 · 格里格
译　　　王　垒 等
策　划　刘　力　陆　瑜
特约编审　谢呈秋
责任编辑　王伟平
装帧设计　陶建胜

◆ 人民邮电出版社出版发行　北京市丰台区成寿寺路 11 号
邮编　100164　电子邮件　315@ptpress.com.cn
网址　http://www.ptpress.com.cn
电话（编辑部）010-84931398　（市场部）010-84937152
北京奇良海德印刷股份有限公司印刷
新华书店经销

◆ 开本：710 × 1000　1 /16
印张：16.25
字数：231 千字　2024 年 10 月第 1 版　2024 年 10 月第 1 次印刷
著作权合同登记号　图字：01-2023-4781

定价：68.00 元

本书如有印装质量问题，请与本社联系　电话：(010) 84937152

本书的翻译工作由北京大学心理与认知科学学院19位教授通力合作完成，各部分的译者依序为：

第 1 册

- 前　言　　王垒 教授
- 第 1 章 生活中的心理学　　王垒 教授
- 第 2 章 心理学的研究方法　　朱滢 教授、毛利华 副教授
- 第 3 章 行为的生物学和进化基础　　沈政 教授
- 第 4 章 感觉与知觉　　吴艳红 教授、韩世辉 教授
- 第 5 章 心理、意识和其他状态　　苏彦捷 教授

第 2 册

- 第 6 章 学习与行为分析　　包燕 副教授
- 第 7 章 记忆　　耿海燕 教授
- 第 8 章 认知过程　　张亚旭 副教授
- 第 9 章 智力与智力测量　　杨炯炯 副教授

第 3 册

- 第 10 章 人的毕生发展　　周晓林 教授
- 第 11 章 动机　　方方 教授、肖健 教授
- 第 12 章 情绪、压力与健康　　王垒 教授、吴艳红 教授
- 第 13 章 理解人类人格　　谢晓非 教授、毛利华 副教授

第 4 册

- 第 14 章 心理障碍　　甘怡群 教授
- 第 15 章 心理治疗　　钱铭怡 教授
- 第 16 章 社会心理学　　侯玉波 副教授、张智勇 副教授

大多数人偶尔感到的不高兴与抑郁症的症状有何不同?
（见正文第 29 页）

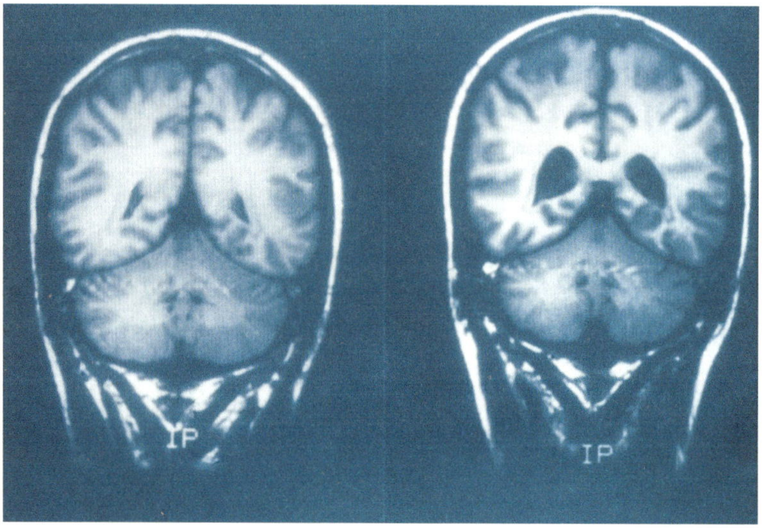

图 14.5　精神分裂症与脑室大小

男性同卵双生子的 MRI 扫描图。与没有精神分裂症的双生子的扫描图（左侧）相比，患有精神分裂症的双生子的扫描图（右侧）显示脑室增大。（见正文第 51 页）

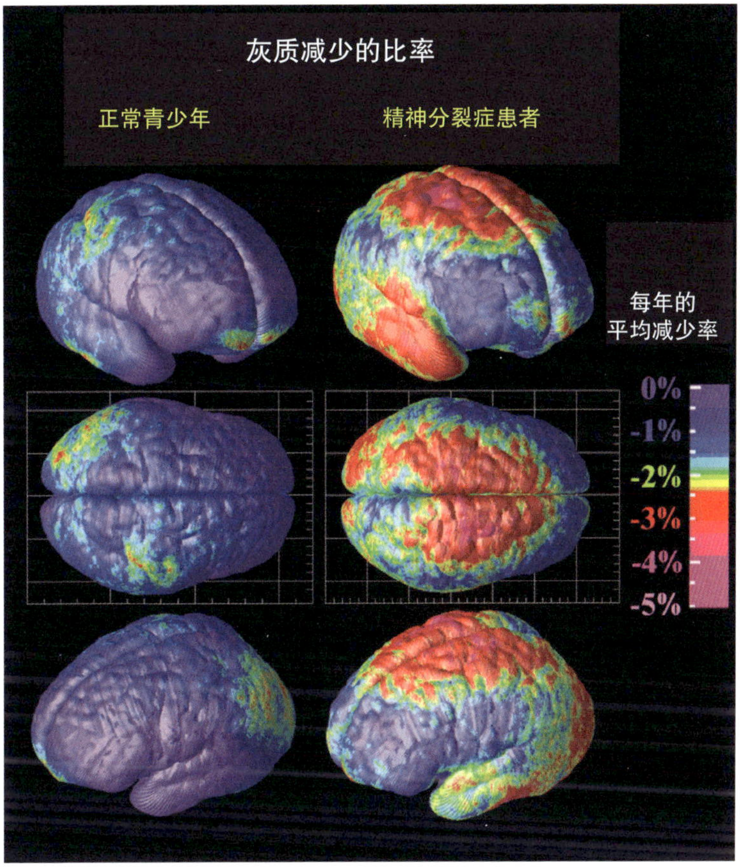

图 14.6　精神分裂症青少年大脑灰质的减少

研究者对 12 个患有精神分裂症的青少年和 12 个年龄匹配的健康青少年进行了磁共振扫描。在 5 年的时间里，精神分裂症青少年几个脑区内的灰质大量减少。（见正文第 52 页）

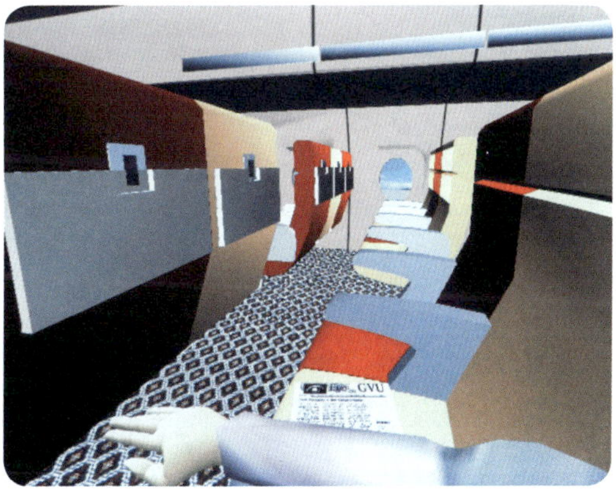

行为治疗师会如何利用虚拟现实暴露疗法帮助来访者克服飞行恐惧？（见正文第 89 页）

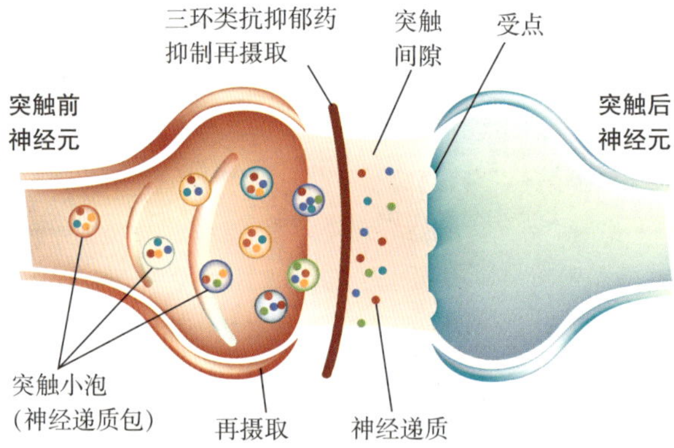

图 15.2　三环类抗抑郁药的脑机制

三环类抗抑郁药阻断了去甲肾上腺素和 5- 羟色胺的再摄取，从而使神经递质留在突触间隙中。（见正文第 113 页）

斯坦福监狱实验创造了一个新的"社会现实"，在这一现实中，良好行为的规范被情境的力量彻底击败了。为什么这些学生狱警和囚犯如此强烈地接受了他们的角色？（见正文第 140 页）

内容提要

《心理学与生活》是心理学导论类教材的典范之作，半个多世纪以来，在全世界心理学界一直享有盛誉。1937 年，美国斯坦福大学的弗洛伊德·鲁赫（Floyd L. Ruch）博士撰写了本书的第 1 版，大获成功，并独自修订至第 7 版。从第 8 版起，被誉为“当代心理学的声音和面孔”的美国社会心理学家菲利普·津巴多（Philip G. Zimbardo）开始加入本书的作者团队，并自第 9 版起成为第一作者。进入 21 世纪，认知心理学硕果累累，日益成为心理学的主流方向。为了使这部经典之作永立时代的潮头，自第 14 版始，津巴多教授盛情邀请耶鲁大学的认知心理学大家理查德·格里格（Richard J. Gerrig）加入，作为本书的第二作者。自第 16 版始，格里格任第一作者，主持本书的修订工作，并在最新的第 20 版成为唯一作者。

我国心理学界许多教师多年来一直将本书作为教材或主要教学参考书，北京大学自 1990 年起就一直采用本书作为普通心理学课程的教材。怀着对我国心理学基础教育和普及的使命感，北京大学心理与认知科学学院（原心理学系）19 位教授通力合作，每人根据自己的研究专长和兴趣，各选取一部分进行了精心翻译。正如时任北大心理学系主任的王垒教授所言：“这部教材的翻译是北大心理学系教授们集体智慧和团队凝聚力的结晶。”《心理学与生活》中译本（第 16 版和第 19 版）在国内出版 20 年来，累计发行突破 150 万册，赢得了广大心理学师生和普通读者的喜爱和认可。

第 20 版既反映了心理学的最新研究进展，也延续了本书一贯的传统——将最重要的心理学见解应用于生活中。相比于第 19 版，第 20 版有了大幅的修订，新增了近 120 个贯穿全书的“研究特写”，新增或修订了“生活中的心理学”与“生活中的批判性思维”两个专栏的主题或内容，更新了数万字正文内容和数百篇参考文献，以反映心理学领域日新月异的发展成果。同时，译者团队和编辑团队以更高更严苛的标准，对原文和译文分别进行了精心翻译和编辑。

由于原书部头比较大，为了方便读者携带和阅读，更好地满足不同读者的需求，我们将全书分拆为 4 册出版，分别对应原书第 1~5 章、第 6~9 章、第 10~13 章和第 14~16 章。本书为第 4 册，涵盖了心理障碍与治疗、社会心理学等内容。

目　录

前　言

教授心理学导论是每一位从事教学的心理学工作者面临的巨大挑战之一。事实上，由于这门课的主题涉及的范围极广，所以它可能是整个学术界最难教的课程。这门课既要涵盖对神经细胞活动的微观分析，也要包括对文化体系的宏观分析；不仅要展现健康心理学的活力，还需涉及精神疾病导致的人生悲剧。我们在写这本书时也面临着与教学同样的挑战，就是要赋予所有这些信息以形式和实质，而且还要将它们论述得生动有趣。

学生们常常带着一些错误的心理学观念来到我们的课堂上，这些错误观念来自"通俗心理学"（pop psychology）对我们社会的灌输。学生们还对他们能从心理学课程中获得的收益抱有很高的期望——他们希望能学到很多对个人有价值且有助于改善日常生活的知识。事实上，这对任何一位教师来说都是一项艰巨的任务。但我相信，你面前的这本《心理学与生活》能助你一臂之力。

我的目标一直是希望读者在通过本书学习心理学众多领域中那些激动人心和与众不同的内容时，能够真正享受阅读的乐趣。每个章节，每个句子，我都力图使之通俗易懂，引人入胜。同时，对于那些既重视研究又兼顾应用的教师，我还着力使本书能在他们的教学大纲中充分发挥作用。

《心理学与生活》的这个第20版虽然只有一位作者，但它保留了理查德·格里格（Richard J. Gerrig）与菲利普·津巴多（Philip G. Zimbardo）合作之初的构想。我们之所以能够建立稳固的合作关系，是因为我们都致力于将心理学作为一门与人类幸福密切相关的科学来传授。我和菲利普·津巴多都将自己的教学经验融入了本书，努力处理好科学的严谨性和心理学在现代生活中的实用性之间的平衡。这个第 20 版仍然延续了《心理学与生活》的传统——将最重要的心理学见解应用于你们的生活中。

教科书的主题：心理学是一门科学

《心理学与生活》就是要用坚实的科学研究来与心理学中那些错误的观念展开针锋相对的斗争。以我当教师的经验，教授心理学导论最可能出现的情况之一是，学生们会提出诸多对他们而言十分急迫的问题：

- 我母亲在服用百优解（Prozac），我们会学习这方面的内容吗？
- 你会教我们如何把功课学得更好吗？
- 我必须送儿子上日托才能返回学校学习，这样做对孩子是否妥当？
- 如果有朋友和我谈论自杀，我该怎么做？

令人欣慰的是，这些问题如今都已经有了严格的观察或实验研究。《心理学与生活》致力于科学分析读者们最关心的问题。因此，本书专栏的宗旨是：心理学是一门科学，同时关注这门科学在生活中的应用。

生活中的批判性思维

《心理学与生活》的一个重要目标就是教授心理学论证的科学基础。当学生们提出问题时，他们往往已经从大众媒体那里获得的信息中得出了部分答案。这类信息有的是准确的，但学生们常常不知道如何去理解它们。他们怎样才能学会解释和评价从媒体中听来的信息呢？

怎样才能明智地甄别那些浩如烟海的研究和调查呢？怎样才能判断这些信息来源是否可靠？为了抵制媒体对所谓的可靠研究的灌输，本书将向读者提供科学的工具，通过这些工具，他们能批判性地思考周围的信息，并得出符合研究目的和方法的结论。

“生活中的批判性思维”这个专栏力图使读者直面批判性结论的实验基础。其意图不是说每个专栏都对某个研究领域提供了确凿无疑的答案，而是邀请读者进行批判性思考，进一步提出更深入的问题。

每一章的“生活中的批判性思维”主题如下：

如何将一种障碍纳入 DSM（第 14 章）

基于互联网的治疗有效吗（第 15 章）

如何才能让人们成为志愿者（第 16 章）

生活中的心理学

我在上面罗列的都是现实中学生们提出的真实问题，都可以从本书中找到答案。这些都是多年来从学生那里收集来的具有代表性的问题。本书还采用“生活中的心理学”专栏的形式来展示和回答学生想知道的那些心理学知识，这个专栏也一直广受欢迎。我希望，通过阅读和学习专栏中的每个例子，读者能发现究竟为何心理学知识与他们日常生活中所做的决定直接相关。

每一章的“生活中的心理学”主题如下：

我们如何查明先天与后天的相互作用（第 14 章）

被压抑的记忆是否会影响生活（第 15 章）

在哪些方面你像变色龙（第 16 章）

研究特写

“研究特写”专栏介绍的那些重要研究，突出展示了心理学研究是如何开展以及为何开展的。这些研究被整合进了正文中，使得读者能够在上下文中充分理解它们的影响。这些研究的主题包括成年大鼠视皮层的可塑性，冥想对脑结构的影响，文化对判断典型类别成员的影响，情绪唤起对记忆的影响，学术情境中的自我妨碍，儿童焦虑障碍的家庭治疗，认知失调的跨文化差异，以及内隐偏见的后果，等等。全书共有近 120 个研究特写，其中许多都是新增的或为本版修订的。

教学专栏

半个多世纪以来，《心理学与生活》以具有挑战性，同时又为广大学生易于理解的方式介绍心理科学而久负盛名，第 20 版也不例外。为了提升学生们的学习体验，本书加入了一些教学专栏：

- 停下来检查一下。这个专栏出现在每一主要章节的末尾，为学生提供了一些激发思考的问题，在继续阅读下一章节之前检验他们对内容的掌握情况。这些问题的答案见本书附录。
- 要点重述。各章的结束部分是该章的总结，即要点重述，总结了该章的内容，是根据主要章节的标题来组织的。
- 关键术语。关键术语在正文中以黑体字出现，而且注明了英文原文，每一章的结尾列出了本章所有的关键术语。

第 20 版的更新内容

各章变化

第 14 章

- 更新专栏“生活中的心理学：我们如何查明先天与后天的相互作用”中的研究
- 新增有关创伤后应激障碍患病率的研究（DiGrande et al., 2011; Fan et al., 2011）

- 新增有关认知偏差与焦虑障碍的研究（Taylor et al., 2010）
- 修订对心境障碍的行为取向的讨论
- 新增有关青少年性取向与自杀的研究（Marshal et al., 2011）
- 修订有关精神疾病污名化的章节
- 新增的“研究特写”：
  - “焦虑敏感性在飞行恐惧症中的调节作用”（Vanden Bogaerde & De Raedt, 2011）
  - “转换障碍中的动作抑制”（Cojan et al., 2010）
  - “边缘性人格障碍中的排斥 – 愤怒关联”（Berenson et al., 2011）
  - “在具有全国代表性的样本中，污名化的多个方面与个人接触精神病院患者之间的关系”（Boyd et al., 2010）

第 15 章

- 新增专栏“生活中的批判性思维：基于互联网的治疗有效吗”
- 修订对心理治疗中的多元化问题的讨论
- 修订对精神疾病与无家可归的讨论
- 新增心理动力学治疗、认知行为治疗、来访者中心疗法的治疗摘录
- 更新有关药物治疗和电休克疗法的内容
- 新增有关心理治疗中共同因素的章节，包含对治疗联盟的讨论
- 新增对社区心理学的讨论
- 新增的“研究特写”：
  - “用增强现实技术治疗蟑螂恐惧症”（Botella et al., 2010）
  - “奖励权变管理治疗期间的奖金金额与治疗后的戒断结果相关”（Petry & Roll, 2011）
  - “父母在针对焦虑青少年的家庭认知行为疗法中的作用”（Podell & Kendall, 2011）

第 16 章

- 新增有关文化与自我服务偏差的研究（Imada & Ellsworth, 2011）

- 修订对日常生活中的从众现象的讨论
- 新增对拼图教学法的讨论
- 新增对面孔吸引力的进化分析的讨论
- 新增有关文化与爱的研究（Riela et al., 2010）
- 重新评估基蒂·吉诺维斯凶杀案的真相，扩展对当代旁观者介入研究的讨论
- 新增的“研究特写”：
  - “他们看到了三周勒兹跳：美国和俄罗斯报纸对 2002 年冬奥会花样滑冰丑闻的报道中的偏差和感知”（Stepanova et al., 2009）
  - “自我确证在母亲对青少年学业成就的自我实现影响中的中介作用”（Scherr et al., 2011）
  - “为什么人们会被网络钓鱼？在信息加工整合模型下检验钓鱼易感性的个体差异”（Vishwanath et al., 2011）
  - “‘希望我没有打扰到您’‘口不择言’范式的另一个操作化”（Meineri & Guéguen, 2011）
  - “我们肯定不是敌人：跨种族接触与权威主义者偏见的减少”（Dhont & Van Hiel, 2009）
  - “美即是好，因为美是被渴望的：身体吸引力的刻板印象是人际目标的投射”（Lemay et al., 2010）
  - “这就是你玩暴力电子游戏时的脑：在玩暴力游戏后，对暴力的神经脱敏可以预测更强烈的攻击”（Engelhardt et al., 2011）

个人致谢

尽管甲壳虫乐队可能在朋友们很少的帮助下就获得了成功，但这一版《心理学与生活》的修订和出版却是在许多同事和朋友的大力协助下才得以完成的。我要特别感谢 Brenda Anderson, Ruth Beyth-Marom, Susan Brennan, Turhan Canli, Joanne Davila, Anna Floyd, Tony Freitas, Paul Kaplan, Daniel Klein, Anne Moyer, Timothy Peterson, Suzanne

Riela, John Robinson, 以及 Aimée Surprenant。

我还要感谢本版和前几版的诸多审稿人，他们仔细阅读了初稿并且给出了有价值的反馈。

Nancy Adams, Marshalltown Community College

Debra Ainbinder, Lynn University

Robert M. Arkin, Ohio State University

Trey Asbury, Campbell University

Gordon Atlas, Alfred University

Lori L. Badura, State University of New York at Buffalo

David Barkmeier, Northeastern University

Tanner Bateman, Virginia Tech

Darryl K. Beale, Cerritos College

N. Jay Bean, Vassar College

Susan Hart Bell, Georgetown College

Danny Benbassat, George Washington University

Stephen La Berge, Stanford University

Karl Blendell, Siena College

Michael Bloch, University of San Francisco

Richard Bowen, Loyola University

Mike Boyes, University of Calgary

Wayne Briner, University of Nebraska at Kearney

D. Cody Brooks, Denison University

Thomas Brothen, University of Minnesota

Christina Brown, Saint Louis University

Sarah A. Burnett, Rice University

Brad J. Bushman, Iowa State University

Jennifer L. Butler, Case Western Reserve University

James Calhoun, University of Georgia

Timothy Cannon, University of Scranton

Marc Carter, Hofstra University

John Caruso, University of Massachusetts-Dartmouth

Dennis Cogan, Texas Tech University

Sheree Dukes Conrad, University of Massachusetts-Boston

Randolph R. Cornelius, Vassar College

Leslie D. Cramblet, Northern Arizona University

Catherine E. Creeley, University of Missouri

Lawrence Dachowski, Tulane University

Mark Dombeck, Idaho State University

Wendy Domjan, University of Texas at Austin

Dale Doty, Monroe Community College

Victor Duarte, North Idaho College

Linda Dunlap, Marist College

Tami Egglesten, McKendree College

Kenneth Elliott, University of Maine at Augusta

Matthew Erdelyi, Brooklyn College, CUNY

Michael Faber, University of New Hampshire

Valeri Farmer-Dougan, Illinois State University

Trudi Feinstein, Boston University

Mark B. Fineman, Southern Connecticut State University

Diane Finley, Prince George Community College

Kathleen A. Flannery, Saint Anselm College

Lisa Fournier, Washington State University

Traci Fraley, College of Charleston

Rita Frank, Virginia Wesleyan College

Nancy Franklin, Stony Brook University

Ronald Friedman, University at Albany

Eugene H. Galluscio, Clemson University

Preston E. Garraghty, Indiana University

Adam Goodie, University of Georgia

Ruthanna Gordon, Illinois Institute of Technology

Peter Gram, Pensacola Junior College

Jeremy Gray, Yale University

W. Lawrence Gulick, University of Delaware

Pryor Hale, Piedmont Virginia Community College

Rebecca Hellams, Southeast Community College

Jacqueline L. Hess, University of Indianapolis

Dong Hodge, Dyersburg State Community College

Lindsey Hogan, University of North Texas

Rebecca Hoss, College of Saint Mary

Mark Hoyert, Indiana University Northwest

Herman Huber, College of St. Elizabeth

Richard A. Hudiburg, University of North Alabama

James D. Jackson, Lehigh University

Stanley J. Jackson, Westfield State College

Tim Jay, Massachusetts College of Liberal Arts

Matthew Johnson, University of Vermont

Seth Kalichman, Georgia State University

Colin Key, University of Tennessee at Martin

Mark Kline, Indiana University

Jennifer Trich Kremer, Pennsylvania State University

Andrea L. Lassiter, Minnesota State University

Mark Laumakis, San Diego State University

Charles F. Levinthal, Hofstra University

Suzanne B. Lovett, Bowdoin College

Carrie Lukens, Quinnipiac University

Tracy Luster, Mount San Jacinto College

M. Kimberley Maclin, University of Northern Iowa

Gregory G. Manley, University of Texas at San Antonio

Leonard S. Mark, Miami University

Michael R. Markham, Florida International University

Karen Marsh, University of Minnesota, Duluth

Kathleen Martynowicz, Colorado Northwestern Community College

Laura May, University of South Carolina-Aiken

Dawn McBride, Illinois State University

Michael McCall, Ithaca College

Mary McCaslin, University of Arizona

David McDonald, University of Missouri

Mark McKellop, Juniata College

Lori Metcalf, Gatson College

Greg L. Miller, Stanford University School of Medicine

Karl Minke, University of Hawaii-Honolulu

Charles D. Miron, Catonsville Community College

J. L. Motrin, University of Guelph

Anne Moyer, Stony Brook University

Eric S. Murphy, University of Alaska

Kevin O’Neil, Florida Gulf Coast University

Barbara Oswald, Miami University

William Pavot, Southwest State University

Amy R. Pearce, Arkansas State University
Kelly Elizabeth Pelzel, University of Utah
Linda Perrotti, University of Texas at Arlington
Brady J. Phelps, South Dakota State University
Gregory R. Pierce, Hamilton College
William J. Pizzi, Northeastern Illinois University
Mark Plonsky, University of Wisconsin-Stevens Point
Cheryl A. Rickabaugh, University of Redlands
Bret Roark, Oklahoma Baptist University
Rich Robbins, Washburn University
Daniel N. Robinson, Georgetown University
Michael Root, Ohio University
Nicole Ruffin, Hampton University
Nina Rytwinski, Case Western Reserve University
Bernadette Sanchez, DePaul University
Patrick Saxe, State University of New York at New Paltz
Mary Schild, Columbus State University
Katherine Serafine, George Washington University
Elizabeth Sherwin, University of Arkansas-Little Rock
Stu Silverberg, Westmoreland County Community College
Norman R. Simonsen, University of Massachusetts-Amherst
Peggy Skinner, South Plains College
R. H. Starr, Jr., University of Maryland-Baltimore
Weylin Sternglanz, Nova Southeastern University
Priscilla Stillwell, Black River Technical College
Charles Strong, Northwest Mississippi Community College
Dawn Strongin, California State University, Stanislaus
Walter Swap, Tufts University
Jeffrey Wagman, Illinois State University
David Ward, Arkansas Tech University
Douglas Wardell, University of Alberta
Linda Weldon, Essex Community College
Alan J. Whitlock, University of Idaho
Paul Whitney, Washington State University
Allen Wolach, Illinois Institute of Technology
John Wright, Washington State University
John W. Wright, Washington State University
Jim Zacks, Michigan State University

撰写一本范围如此之广的著作无疑是一项艰巨的任务，只有依靠所有这些朋友和同事以及培生教育集团的编辑人员的专业帮助才有可能完成。我衷心感谢他们在本项目的每个阶段作出的宝贵贡献，不仅向他们这个集体表示感谢，还要向其中的个人单独致谢。我要感谢以下培生教育集团的工作人员：Amber Chow，策划编辑；Judy Casillo，执行编辑；Diane Szulecki，助理编辑；Brigeth Rivera，市场经理；Jeanette Koskinas，执行市场经理；以及 Annemarie Franklin，印制经理。

第14章

心理障碍

下面这段文字是一位正在接受精神分裂症治疗的30岁女性写的：

> 我想让你了解，在如今这个时代，一个精神分裂症患者的生活是怎样的，以及得了我这种精神疾病的人要面临些什么……我生活得很正常，除非我告诉别人，否则没人能看出我有精神疾病……我服药之前的妄想可以沿着它所选择的任何一个故事线索编下去，并随意改变。随着时间的流逝，在接受帮助之前，我感觉妄想正在接管我的整个大脑，我是多么希望我的心智和生活能恢复到从前的样子……

你读了这段话后有何感想？

如果你的反应与其他学生相似，你会对她的困境感到悲哀；为她愿意尽最大努力来应对心理疾病引发的诸多难题感到高兴；对那些仅仅因为她的行为有时与别人不同就将她视为异类的人感到愤怒；并希望通过药物和治疗，她的状况会有所好转。这些只是临床心理学工作者和研究者以及精神科医生在试图了解和治疗心理障碍时所体验到的情绪中的几种。

这一章集中讨论心理障碍的性质和成因：心理障碍是什么，它是如何发生发展的，我们如何解释其成因。下一章将在这些知识的基础上描述用于治疗和预防心理障碍的对策。研究指出，在美国18岁以上的个体中，46.4% 的人在一生中的某个时期遭受过心理障碍的困扰（Kessler et al., 2005a）。这样看来，许多读者都将从本章有关心理病理学的知识中直接获益。但是，这一事实本身还不足以揭示心理疾病对个人和家庭日常生活的严重影响。在本章讨论各种类型的心理障碍时，试着想象一下每天都带着这种障碍生活的真实的人。我将与你分享他们的话语和生活，就像我在本章开头所做的那样。让我们从探讨异常这个概念开始。

心理障碍的性质

你是否曾经过度担心过？是否有过不知缘由的抑郁或焦虑？是否曾经害怕什么东西，但理智上却很清楚它不会对你造成任何伤害？你想到过自杀吗？曾经通过酗酒或滥用药物去逃避难题吗？几乎所有的人都会对其中至少一个问题做出肯定的回答，而这意味着几乎每个人都曾有过心理障碍的症状。本章将考察那些被认为不健康或异常的心理功能，人们常称之为*心理病理*或*心理障碍*。**心理病理功能**（psychopathological functioning）涉及情绪、行为或思维过程的混乱，会导致个人痛苦或阻碍个体实现重要目标的能力。在心理学研究中，**异常心理学**（abnormal psychology，也译作变态心理学）是最直接涉及理解个体思维、情绪及行为病理的本质的领域。

本节从探讨异常的确切定义开始，然后探讨其客观性问题，最后我们考察这个定义在数百年的人类历史中的演变。

确定什么是异常

说某人*异常*或*患有心理障碍*意味着什么？心理学家和其他临床工作者如何确定什么是异常？正常与异常行为之间的界限是否总是很清楚？判断一个人是否患有某种心理障碍通常是基于有特殊权威或权力的人对个体行为功能的评估。用于描述这些现象的术语——*心理障碍*、

你想象中精神疾病患者的生活是什么样子的?

精神疾病或异常——取决于评估者的特定视角、训练和文化背景，以及被评估者所处的情境和状态。

让我们考虑一下人们可能用来将行为标记为“异常”的七个标准（Butcher et al., 2008）：

1. *痛苦或功能障碍*。个体经受痛苦或功能障碍，从而产生身体或心理衰退或丧失自由行动能力的风险。例如，如果一个男人离开家就要哭，那么他就无法追求正常的生活目标。
2. *适应不良*。个体的行为方式妨碍了目标的达成，不利于个人的幸福，或者严重扰乱了他人的目标和社会的需要。比如，一个人因酗酒而无法保住工作，或者对他人的安全造成威胁，这些都是适应不良的行为表现。
3. *非理性*。个体的行为或言语方式是非理性的或他人无法理解的。比如，一个人若对客观现实中不存在的声音做出反应就是非理性的行为。
4. *不可预测性*。个体的行为不可预测或者不具有跨情境的稳定性，如同失去了控制一般。如果一个孩子无缘无故地用拳头打碎玻璃，他就表现出不可预测性。
5. *非常规性和统计上的罕见性*。个体的行为方式在统计学上是罕见的，而且违反了可接受或可取的社会标准。但是，如果只是统计上的不常见还不能被判断为心理异常，例如拥有超常水平的智力是极为罕见的，但这是被社会赞许的。相比之下，非常低的智力也是罕见的，但这是不被社会赞许的；因此，它常常被贴上异常的标签。
6. *令观察者不适*。个体会因为以某种方式令他人感受到威胁或痛苦而给他人造成不适。比如，一个女人走在人行道中间，大声地自言自语，这会让试图绕过她的其他行人感到不适。

7. *违反道德或理想标准*。个体违反了社会规范对其应该如何行事的期望。比如，如果人们普遍认为照顾子女很重要，那么抛弃孩子的父母就会被认为不正常。

你能否看出为什么这些异常指标的大多数可能并不是对所有人都显而易见？以最后一条为例。如果你不想工作，按照社会规范来说这是不正常的，但它能表明你有心理疾病吗？或者我们来考虑一些更严重的症状。在我们的文化中，产生幻觉是“不好的”，因为幻觉被看作心理失调的迹象，但在将幻觉解释为来自精神力量的神秘幻象的文化中，它就是“好”的。哪一个判断是正确的？在本章的结尾，我们将考察与这类受社会文化因素影响的判断以及基于这些判断的决策相关的一些负面结果和危险。

当某种行为符合不止一种指标时，我们就更有把握将其标记为“异常”。这些指标越极端、越常出现，我们就越有把握认为它们指向异常的状态。对所有的异常来说，这些标准中没有哪一条指标是*必要条件*。例如，一名斯坦福大学的研究生用锤子杀害了他的数学教授，然后在办公室门上贴上“今日不办公”的字条。在审讯中，他说自己未感到内疚或懊悔。尽管缺乏个人的痛苦体验，但我们会毫不犹豫地将他的整个行为标记为异常。同样，没有哪一条标准可以单独作为*充分条件*来区分异常和正常的行为。正常和异常之间的差别，并不是两个独立行为类别之间的差异，而是一个人的行为与公认的异常标准的符合程度的差异。心理障碍最好被看成是*心理健康和心理疾病之间的一个连续体*。

你对这些关于异常的观点有何看法？尽管这些标准看起来很清楚，心理学家仍然担心其客观性问题。

客观性问题

研究者总是根据对个体行为的评估来判断其是否有心理障碍或者

异常：许多研究者的目标是客观地做出没有任何偏差的判断。对某些心理障碍（如抑郁或精神分裂症）的诊断常常很容易符合客观性标准，而对其他一些心理障碍的诊断则比较难。正如你在学习心理学的过程中所看到的，行为的意义是由其内容和背景共同决定的。同样的行为在不同的情境中会传递非常不同的含义。一个男人吻另一个男人，这在美国可能是同性恋关系的一种信号，但在法国则是一种礼节性的问候，而在西西里岛则表示黑手党的“死亡之吻”。行为的意义总是取决于情境。

让我们看看为什么客观性是一个重要的议题。历史上有很多为了维护道德或政治权力而做出异常诊断的例子。请看 1851 年发表在一份医学杂志上的一篇题为《黑人的疾病和身体特征》的报告，作者塞缪尔·卡特赖特（Samuel Cartwright）医生曾被路易斯安那医学协会任命为委员会主任，专门调查非裔美国奴隶的“奇怪”行为。人们收集了“无可争议的科学证据”来证明奴隶制的正当性。他们发现了几种白人以前没听过的“疾病”。其中一个发现是，他们断言黑人患有一种感觉疾病，这种疾病使他们在“受惩罚时对于疼痛”不敏感（所以不需要吝惜使用皮鞭）。这个委员会还发明了一种叫漂泊症（drapetomania）的疾病，这是一种寻求自由的躁狂症——一种造成奴隶从奴隶主那里逃走的心理疾病。逃走的奴隶要被抓回来，以便他们的疾病能得到适当的治疗（Chorover, 1981）！

一旦一个人被标定为“异常”，人们在解释其后来的行为时就会倾向于证实这种判断。**大卫·罗森汉**及其同事的实验表明，在一个“精神失常的地方”，人是不可能被判断为“正常”的（Rosenhan, 1973, 1975）。

研究特写

罗森汉和另外 7 个精神正常的人通过假装有一种单一的症状——幻觉——而被收入不同的精神病院。这 8 个假病人在入院时被诊断为患有偏执型精神分裂症或双相障碍。入院之后他们就不再伪装，在各个方面与正常人没有区别。

然而，罗森汉发现，当正常人身处一个精神失常的地方时，很可能会被判断为精神失常，而他或她的任何行为都可能被重新解释以适应情境。如果这些假病人用理性的方式与医护人员讨论他们的处境，报告中就会说他们在运用“理智化”的防御机制。他们将其观察所得做了笔记，而这成了他们“书写行为”的证据。这些假病人继续留院待了近三周时间，却没有一个人被医护人员认为是正常的。当他们在配偶或同事的帮助下终于获准出院时，他们的出院诊断仍旧是“精神分裂症”，但“有所缓解”，意思是他们的症状不再活跃。

罗森汉的研究展示了对异常的判断如何依赖于行为本身之外的因素。

在精神科医生**托马斯·萨茨**（Thomas Szasz）看来，精神疾病甚至根本就不存在——它只是一个“迷思”（Szasz, 1974, 2004）。萨茨认为，作为精神疾病证据的那些症状只是一些医学标签，用于标定那些违反了社会规范的不正常的人，以便专业人士对这些社会问题进行干预。一旦被贴上标签，这些人就会因为他们“与他人有别”的问题而受到善意或严厉的对待，从而不会扰乱社会现状。

很少有临床工作者会这么极端，主要原因在于，许多研究和治疗的重点是为了理解和减轻个人的痛苦。对于本章所描述的大部分障碍，个体的确能意识到自己的行为是不正常的，或者不适应所处的环境。即使如此，我们这里的讨论仍表明，可能并不存在完全客观的异常评判标准。当你学习每种类型的心理障碍时，试着去理解为什么临床工作者认为，对个人而言，这些症状所代表的行为模式比单纯的违反社会规范更严重。

塞勒姆巫术审判是清教徒殖民者为了追究一些（女孩）可怕的怪异行为而孤注一掷的产物。殖民者推测，这些症状都是魔鬼造成的，魔鬼通过世俗女巫的力量控制了年轻女性的灵魂和身体。

心理障碍的分类

为什么心理障碍的分类系统很有用？与从整体上评定一个人是否异常相比，区分不同类型的异常有哪些好处？**心理诊断**（psychological diagnosis）是通过把观察到的行为模式归类到公认的诊断系统中而给某种异常贴上的标签。做这种诊断在很多方面都比医学诊断更困难。在医学场景中，医生可以依据实物证据如X光片、血液化验、活组织检查来做出诊断。但在心理障碍的诊断中，其依据来自对人的行为的解读。为了使不同临床工作者的诊断更为一致，同时也为了使他们的诊断性评估更具条理性，心理学家协助建立了一套诊断和分类系统，它提供了关于症状的准确描述，还提供了帮助临床工作者确定一个人的行为是否属于某种障碍的其他标准。

为了发挥最大的作用，分类系统应当具有以下三点好处：

- *通用的简略语言（术语）*。为了便于在心理病理学领域工作的临床医生和研究者快速而清晰地互相理解，从业者寻求一套有着公认含义的共同术语。一个诊断类别，例如*抑郁*，概括了大量复杂的信息，包括特征性症状以及此障碍的典型病程。在临床环境中，如诊所或医院，一个诊断系统可以使精神卫生专业人员就他们正在帮助的人进行更有效的沟通。关注心理病理学的不同方面或评估治疗项目的研究者，必须在其观察的障碍上达成共识。
- *对病因的理解*。理想情况下，对特定障碍的诊断应当同时明确了症状的原因。正如躯体疾病一样，同样的症状可能源于不同的障碍。分类系统的一个目标是说明为什么从业者应该将特定的症状模式解释为存在特定潜在障碍的证据。
- *治疗计划*。一个诊断还应当说明，针对特定的障碍可以考虑哪些治疗方式。研究者和临床工作者发现，某些治疗或疗法对特定类型的心理障碍最有效。例如，治疗精神分裂症非常有效的药物不但不会对抑郁患者有帮助，反而还可能有害。治疗有效性和特异性方面的新进展将使快速可靠的诊断变得更加重要。

1896 年，德国精神病学家**埃米尔·克雷丕林**（Emil Kraepelin, 1855—1926）负责创建了第一个真正全面的心理障碍分类系统。他坚信心理问题有其生理基础，因而给心理诊断和分类过程带上了医学诊断的色彩，在我现在回顾的诊断系统中，这种色彩依然存在。

DSM-5　在美国，最广为接受的分类体系是美国精神医学学会制定的《精神障碍诊断与统计手册》（*Diagnostic and Statistical Manual of Mental Disorders*, DSM），其最近的版本是 2013 年出版的第 5 版。这个版本被临床工作者和研究者们称为 **DSM-5**（DSM-5 不再使用罗马数字而改用阿拉伯数字，因为罗马数字的使用在今天的电子时代受到限制——译者注）。它对 200 余种心理障碍进行了分类、定义和描述。

为了减少心理障碍治疗取向的多样性造成的诊断困难，DSM 强调对症状模式以及病程的描述，而不太强调病因理论和治疗策略。纯描述性的术语使临床工作者和研究者能够用共同的语言来描述问题，同时为意见分歧和继续研究哪些理论模型最能解释问题留下了空间。

DSM 的第 1 版于 1952 年问世（DSM-Ⅰ），列出了几十种精神疾病。1968 年推出的 DSM-Ⅱ修订了该诊断系统，使之与另一个常用的系统——世界卫生组织的《国际疾病分类》（ICD）更兼容。DSM 的第 4 版（DSM-Ⅳ，1994）是委员会的学者们经过几年的大量工作之后出版的。为了做出这些改动（在 1987 年出版的 DSM-Ⅲ修订版的基础之上），这些委员们仔细审查了大量的心理病理学研究，亦验证了这版提出的修改意见在实际临床环境中的可行性。DSM-Ⅳ-TR（2000 年出版）整合了 DSM-Ⅳ出现之后积累的研究文献。由于这些修改对文本内容的影响很大，但对分类系统基本没有影响，因而将这次“文本修订”形式的版本命名为 DSM-Ⅳ-TR。DSM-5 删除了 DSM-Ⅳ-TR 中的一些诊断，增加了一些新的诊断，并修订了其他的诊断标准。此外，DSM-5 试图将心理障碍的维度观整合进一些障碍的诊断中，特别是孤独症和人格障碍。在简要了解了 DSM 的历史后，你可能就不会对委员会专门召开会议讨论将最新的研究成果引入 DSM-5 感到奇怪了。在“生活中的批判性思维”专栏中，你会了解到将新障碍纳入 DSM-5 的过程。

为了鼓励临床工作者考虑可能与心理障碍相关的心理、社会和躯体因素，DSM-Ⅳ-TR 采用了不同的维度或轴来描述所有这些因素的信息。轴Ⅰ包括了大部分主要的临床障碍。这里包括了除智力迟滞外的所有童年期出现的障碍。轴Ⅱ罗列了智力迟滞和人格障碍，这些问题可能伴随轴Ⅰ障碍。轴Ⅲ加入了关于一般疾病的信息，如糖尿病，这些因素可能与了解和治疗轴Ⅰ或轴Ⅱ的障碍有关。轴Ⅳ和轴Ⅴ为制定个体的治疗计划或评估预后（对将来病情发展的预测）提供了有用的补充信息。轴Ⅳ评估可能解释患者的压力反应及压力应对资源的心理社会和环境问题。在轴Ⅴ上，临床工作者对个体功能的整体水平做出评价。依据 DSM-Ⅳ-TR 做出正式诊断需要考虑每一个轴。

DSM-5 脱离了轴向系统，更接近国际上普遍使用的《国际疾病分类》（ICD）。以前的轴Ⅰ、轴Ⅱ和轴Ⅲ被整合为整体的诊断体系。重要的心理社会和环境因素（以前的轴Ⅳ）和残障（以前的轴Ⅴ）则由临床医生单独加以注释。其目的是在患者的诊断或症状之外，单独考虑个体的功能状态。

本章将提供一些特定心理障碍发病率的估计值。这些估计值来自一些收集了大规模人口样本精神健康史的研究项目。我们有一年和一生中各种障碍的患病率数据（Kessler et al., 2005a, 2005b）。本章会大量引用美国国家共病研究（National Comorbidity Study, NCS）的数据，此研究的样本是 9 282 名 18 岁及以上的美国成年人（Kessler et al., 2005a）。需要强调的是，同一个体在人生的某个阶段常常会同时经历多种障碍，这种现象称为**共病**（comorbidity）（患病是指疾病的发生，共病是指几种疾病同时发生）。上述研究发现，在 12 个月内经历过某种障碍的患者中，有 45% 的人实际上同时存在两种或多种障碍。研究者已开始对不同心理障碍的共病模式进行深入的研究（Kessler et al., 2005b）。

诊断类别的演变 诊断类别以及用来组织和呈现这些类别的方法，

随着 DSM 的每一次修订而改变。这些变化反映了大部分心理健康专业人员关于到底什么是心理障碍以及如何划分不同类型的障碍的看法的演变，同时也反映了公众对什么是异常行为的看法的变化。

在每次 DSM 的修订过程中，都有一些诊断类别被舍弃，而另一些被添加进来。例如，随着 1980 年 DSM-Ⅲ的出台，传统上神经症性和精神病性障碍之间的区分就被取消了。**神经症性障碍**（neurotic disorders），或神经症，最初被认为是相对常见的心理问题，个体没有脑异常的迹象，没有表现出严重的非理性思维，也没有违反基本的规范，但确实体验到主观痛苦，或者使用了自我挫败或不恰当的应对策略。**精神病性障碍**（psychotic disorders），或精神病，被认为在性质和严重程度上有别于神经症问题。精神病患者的行为明显偏离了社会规范，还伴有理性思维及一般情感和思维过程的深度混乱。DSM-Ⅲ顾问委员会认为神经症性障碍和精神病性障碍这样的术语太过宽泛，作为诊断类别没有多大用处（但许多精神科医生和心理学家仍在沿用这些术语来描述一个人的总体障碍水平）。

我想指出诊断类别随时间推移而变化的最后一个方面。从历史上看，精神疾病患者经常会被贴上所患障碍的标签。例如，临床工作者将患者称作“精神分裂症患者”或“恐怖症患者”，但这种现象不会出现在躯体疾病患者的身上——患有癌症的人从来不会被称为“癌症患者”。现在，临床工作者和研究者会注意将个体与诊断结果区分开来。人们患有精神分裂症或恐怖症，就像他们患有癌症或流感一样。希望适当的治疗方法能够缓解每一种疾病，直到这些治疗方法不再适用于这个人。

精神失常的概念　在探讨心理疾病的原因之前，我们先来简单看一下何为精神失常。DSM-5 中并没有**精神失常**（insanity）这个概念。临床上也没有精神失常的公认定义。相反，精神失常是一个属于流行文化和法律体系的概念。法律上对精神失常的处理可以追溯到 1843 年的英格兰，当时迈克纳顿因精神失常而未被判谋杀罪。迈克纳顿的谋杀

在试图谋杀众议员加布里埃尔·吉福兹的过程中，贾里德·拉夫纳杀死了6人。评论员们争论他是否符合精神失常的定义。为什么“精神失常”的法律定义会随着时间的推移而改变？

对象是英国首相（然而他却误杀了首相的秘书），他深信上帝指示自己来实施这次谋杀。鉴于迈克纳顿的妄想症，他并未被送进监狱，而是被送进了精神病院。

这一判决所引发的愤怒（甚至维多利亚女王也被激怒了）促使英国上议院制定了一项被称为迈克纳顿规则的指导方针，以限制有人假借精神失常而逃脱法律的制裁。该规则明确规定，罪犯必须“不了解自己行为的性质和意义，或者即便了解这些，他也不知道自己的行为是错的”。对于判定有罪或无罪，迈克纳顿规则看起来公平吗？随着对精神疾病了解的增加，研究者进一步认识到，在某些情况下，罪犯能够区分对错，能够理解自己正在做的事情是不合法的或不道德的，但是仍然无法抑制自己的行为。

尽管精神失常辩护在媒体上受到了极大的关注，公众也因此对其有了更多的认识，但这类辩护还是太少了（Kirschner & Galperin, 2001）。例如，一项研究发现，在马里兰州巴尔的摩市的60 432起诉讼案中，只有190名被告（0.31%）使用了精神失常辩护，而其中只有8人（4.2%）辩护成功（Janofsky et al., 1996）。所以，你作为陪审团的一员来判定一个人精神正常与否的机会极少。

心理障碍的病因

病因（etiology，也译作病因学、病原学）是指引起或促使心理障碍和医学疾病形成发展的因素。只有了解障碍为什么会产生，其根源是什么，它如何影响思维、情绪和行为过程之后，我们才可能找到新的治疗途径。而且，理想情况下，还可以找到新的预防方法。在对每种障碍的讨论中，一个很重要的部分是分析具体原因。这一节将介绍两大类因果因素：生物学因素和心理因素。

生物学取向 基于医学模型的传统，现代生物学取向假定心理障碍可以直接归因于生物学因素。生物学研究者和临床工作者常常研究脑内的结构异常、生化过程以及基因影响。

脑是一个复杂的器官，各组成部分相互联系，维持一种微妙的平衡。脑的化学信使（即神经递质）或脑组织的细微变化，都可以产生重大影响。遗传因素、脑损伤或感染是造成这些改变的几种原因。我们已经在前几章中看到，脑成像技术的进步使得心理健康专业人员能够看到活体脑的结构和特定的生化过程。通过运用这些技术，生物学取向的研究者正在探索心理障碍与特定脑异常之间的新联系。不仅如此，行为遗传学领域的持续进展也提高了研究者识别特定基因与心理障碍之间联系的能力。接下来在我们试图理解各种形式的心理异常的本质时，我们将关注这些不同类型的生物学解释。

心理学取向 心理学取向关注心理或社会因素在心理病理发展中的作用。这种取向把个人经历、创伤、冲突和环境因素视为心理障碍的根源。关于异常的心理学模型主要有四种：心理动力学模型、行为模型、认知模型和社会文化模型。

心理动力学模型 像生物学取向一样，心理动力学模型认为心理病理的原因位于个体内部。然而，按照这一学派的创始人西格蒙德·弗洛伊德的说法，这些内部的因果因素是心理因素，而不是生物学因素。正如前几章所指出的，弗洛伊德相信，许多心理障碍仅仅是所有人都会经历的“正常”精神冲突和自我防御过程的延伸。在心理动力学模型中，童年早期经历既塑造了正常的行为，也塑造了不正常的行为。

在心理动力学理论中，行为由人们通常意识不到的驱力和愿望所驱动。心理病理症状的根源存在于无意识冲突和观念中。如果无意识中充满了冲突和紧张，个体就会被焦虑或其他障碍所困扰。这些精神冲突大部分源于本我的非理性、寻求快乐的冲动与超我强加于人的、内化的社会限制之间的冲突。自我通常是这场争斗的仲裁者，但它执行此功能的能力可能因童年期的异常发展而被削弱。个体尝试用压抑和否认等防御机制来避免动机冲突引起的痛苦和焦虑。防御可能被过度使用，以致歪曲现实或导致自我挫败的行为。个体可能把大量的精神能量用于对抗焦虑和冲突，以至于所剩的能量过少，无法过上富有成效和令人满意的生活。

行为主义模型 由于行为主义强调可观察到的反应，因此那些假定的心理动力过程对行为主义者来说没有用。行为主义者认为，异常的行为与健康的行为都是通过学习和强化获得的。他们不关注内部的心理现象或早期的童年经验。相反，他们关注现时的行为以及使行为得以维持的现时的条件或强化物。心理障碍的症状之所以出现，是因为个体学会了自我挫败的或无效的行为方式。研究者或临床工作者可以帮助患者找到那些使不被赞许的异常行为得以维持的环境事件，从而为患者提供相应治疗，以改变那些环境事件并消除不可取的行为。行为主义者通过同时依赖经典条件作用和操作性条件作用模型（回忆第6章）来理解那些可能导致适应不良行为的过程。

认知模型 心理病理学的认知观点常被用作行为主义观点的补充。认知观点认为，心理障碍的根源并不总是存在于由刺激情境、强化物和外显反应组成的客观现实。同样重要的是人们如何感知或看待自己以及他们与他人和环境的关系。可以引导或误导适应性反应的认知变量包括：个体感知到的对重要强化物的控制程度、个体对自己应对威胁性事件的能力的信心，以及从情境或个人因素角度对事件的解释。这种认知取向认为，心理问题是对现实情境的感知扭曲、错误的推理以及糟糕的问题解决能力造成的。

社会文化模型 心理病理学的社会文化视角强调文化在异常行为的诊断和病因学中的作用。在我们考虑客观性问题时，你可能已经感觉到了文化对诊断的影响。你看到行为在不同的文化中有不同的解释：某种特定类型的行为将会导致个体出现调适问题的阈限，部分取决于该文化背景下的人们如何看待这种行为。就病因学而言，人们所生活的特定文化情境可能造就了一种容易引发某些独特类型或亚型心理病理的环境。

你已经大致了解了对精神疾病起因的不同类型的解释。值得一提的是，当代研究者越来越多地从交互论的角度看待心理病理，将其视为各种生物学因素和心理因素交互作用的产物。例如，遗传倾向可能影响一个人的神经递质水平或激素水平，使这个人容易患上某种心理障碍，但可能在心理或社会压力或某些特定习得行为的作用下，此种心理障碍才会真正出现。

现在你已经有了一个思考异常的基本框架，接下来谈谈大家想知道的核心内容——焦虑、抑郁和精神分裂症等主要心理障碍的成因和后果。对每种障碍的描述都从患者的主观体验以及观察者对他们的印象开始。然后，我会逐一介绍主要的生物学和心理学流派对这些心理障碍病因的解释。

还有许多其他类型的心理障碍，我们没有时间一一考察。但对其中最重要的几个类别，我们简要概括如下：

- 物质使用障碍包括对酒精和毒品的依赖和滥用。我们曾在第 5 章关于意识状态的大背景下讨论过物质滥用问题。
- 性障碍包括性压抑或性功能障碍以及异常的性行为。
- 进食障碍，例如厌食症和贪食症，在第 11 章中讨论过。

当你读到各种心理障碍的典型症状和体验时，你可能会开始觉得有些特征似乎适用于你——至少某些时候——或你认识的某个人。刚开始学心理学的学生有时会患上所谓的“医学生病”——医学生倾向于将自己或认识的人诊断为患有他们正在学习的各种疾病。你在学习心理障碍的新知识时，应该尽量避免这种倾向。我们要介绍的一些障碍并不少见，所以，如果你对它们完全陌生倒是有些奇怪了。许多人

生活中的批判性思维

如何将一种障碍纳入 DSM

本章将介绍 DSM-5（2013）对一些心理障碍的描述。在你思考这些障碍之前，反思一下临床工作者就是否将某种障碍纳入 DSM 达成共识的过程，将很有帮助。尽管 DSM 体量庞大，但临床观察还在继续发现新的障碍：治疗师和研究者们仔细观察人们的症状，以及这些症状是如何组合到一起的。为了通过具体的例子来理解研究者如何确定一种新障碍，我们将以暴食障碍为例。

在第 11 章中，你已经简单了解了暴食障碍（BED）。回想一下，当一个人定期出现暴饮暴食，但没有与神经性贪食症相伴随的清除行为时，就会被诊断为暴食障碍。此外，暴食障碍患者会感到无法控制自己的暴饮暴食，而暴饮暴食又会给他们带来巨大的痛苦。

注意，该定义有两个重要特征（Striegel-Moore & Frako, 2008）。首先，定义表明了暴食障碍与其他进食障碍有何不同，尽管某些症状（即暴饮暴食）存在重叠。当临床工作者提出一种新的诊断类别时，他们必须明确这一新障碍不同于已确定的障碍。其次，暴食障碍的定义中提到了一组症状。当临床工作者提出一种新的诊断类别时，他们是在断定某些特定的体验会有规律地同时出现。

从某种意义上说，障碍的定义是一个假设：提出该障碍的临床医生预测研究数据将证实人们体验到一种独特的症状组合。对暴食症而言，这些已经得到了证实。研究者在一项研究中面对面地访谈了 9 282 位美国成年人（Hudson et al., 2007）。为了确定人们是否患有暴食障碍，他们使用了 DSM 标准。在这个样本中，3.5% 的女性和 2% 的男性符合标准。这些有代表性的数据支持了假设：暴食障碍作为一种障碍，有其独特的症状和后果。

尽管如此，一些有关暴食障碍的数据却仍然鼓励研究者重新考察障碍的诊断特征（Striegel-Moore & Franko, 2008）。例如，其他进食障碍的定义中包含了“体重和体形对自我评价的过度影响”这一诊断特征（DSM-Ⅳ, 1994, p. 545），研究者已经开始考虑是否应该将这一特征也纳入暴食障碍（Grilo et al., 2008）。有研究表明，与没有受到“过度影响”的人相比，符合暴食障碍的标准且受到“过度影响”的人会体验到更大的痛苦。然而，研究者还未就纳入该特征将如何影响暴食障碍的诊断达成共识。

与其他进食障碍（无论新旧）研究一样，暴食障碍研究的目标是提供最有效的诊断。有效的诊断有助于提供恰当的治疗，最终将人们的痛苦降至最低。

- 为什么心理障碍的定义中包含了一组症状？
- 为什么说改进诊断通常能改进治疗？

都有人类的弱点，而这些弱点出现在某种特定心理障碍诊断标准的列表中。对这种熟悉性的认识可以进一步加深你对异常心理学的理解。然而应当记住，任何一种障碍的诊断都取决于多条标准，并且需要训练有素的心理健康专业人员的判断。请抵制住诱惑，不要用本章所学的新知识将你的朋友和家人诊断为心理障碍患者。然而，如果本章让你对心理健康问题感到不安，请注意，大多数院校都有为有此类问题的学生开设的咨询中心。

STOP 停下来检查一下

1. 杰瑞非常害怕蜘蛛，除非他信任的人向他保证房间里没有蜘蛛，否则他是不会进房间的。我们根据什么标准可以判定杰瑞的行为是不正常的?
2. 心理障碍分类的三个主要好处是什么?
3. 为什么文化在心理病理的诊断中有一定的作用?

批判性思考：思考一下大卫・罗森汉与其他 7 人被收入精神病医院的研究。为什么他们选择“幻觉”作为他们佯装的病症?

焦虑障碍

每个人都可能在一定的生活情境中体验到焦虑或恐惧。然而，对于某些人来说，焦虑已经成了一个严重到足以影响他们有效运作或享受日常生活能力的问题。据估计，28.8% 的成年人曾经在某段时间出现过各种**焦虑障碍**（anxiety disorders）的特征性症状（Kessler et al., 2005a）。尽管焦虑在其中的每一种障碍中都扮演着关键角色，但这些障碍在焦虑体验的程度、焦虑的严重程度以及诱发焦虑的情境上有所不同。这一节将介绍六种主要的焦虑类型：广泛性焦虑障碍、惊恐障碍、恐怖症、社交焦虑障碍、强迫症和创伤后应激障碍。之后，我们还会介绍这些障碍的成因。

广泛性焦虑障碍

当一个人在至少 6 个月的时间里大部分时间都感到焦虑或担心，但没有受到任何特定危险的威胁时，临床医生就会做出**广泛性焦虑障碍**（generalized anxiety disorder）的诊断。焦虑通常集中在特定的生活境况上，比如对财务状况或亲人福祉不切实际的担忧。焦虑的表现方式——特定的症状——因人而异，但是要做出广泛性焦虑障碍的诊断，患者还必须表现出至少三种其他症状，例如肌肉紧张、容易疲倦、坐立不安、注意力难以集中、易激惹或睡眠困难。5.7% 的美国成人经历过广泛性焦虑障碍（Kessler et al., 2005a）。

由于患者无法控制担忧或将其搁置一边，广泛性焦虑障碍会导致功能受损。由于注意力集中在焦虑的来源上，个体无法充分地履行社会和工作义务。与此障碍相关的躯体症状使这些难题变得更加复杂。

惊恐障碍

与广泛性焦虑障碍中的慢性焦虑不同，**惊恐障碍**（panic disorder）患者体验到的是一种预料之外的严重的惊恐发作，可能只持续几分钟。这种发作一开始的感受是强烈的恐惧、害怕或惊慌，伴随着这些感受的是一些焦虑的躯体症状，包括自主神经系统的高兴奋性（如心率加快）、眩晕、头昏或窒息感。这种发作是无从预期的，因为它并非由情境中的具体事件导致。当一个人反复出现预料之外的惊恐发作，并且开始持续担心再次发作的可能性时，就可以诊断为惊恐障碍。研究发现，4.7% 的美国成年人经历过惊恐障碍（Kessler et al., 2006b）。

恐怖症

恐惧（fear）是对客观确定的外部危险的理性反应（例如家里着火了或者有人抢劫袭击），这种情绪可能会促使人们逃跑或出于自卫而进行攻击。相比之下，**恐怖症**（phobia，也译作恐惧症）患者持续和非理性地害怕某一特定的物体、活动或者情境，这种恐惧相对于实际的威胁来说是夸大的和非理性的。

很多人对蜘蛛或蛇（甚至选择题）感到不安。这种轻微的恐惧并不妨碍他们的日常活动。然而，恐怖症会干扰人们的调适，造成巨大的痛苦，并抑制实现目标的必要行动。即使非常具体、特定的恐怖症也会对一个人的整个生活产生很大的影响。DSM-5 将恐怖症划分为特定恐怖症（见**表 14.1**）和广场恐怖症。

表 14.1 常见的恐怖症

特定恐怖症
动物型
猫
狗
昆虫
蜘蛛
蛇
啮齿动物
自然环境型
风暴
高度（恐高症）
血液 – 注射 – 损伤型
血液
针头
情境型
封闭空间（幽闭恐怖症）
铁路

特定恐怖症（specific phobia）是指对特定物体或情境的不合理或非理性恐惧，如表 14.1 所示。特定恐怖症可以进一步分成五种类别：动物型、自然环境型、情境型、血液—注射—损伤型及其他。比如，动物型特定恐怖症患者可能会害怕蜘蛛。恐惧反应是由特定物体或情境的出现或对其出现的预期引起的。研究表明，美国成年人中 12.5% 的人曾经体验过某种特定恐怖症（Kessler et al., 2005a）。

广场恐怖症（agoraphobia）是一种对停留在公众场所或者开阔空间的极端恐惧，因为要逃离这种地方可能很困难或者令人尴尬。有广场恐怖症的人通常也害怕拥挤的房间、商场和公共汽车等场所。他们常常担心，如果他们在家门之外遇到某种困难，比如膀胱失禁或惊恐发作，可能会得不到帮助，或者令自己十分尴尬。这些恐惧剥夺了患者的自由。在极端的例子中，他们会把自己囚禁在家中。

你能发现广场恐怖症与惊恐障碍的联系吗？对于一些（不是所有）患有惊恐障碍的人来说，对下一次惊恐发作的恐惧——由此产生的无助感——足以使他们足不出户。有广场恐怖症的人可能离开安全的家，

为什么广场恐怖症会使人成为自己家中的“囚犯”？

但几乎总是伴随着极度的焦虑。

社交焦虑障碍

社交焦虑障碍（social anxiety disorder）是指一个人由于预期进入公共场合后会被他人观察到而产生的一种持久的、非理性的恐惧。一个有社交焦虑障碍的人害怕自己做出令人难堪的举止。他能意识到这种恐惧其实是多余的，没有理由的，但还是被恐惧所驱使，去回避那些可能被他人审视的场合。社交焦虑障碍常常涉及一种自我实现的预言。一个人可能很害怕他人的审视和拒绝，以至于造成过度的焦虑，影响了自己的表现。即使是积极的社会交流也会引起社交焦虑障碍患者的焦虑：他们担心设立了自己未来无法达到的标准（Weeks et al., 2008）。在美国成人中，12.1% 的人经历过社交焦虑障碍（Ruscio et al., 2008）。

强迫症

一些焦虑障碍患者无法摆脱特定的思维和行为模式。考虑下面的案例：

> 大约一年以前，17 岁的吉姆还是个正常的青少年，才华横溢，兴趣广泛。然后，一夜之间，他变成了一个孤独的旁观者，被他的心理问题排除在社交生活之外。具体来说，他对清洗产生了痴迷。“自己很脏”这一信念在他脑海里挥之不去，尽管他的理性告诉他事实并非如此。他开始花大量的时

间来洗掉自己想象出来的污垢。起初，他的仪式化清洗行为只在周末或者晚上出现，但不久就占据了他所有的时间，迫使他不得不退学（Rapoport, 1989）。

吉姆所患的障碍被称为**强迫症**（obsessive-compulsive disorder, OCD），据估计，1.6% 的美国成年人在一生中的某个时间曾受过这种障碍的困扰（Kessler et al., 2005a）。强迫观念指的是一些想法、表象或冲动（比如吉姆认为自己不干净），尽管个体努力抑制，它们还是反复出现或持续存在。强迫观念是对意识的一种不受欢迎的入侵，它们似乎毫无意义或令人讨厌，而且对于经历者而言也是难以接受的。你可能有过轻微的强迫体验，比如，有时会冒出一些小的担心："我是不是真的锁了门"或"我是不是关了烤箱"。强迫症患者的强迫观念更加不可抗拒，造成更多的痛苦，而且可能干扰他们的社交和工作。

强迫行为指的是重复的、有目的的动作（例如吉姆的清洗行为），是按照特定的规则或仪式化的方式对某种强迫观念做出的回应。做出强迫行为是为了减少或预防与某些可怕的情境相联系的不适感，但其本身是不合理的或者明显过度的。典型的强迫行为包括不可抑制的清洁行为、检查灯或电器是否关好、清点物品或财产。

至少在一开始，强迫症患者会抵制其强迫行为。当他们平静时，他们认为自己的强迫行为是毫无意义的。但当焦虑来临时，为了缓解紧张，仪式化的强迫行为似乎有一种不可抵挡的力量。有这种心理问题的人所体验到的痛苦，部分源于一种挫败感，因为他们意识到强迫观念本质上是非理性的或过度的，却又无法消除它们。

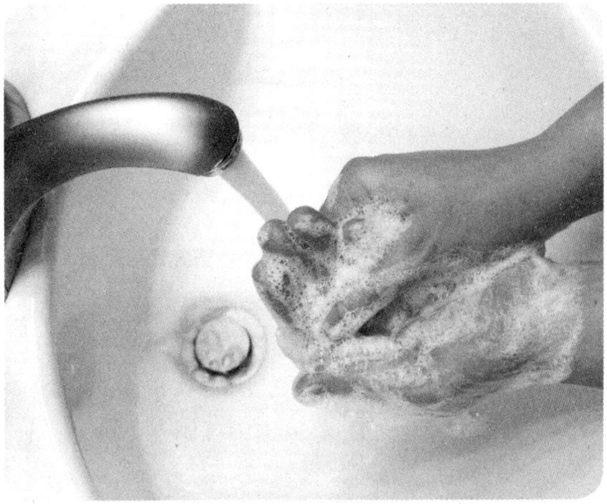

为什么患有强迫症的人会有反复洗手之类的行为?

创伤后应激障碍

第 12 章描述了创伤性事件的一种心理后果：人们会经历创伤后应激障碍（PTSD），这是一种焦虑障碍，其特征是通过痛苦的回忆、梦境、幻觉或闪回持续地重新体验那些创伤性事件。人们可能因遭遇强奸、危及生命的事件或严重伤害以及自然灾害而患上创伤后应激障碍。无论是创伤的受害者，还是目睹他人受到创伤的人都有可能罹患创伤后应激障碍。患有这种障碍的个体也可能同时有其他心理疾病，如重性抑郁、物质滥用问题和自杀企图（Pietrzak et al., 2011）。

研究表明，大约 6.4% 的美国成年人会在一生中的某个时候经历创伤后应激障碍（Pietrzak et al., 2011）。研究一致表明，大多数成年人都曾经历过可被定义为创伤性的事件，例如严重的事故、悲惨的死亡事件或者身体虐待或性虐待（Widom et al., 2005）。一项考察了 1 824 名瑞典成年人的研究发现，他们中有 80.8% 的人曾经历过至少一次创伤性事件（Frans et al., 2005）。该样本中，男性经历创伤性事件的次数多于女性，但女性患创伤后应激障碍的可能性是男性的两倍。研究者认为，这一差异可能是因为女性在应对创伤性事件时更加痛苦。

影响巨大的创伤性事件发生后的 PTSD 患病率受到了研究者的广泛关注。回想一下，第 12 章中的一项研究发现，2001 年 9 月 11 日从世贸中心逃离的人中，约 15% 的人在这次恐怖袭击的两到三年后符合 PTSD 的诊断标准（DiGrande et al., 2011）。

创伤后应激障碍严重扰乱了患者的生活。研究者们如何探索 PTSD 以及其他焦虑障碍复杂的成因？对病因的了解能够为我们带来消除这些心理痛苦的希望。

焦虑障碍的成因

心理学家如何解释焦虑障碍的形成？我们前面列举的四种病因学取向（生物学取向、心理动力学取向、行为取向和认知取向）分别强调不同的原因。让我们分析一下每种取向在理解焦虑障碍的原因时有何独到之处。

生物学取向　许多研究者提出，焦虑障碍有其生物学根源。一种理论试图解释为什么某些恐怖症，如害怕蜘蛛或高处，比对其他危险（如电）的恐惧更常见。因为很多恐惧是跨文化共有的，故此有人提出，在进化的某个时期，某些恐惧增加了我们祖先生存的机会。也许人类生来就有一种倾向，害怕那些在进化史上曾经与严重危险来源有关的事物。这个理论被称为**预备假设**，它提出我们携带着一种进化倾向，即对从前害怕过的刺激做出快速和“不假思索”的反应（Lobue & Deloache, 2008; Öhman & Mineka, 2001）。然而，这个假设不能解释那些在进化史上没有适应意义的恐怖症，比如害怕针头、害怕开车或害怕电梯。

某些药物能够缓解焦虑症状，另一些药物可以导致焦虑症状，这成为生物学因素在焦虑障碍中发挥作用的证据（Croarkin et al., 2011; Hoffman & Mathew, 2008）。如第 3 章提到的，当脑内神经递质 GABA 的水平降低时，人们通常会产生焦虑的感受。大脑中神经递质 5- 羟色胺的紊乱也与某些焦虑障碍有关。在第 15 章我们将看到，影响 GABA 或 5- 羟色胺水平的药物被成功地用来治疗某些类型的焦虑障碍。

研究者还使用脑成像技术来考察这些障碍的脑基础（Radua et al., 2010; van Tol et al., 2010）。例如，PET 扫描发现，惊恐障碍患者与控制组个体大脑中 5- 羟色胺受体的功能存在差异（Nash et al., 2008）。这些差异可能有助于解释惊恐障碍的发作。在另一个例子中，MRI 技术揭示了强迫症患者脑中广泛存在的异常。例如，强迫症患者脑中负责抑制行为的区域的皮质比一般人厚（Narayan et al., 2008）。这一大脑异常可能阻碍了神经元之间的通信，在一定程度上可以解释为什么强迫症患者难以抑制自己的行为冲动。

最后，家庭和双生子研究发现，焦虑障碍的易感性有遗传基础（Hettema et al., 2005; Li et al., 2011）。例如，一对男性同卵双生子都患有社交恐怖症或特定恐怖症的概率始终要高于男性异卵双生子（Kessler et al., 2001)。不过，仍然要记住，先天和后天永远是相互作用的。例如，回忆一下第 13 章，人格的很多方面是可遗传的。研究表明，基因对创伤后应激障碍的部分影响是因为具有不同人格特质的个体会做出不同的人生选择，从而增加或减少他们经历创伤的可能性（Stein et al., 2002）。

心理动力学取向　心理动力学模型首先假设，焦虑障碍的症状源自潜在的精神冲突或恐惧。这些症状的目的是试图保护个体免受心理痛苦。所以，惊恐发作就是无意识冲突突然进入意识中的后果。假定一个孩子压抑了自己想要逃避糟糕的家庭环境的内心冲突。在他长大后，一个能够象征这一冲突的客体或情境可能会激发他的恐怖症。比如，一座桥可能象征着这个人从家庭跨越到外部世界的通道，看到桥就会迫使无意识冲突进入意识，引起恐怖症中常见的恐惧和焦虑。回避桥则是一种象征性的努力，是为了远离童年期在家中经历的焦虑。

在强迫症中，强迫行为被看作是试图移除焦虑的一种努力，这种焦虑由与之相关但更令人恐惧的欲望和冲突造成。个体通过某种替代的强迫观念获得一些解脱，这种强迫观念象征性地表达了那些被禁止的冲动。例如，我们之前描述过的青少年吉姆，他体验到的那种害怕脏的强迫观念，可能源于对性活动的渴望与害怕名声受到“玷污”之间的冲突。强迫性地执行一项次要的仪式化的任务，也能使个体避开最初引发无意识冲突的那个问题。

行为取向　对焦虑的行为解释强调，焦虑障碍的症状是强化或条件作用的结果。研究者不去探究潜在的无意识冲突或者早期童年经验，因为这些现象不可能直接观察到。正如我们在第 6 章中看到的，行为主义理论经常被用来解释恐怖症的形成，这种理论将其视为由经典条件作用导致的恐惧。回忆一下小阿尔伯特，约翰 · 华生和罗莎莉 · 雷纳曾训练他害怕一只大白鼠。行为主义的解释认为，一个先前中性的物体或情境伴以恐怖体验一起出现后，会变成一个恐怖刺激。例如，当一个孩子靠近蛇时，他的妈妈大叫着警告他，这可能会使他建立起对蛇的恐惧。在这次经历之后，即使想到蛇，他也会产生一阵恐惧。当一个人逃离他害怕的情境时，焦虑会减少，这使得恐怖症得以维持。

对强迫症的行为分析表明，强迫行为往往能够减少与强迫观念有关的焦虑，如此就强化了强迫行为。例如，如果一个女人害怕碰到垃圾会被污染，她反复洗手以降低焦虑，这样洗手行为就得到了强化。与恐怖症的情形类似，由于强迫行为之后焦虑有所降低，强迫行为从而得以维持下来。

认知取向　焦虑的认知视角聚焦于可能歪曲一个人对自己所面临危险的评估的知觉过程或态度。一个人可能会高估现实的危险，也可能会低估自己有效应对威胁的能力。例如，一个有社交恐怖症的人在向一大群人发表演讲之前，下面的想法会加剧他或她的焦虑：

> 如果我忘了我要说的话怎么办？我会在众人面前出洋相。那时我会更紧张而且开始出汗，我的声音会发抖，我看起来会更蠢。从此以后，每当人们看到我，都会想起那个在演讲时出洋相的傻瓜。

有焦虑障碍的人常常把自己的忧虑解释为灾难即将来临的信号。他们的反应可以引起一个恶性循环：他们害怕灾难，这导致焦虑增加，而焦虑感的加重则进一步证实了他的恐惧（Beck & Emery, 1985）。

心理学家利用测量焦虑敏感性的方式对这种认知观点进行了检验。**焦虑敏感性**指的是一个人认为身体方面的症状——诸如呼吸短促或心悸——可能会产生有害后果的信念。焦虑敏感性高的人可能会同意以下说法："当我注意到自己心跳得很快时，我担心自己可能会心脏病发作。"我们来看一项研究，该研究论证了焦虑敏感性在飞行恐怖症中的作用。

研究特写

有飞行恐怖症的参与者和控制组参与者提供了关于飞行焦虑、与飞行有关的躯体症状以及焦虑敏感性的信息（Vanden Bogaerde & De Raedt, 2011）。参与者是在真实的航班上等待飞机起飞时报告最终数据的。有飞行恐怖症的参与者在所有指标上的平均分都更高：他们报告了更高的飞行焦虑、更多的躯体症状以及更高的焦虑敏感性。不过，这些指标之间的关系也很重要。假设有两名参与者因即将到来的飞行而体验到相同水平的躯体症状。对于这些躯体症状，焦虑敏感性高的参与者可能会产生强烈的飞行焦虑，而焦虑敏感性低的参与者则不会。研究人员得出结论，当参与者"由于飞行环境而产生负性的躯体感受时"，那些"'焦虑敏感性'较高的参与者倾向于将这些感觉解释为具有威胁性，从而导致了更高水平的焦虑"（p. 425）。

另一项研究论证了焦虑敏感性对于创伤后应激障碍的重要性。研究者测量了 68 名 10~17 岁儿童的焦虑敏感性，这些儿童都曾经历过创伤性事件（例如亲眼看见有人被杀害）（Leen-Feldner et al., 2008）。结果发现，儿童的焦虑敏感性与其 PTSD 症状之间存在正相关：那些报告高焦虑敏感性的儿童也更可能报告 PTSD 症状。研究者指出，高焦虑敏感性会使创伤性事件的再体验（如闪回）更为可怕。

研究还发现，焦虑患者因为认知上的偏差会强调威胁性刺激，从而维持了他们的焦虑。例如，那些主要表现出清洁症状的强迫症患者在实验中看到研究者用"清洁、未使用过"的纸巾或者"脏的、使用过"的纸巾碰触一系列物体。在随后的回忆测验中，这些强迫症患者对"脏"物体的回忆能力要胜于对"清洁"物体的回忆能力（Ceschi et al., 2003）。类似地，有社交焦虑的人更可能关注威胁性的社交信息，而不太可能关注积极的社交信息。在一项研究中，有社交焦虑的参与者必须做一个五分钟的即兴演讲——这是一个

焦虑敏感性如何影响人们对飞行的恐惧?

严重的社会应激源（Taylor et al., 2010）。参与者们还完成了一项对积极社交信息的注意偏好的测试任务。那些最倾向于回避积极社交信息的参与者，在这五分钟的演讲中也体验到了最多的痛苦。这类研究证明，患有焦虑障碍的人会更加关注那些有助于维持焦虑的事物。

关于焦虑障碍的每一种理论取向都可以解释其病因学之谜中的一部分。对每种理论取向的继续研究将会澄清病因，从而发现潜在的治疗途径。现在让我们来看看另一种主要的心理障碍——心境障碍。

STOP 停下来检查一下

❶ 恐惧和恐怖症的关系是什么？

❷ 强迫观念和强迫行为的区别是什么？

❸ 恐怖症的预备假设是什么？

❹ 焦虑敏感性的影响是什么？

批判性思考：回忆一下关于焦虑敏感性对飞行恐怖症的作用的研究。为什么研究人员在真实的航班上收集数据很重要？

心境障碍

几乎可以肯定的是，在生活中，你曾有过你会形容为极度消沉或无比快乐的时候。但是，对有些人来说，极端的情绪会打乱正常的生活体验。**心境障碍**（mood disorders）是一种情绪障碍，如严重抑郁或抑郁与躁狂交替出现。研究者估计，大约 20.8% 的成人患有心境障碍（Kessler et al., 2005a）。我们将探讨两种主要的心境障碍：抑郁症和双相障碍。

抑郁症

抑郁被形容为“心理病理中的普通感冒”，这既是因为它发作频繁，也是因为几乎人人都在一生的某些时间或多或少地体验过抑郁。每个人都可能经历过丧失亲人或朋友的悲痛，或者因为没有达到期望的目标而沮丧。这些悲伤的情绪只是**抑郁症**（major depressive disorder，也译作重性抑郁障碍）患者所体验的症状之一（见**表 14.2**）。让我们看看下面这个深陷抑郁的人对自己如何挣扎着处理日常事务的描述：

> 做简单的事情似乎也要付出巨大的努力才行。我记得自己曾在淋浴时因用完了香皂而失声痛哭。我因计算机上的一个键卡住了而哭泣。我发现所有的事都极其艰难，例如，拿起电话听筒对我而言就像卧推四百磅的重量。我不仅要穿上两只袜子，还要穿上两只鞋，这把我压垮了，所以我只想回床睡觉（Solomon, 2001, pp. 85–86）。

这段摘录生动描述了抑郁症的一些表现。

不同抑郁患者症状的严重程度和持续时间有所不同。其中许多人只在一生中的某个时间与抑郁斗争了几个星期，而另一些人则断断续续地或长期地经历了数年的抑郁。心境障碍的患病率显示，约有 16.6% 的人在一生中的某个时间曾患有抑郁症（Kessler et al., 2005a）。

抑郁给患者、家庭和社会带来了巨大的损失。世界卫生组织的一项研究估计了人们因身体和心理疾病而损失的健康寿命年（World

表 14.2 **抑郁症的特征**

特征	举例
悲观的情绪	悲伤、忧郁、无望；对日常的大部分活动失去兴趣或乐趣
食欲	体重显著减少（并未节食），或体重增加
睡眠	失眠或嗜睡（睡眠过多）
运动活动	显著减缓（运动迟滞）或激越
内疚感	感觉自己没有价值；自责
注意力	思考和集中注意的能力降低；健忘
自杀	反复想到死亡；有自杀的意念或企图

Health Organization，2008）。这一分析发现，在世界范围内，抑郁症是人们生活中的第三大重负（仅次于下呼吸道感染和腹泻）。在中等收入和高收入的国家中，抑郁症位列第一。在美国，因抑郁而入院者占据了精神科入院人群中的大部分，但是这还被认为是诊断不足和治疗不足的情况。美国国家共病研究发现，只有 37.4% 的个体在抑郁发作后的一年内寻求了治疗（Wang et al., 2005）。事实上，人们患抑郁症与寻求治疗之间的时间间隔的中位数是 8 年。

大多数人偶尔感到的不高兴与抑郁症的症状有何不同？（见彩插）

双相障碍

双相障碍（bipolar disorder）的特征是严重抑郁和躁狂发作交替出现。经历**躁狂发作**（manic episode）的人在行为和情感上通常表现出不寻常的兴奋和膨胀。但是，有时个人的主导心境是烦躁而不是高涨，特别是当这个人感觉在某些方面受挫的时候。在躁狂发作期间，个体常常体验到一种膨胀的自尊或不现实的信念，认为自己拥有特殊能力或权力。患者可能感觉自己需要的睡眠时间急剧减少，积极投身额外的工作或过度参加社交或娱乐活动。

陷入躁狂心境的患者表现出毫无根据的乐观，冒不必要的风险，随便做出承诺，并可能会放弃一切。

当躁狂开始减退时，患者就不得不努力处理躁狂期间造成的损害和困境。这样，躁狂发作之后几乎总是紧跟着陷入严重的抑郁。

双相障碍患者心境紊乱的持续时间和频率因人而异。一些人经历长时间的正常功能期，期间偶尔会有短暂的躁狂或抑郁发作。一小部分不幸的患者从躁狂发作到临床抑郁，然后再返回躁狂发作，如此循环往复，这对他们自己、他们的家庭、朋友以及同事都是毁灭性的。当躁狂发作时，他们可能会赌掉毕生的积蓄，或送给陌生人奢华的礼物，做出使自己在抑郁阶段更内疚的行为。双相障碍比抑郁症更罕见，在成年人中的发病率是 3.9%（Kessler et al., 2005a）。

心境障碍的成因

心境障碍的发生与哪些因素有关？我们将再次从生物学、心理动力学、行为和认知的角度探讨这个问题。我们注意到，由于患病率的不同，抑郁症比双相障碍得到了更为广泛的研究，这将从我们的文献回顾中反映出来。

生物学因素 几种不同类型的研究为人们理解生物学因素对心境障碍的影响提供了线索。例如，缓解躁狂和抑郁症状的药物不同，表明双相障碍的这两个极端所对应的大脑状态是不同的（Thase & Denko, 2008）。脑中的两种化学信使（5- 羟色胺和去甲肾上腺素）水平的降低与抑郁有关，而这两种神经递质水平的提高则与躁狂有关。

研究者们使用脑成像技术来理解心境障碍的成因和后果（Gotlib & Hamilton, 2008）。例如，研究者们使用了 fMRI 来证明，双相障碍患者的大脑在抑郁和躁狂状态下的反应是不同的。一项研究考察了 36 名双相障碍患者（Blumberg et al., 2003）。在研究期间，11 人处于躁狂状态，10 人处于抑郁状态，还有 15 人处于正常（或平衡）的情绪状态。所有人都执行了相同的认知任务——在接受 fMRI 扫描的同时命名单词印刷的颜色。扫描结果表明，大脑皮层特定区域的激活程度取决于参与者处于双相障碍的哪一个阶段。

有证据表明，心境障碍的发病率受遗传因素的影响，这也证实了生物学对心境障碍病因学的贡献（Edvardsen et al., 2008; Kendler et al., 2006）。例如，一项双生子研究考察了双生子同时被诊断为双相障碍的可能性。同卵双生子（MZ）之间的相关系数为 0.82，异卵双生子（DZ）

之间的相关系数仅为 0.07。人们据此估计双相障碍的遗传力约为 0.77（Edvarsen et al., 2008）。你将在“生活中的心理学”专栏中看到，在确定基因与环境如何相互作用，共同影响个体患心境障碍的可能性方面，研究者已经取得了一些进展。

让我们看看以下三种主要的心理学取向如何增进我们对心境障碍发病的理解。

心理动力学取向　心理动力学观点认为，无意识冲突和童年早期形成的敌对情绪在抑郁的形成中起了关键的作用。弗洛伊德曾一度对抑郁患者表现出的自我批评和内疚颇感困惑。他认为自我责备的根源是愤怒，该愤怒本来是指向他人的，后来转向内部而指向自己。这种愤怒被认为与一种特别强烈和依赖的童年关系有关，比如亲子关系，在这种关系中，个体的需求或期望没有得到满足。成年后，无论是真实的还是象征性的损失都会使敌对情绪重新活跃起来，现在这种敌对情绪指向个体的自我，从而引发抑郁中的典型表现——自责。

行为取向　行为取向不是在无意识中寻找抑郁的根源，而是关注正强化和惩罚的数量对个体的影响（Dimidjian et al., 2011）。这种观点认为，当一个人经历了丧失或其他重要的生活改变之后，若没有从环境中得到足够的正强化并受到了很多惩罚，就会产生抑郁情绪。当人们开始进入抑郁状态时，他们往往会从他们认为有压力的情境中退出。这种回避策略常常也减少了人们获得正强化的机会（Carvalho & Hopko, 2011）。因此，当抑郁导致回避的时候，抑郁往往会变得更加根深蒂固。而且，抑郁患者倾向于低估正反馈而高估负反馈（Kennedy & Craighead, 1988）。

认知取向　抑郁的认知取向的核心是两种重要理论。一种理论认为，消极的*认知定势*（个体感知世界的设定模式）导致人们对生活中他们认为自己负有责任的事件持消极的看法。第二种理论即*解释风格模型*提出，抑郁是因为个人抱有一种信念，认为自己几乎或根本没有能力控制重大的生活事件。这两种模型都解释了抑郁体验的一些方面。让我们分别看看它们的解释。

亚伦・贝克（Beck, 1967; Disner et al., 2011）是抑郁领域首屈一指的研究者，他提出了认知定势理论。贝克主张，抑郁者有不同类型的消极认知，他称之为抑郁的*认知三合一*：对自己的消极看法，对当前体验的消极看法，对未来的消极看法。抑郁的人倾向于认为自己在某些方面是没有能力的或有缺陷的，倾向于以消极的方式解释当前的体验，并且相信未来会继续给他带来痛苦和困难。这种消极思维模式会给所有的体验都蒙上阴影，并产生抑郁的其他特征性迹象。一个总是预期负面后果的人不太可能有动机去追求任何目标，这就造成抑郁中的主导症状——*意志瘫痪*。

马丁・塞利格曼首创的解释风格模型认为，人们相信（无论对错）自己无法控制对他们来说很重要的未来结果。塞利格曼的理论是从研究发展而来的，这项研究表明狗（后来发现在其他物种中）也有类似抑郁的症状。塞利格曼和梅尔（Seligman & Maier, 1967）对狗施加痛苦且不可躲避的电击：无论狗做什么，都没有办法逃避电击。这些狗就产生了塞利格曼和梅尔所称的**习得性无助**（learned helplessness）。习得性无助的标志是三种类型的缺陷：*动机缺陷*——这些狗启动已知动作较慢；*情绪缺陷*——它们显得僵化、无精打采、惊恐和痛苦；以及*认知缺陷*——它们在新的情境中表现出较差的学习能力。即使被放回一个它们事实上能够回避电击的情境中，它们也没有学会这样做（Maier & Seligman, 1976）。

塞利格曼相信，抑郁者也是处于一种习得性无助的状态；他们有一种做什么都无济于事的预期（Abramson et al., 1978; Peterson & Seligman, 1984; Seligman, 1975）。但是，这种状态的出现在很大程度上取决于个体如何解释他们的生活事件。正如第 11 章所讨论的，解释风格有三个维度：*内部-外部*，*整体-特定*以及*稳定-不稳定*。假设你刚刚在心理学考试中得到一个很差的分数。你将考试的负面结果归因于一个内部因素（“我很笨”，这使你感到难过），而不是一个外部因素（“考试真的很难”，这会让你生气）。你可以选择一个比智力更不稳定的内部品质来解释你的成绩（“我那天很累”）。你甚至可以将解释局限于心理学考试或心理学课程（“我不擅长心理学课程”），而不是将你的成绩归因于一个内部的、稳定的、有整体或深远影响的因素（我笨）。解释风格理论表明，那些将失败归因于内部、稳定和整体原因的个体容易抑郁。这一预测已被反复证实（Lau & Eley, 2008; Peterson & Vaidya, 2001）。

一旦个体开始体验与抑郁症相关的负面心境，平常的认知加工就使得他们更难摆脱这种心境。我们通过一项研究来看看抑郁如何改变人们对周围世界中信息的关注。

研究特写

研究者招募了 15 名抑郁参与者和 45 名控制组参与者（他们从未经历过抑郁）（Kellough et al., 2008）。参与者需要佩戴一种装置，这样研究者可以监测他们注意视觉呈现物时的眼动轨迹。每次呈现四张图片，分别代表悲伤、威胁、积极和中性的情绪类别。例如，其中一次呈现了如下四张图片：一个哭泣的男孩，一把指向观看者的枪，一对拥抱的夫妻，一个消防栓。参与者被告知他们戴的是眼球追踪仪，以便研究者确定瞳孔扩张与情绪图片之间的关系。实际上，研究者想要检验的假设是，与控制组（从未抑郁过的）个体相比，抑郁组个体注视悲伤图片的时间更长，注视积极情绪图片的时间更短。研究数据支持了这一预测。如**图 14.1** 所示，抑郁者注视悲伤图片的时间更长，而从未经历过抑郁的人则是注视积极情绪图片的时间更长。

该研究支持一个更普遍的结论，即抑郁症患者的注意力被世界上的负面信息所吸引（Peckham et al., 2010）。由此，你可以理解这种注意偏差是如何使抑郁变得不可避免的。

在第 15 章，你将了解到抑郁的认知理论带来的几种成功的治疗形式。下面我们将回顾抑郁研究的另外两个重要方面：男性和女性抑郁患病率的巨大差异，以及抑郁与自杀之间的联系。

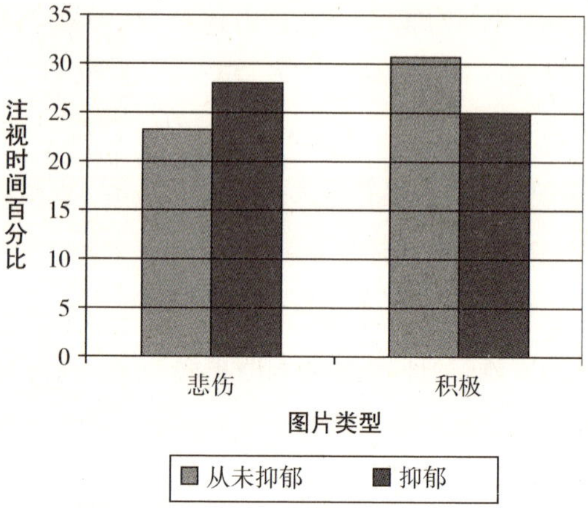

图 14.1 抑郁症患者的注意偏差

抑郁组和控制组（从未抑郁过的）参与者观看了悲伤、威胁、积极和中性情绪图片的展示。与从未抑郁过的参与者相比，抑郁的参与者注视悲伤图片的时间更长，注视积极情绪图片的时间更短。

资料来源：*Behaviour Research and Therapy 46*(11), Kellough, J. L., Beevers, C. G., Ellis, A. J., & Wells, T. T. "Time course of selective attention in clinically depressed young adults," pp 1238-1243, 2008.

抑郁的性别差异

抑郁研究的一个核心问题是，为什么女性的抑郁患病率几乎是男性的两倍（Hyde et al., 2008）。对心境障碍患病率的估计显示，大约21% 的女性和 13% 的男性在其一生的某个时候患过抑郁症（Kessler et al., 1994）。这一性别差异始于 13~15 岁的青春期。不幸的是，这一差异的一个直接原因是：平均而言，女性比男性经历更多的负面事件和生活应激源（Kendler et al., 2004; Shih et al., 2006）。譬如，女性更可能遭受身体虐待、性虐待，她们更可能生活贫困，同时又是孩子和年迈父母的主要照顾者。这些经历会埋下严重抑郁的祸根，而女性的生活中此类经历更多。

对性别差异的研究主要集中在一些可能使女性更容易抑郁的因素（Hyde et al., 2008）。其中一些因素是生物性的。例如，从青春期开始出现的激素差异，可能使青少年女孩比其男性同伴更容易抑郁。研究者还深入考察了一些导致男女差异的认知因素。例如，**苏珊·诺伦－霍克西玛**等人（Nolen-Hoeksema & Hilt, 2009）的研究比较了男性和女性开始经历消极情绪之后的反应风格。根据这种观点，当女性感到悲伤时，她们倾向于思考自己感受的可能原因和影响；相比之下，男性会积极地转移自己对抑郁感受的注意力，他们要么专注于其他事情，要么参加体育运动，让自己的注意力从当前的心境状态中转移出来。

这个模型提出，女性的这种深思熟虑、反刍型的反应风格，即过度关注自身问题的倾向，增加了女性对抑郁的易感性。我们来看一项考察青少年反刍思维的大样本研究。

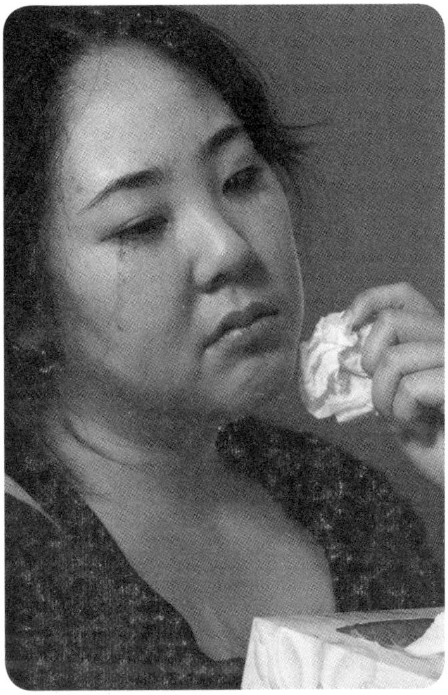

哪些因素有助于解释为什么女性比男性更容易抑郁？

研究特写

研究者采用问卷调查了 1 218 名 10~17 岁的学生，评估他们对生活事件的反应（Jose & Brown, 2008）。问卷包含此类描述："我坐在家里回忆我的感受""如果我不能摆脱这种情绪，我想是不会有人愿意接近我的"。学生们在一个五点量表上做出回答，从"从来不"到"总是如此"。如**图 14.2** 所示，在年龄最小的一端，男性和女性之间的差异较小。然而，到了青春期，这一差异开始变大，女孩会陷入更多的反刍思维。该研究中的学生还完成了测量抑郁的问卷。不论是男孩还是女孩，那些反刍思维最多的学生也最有可能报告最多的抑郁症状。然而，反刍思维与抑郁之间的相关在女孩身上更明显。

这一研究支持了反刍思维是抑郁的一个风险因素的假设：关注消极情绪会使人更多地去想负面事件，最终增加消极感受的数量和 / 或强度。研究还证实，进行反刍思维的男性也面临抑郁的风险。抑郁之

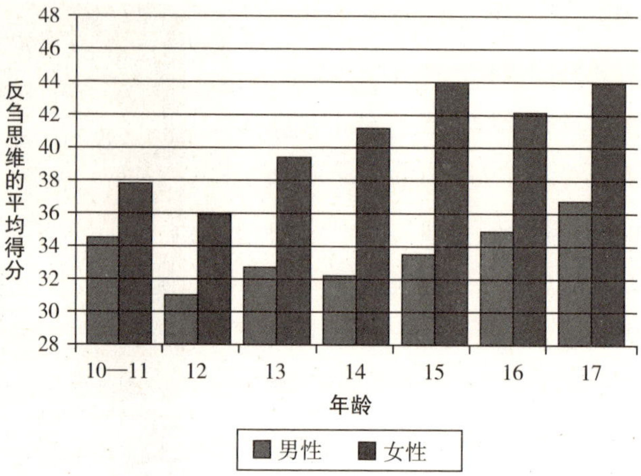

图 14.2　反刍思维的性别差异

在整个青少年期，男孩和女孩所报告的反刍思维差异越来越大。

资料来源：Jose, P. E. & Brown, I. "When does the gender difference in rumination begin?" *Journal of Youth and Adolescence, 37*(2), 2008, 180–192.

性别差异的出现，在一定程度上是因为女性更多地进行反刍思维。

自　杀

"生存和成功的意志已经被压垮和击败……现在，所有的一切都失去了光彩，看不到任何希望"（Shneidman, 1987, p. 57）。这段悲伤的话是一个有自杀倾向的年轻人写的，它反映了心理障碍最极端的后果——自杀。尽管大多数抑郁者不会自杀，但分析表明，许多企图自杀的人患有抑郁症（Bolton et al., 2008）。在美国总人口中，每年被官方认定为自杀的死亡人数约有 3 万人（Nock et al., 2008）。因为很多自杀被归结为意外或是其他原因，所以实际的发生率可能要高出很多。抑郁在女性中较常见，因此女性比男性更经常试图自杀这一点不足为奇。但是，男性比女性更容易尝试自杀成功（Nock et al., 2008）。这个区别很可能是因为男性更多地使用枪，而女性则倾向于采用不那么致命的方法，如服用安眠药。

近几十年来，年轻人自杀率的上升是最令人担忧的社会问题之一。尽管自杀在美国所有年龄段的死因中排名第 11 位，但在 15~24 岁的人群中，它排名第 3 位（Miniño et al., 2010）。每一次自杀成功的背后，可能会有多达 8 至 20 次的自杀尝试。为了评估青少年自杀的风险，一个研究小组回顾了 128 项研究，涉及 50 万名 12 至 20 岁的个体（Evans et al., 2005）。在这个广泛的样本中，29.9% 的青少年在他们生命的某个时刻想到过自杀，9.7% 的青少年实际尝试过自杀。女性青少年尝试自杀的次数约是男性青少年的两倍。

即使像演员欧文・威尔逊这样非常成功的个体，也未能免除可能引发自杀想法的绝望情绪。关于抑郁与自杀的关系，研究揭示了什么？

年轻人的自杀并非一时冲动的行为，它通常是一段内部动荡和外部困境的最终结果。大部分青少年自杀者都曾与别人谈过自己的自杀意图，或者写下过自己的这些想法。所以，应该认真对待谈及自杀的人（Rudd ct al., 2006）。与成人一样，青少年在经历抑郁时更有可能尝试自杀（Gutierrez et al., 2004; Nrugham et al., 2008）。无望和孤立的感觉以及消极的自我概念，也和自杀风险有关（Rutter & Behrendt, 2004）。另外，同性恋青少年自杀的风险比其他青少年更高。一个研究团队回顾了一些比较异性恋青少年和“性少数群体”青少年（报告有同性吸引和 / 或行为的青少年）自杀率的研究。性少数群体青少年中有自杀想法和行为的人占 28%，异性恋青少年为 12%（Marshal et al., 2011）。自杀率较高无疑反映了同性恋者相对缺乏社会支持的状况。当青少年感到大声疾呼也无法得到他人的帮助时，尤其容易产生自杀的极端反应。我们应该敏锐地觉察自杀意图的信号，充满关爱地去干预，这对于拯救那些除了自毁之外看不到其他出路的青少年和成年人的生命来说至关重要。

生活中的心理学

我们如何查明先天与后天的相互作用

纵观《心理学与生活》，你已经了解到生活中的许多结果（比如，人们与母亲之间的依恋关系，人们的智力表现）反映了先天与后天之间的相互作用：环境因素会改变基因的影响。在心理病理学研究中，这种相互作用尤其重要。许多解释心理疾病原因的模型主张，特定的基因会让人们有患病的风险，而环境因素则在决定这种患病风险会不会引发疾病方面起着重要的作用。我们来探讨一下抑郁症的先天和后天因素之间的相互作用。

关于心境障碍的讨论指出，神经递质5-羟色胺功能的紊乱是影响抑郁的一大因素。因此，研究者们重点关注了一种名为5-HTTLPR的基因，该基因对5-羟色胺系统有影响（Caspi et al., 2010; Karg et al., 2011）。该基因有一短（S）一长（L）两种形式。在一项有144名大学生参与者的研究中，19%的参与者有两个短型基因（SS），53%的参与者是一短一长型（SL），28%的参与者有两个长型基因（LL）（Carver et al., 2011）。学生们自己提供了关于他们成长的家庭环境的信息。他们使用5分量表（1=根本没有；5=非常频繁）来提供有关因素的信息，例如他们感到被爱与被照顾、被侮辱以及被虐待的频率。基于这些回答，研究者们计算了每个学生成长的家庭环境在多大程度上属于“风险家庭”。每个学生还接受了临床评估，以确定其是否符合抑郁症的诊断标准。

如图所示，横轴“风险家庭”的数字为正表明该家庭的风险因素较多（因此该学生的童年经历压力更大）。纵轴“抑郁症诊断”的分数为正则表明被诊断为抑郁症

STOP 停下来检查一下

❶ 双相障碍的特征性体验是什么？

❷ 在亚伦·贝克的理论中，什么类型的消极认知组成了抑郁的认知三合一？

❸ 反刍思维式反应风格如何有助于解释抑郁的性别差异？

❹ 青少年自杀的风险因素有哪些？

批判性思考：回想一下证实了抑郁症注意偏差的研究，为什么要让参与者相信这是关于瞳孔扩张的研究？

的可能性更高。如你所见，基因与环境间的相互作用是非常戏剧性的：对于有两个长型基因（LL）的学生来说，成长于高风险的家庭环境实际上使他们被诊断为抑郁症的可能性变小。

另一项研究对人们进行了数十年的追踪调查，以评估环境与该基因之间的相互作用（Uher et al., 2011）。这项研究在参与者们很小的时候就开始了（有些 3 岁，有些 5 岁），研究者对其童年时期被虐待的情况进行了评估。参与者们一直被追踪到成年（直到 32 岁或 40 岁），以确定哪些人经历了持续的抑郁。结果再次证明，童年受虐经历是否会导致持续的抑郁，取决于个体遗传了哪种类型的 5-HTTLPR 基因。

这些研究清晰地表明，先天与后天都很重要。已知的基因差异与负性生活事件相结合，会极大地增加个体经历抑郁的可能性。对人类基因组理解的突破使研究者能够确切地查明先天与后天如何相互作用。

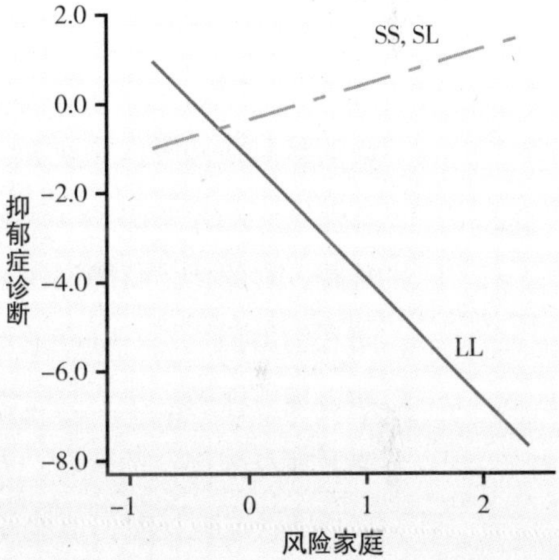

躯体症状及相关障碍、分离障碍

这一章回顾了各种类型的心理障碍，你已经了解到某些日常体验如果被推到极限，会如何导致功能损害和适应不良的行为。例如，每个人都会体验焦虑，但有些人的焦虑体验如此强烈，以至于发展为焦虑障碍。类似地，很多人感觉到某些躯体疾病的症状，但没有任何明显的原因；很多人都有过“感觉不像自己”的日子。但是，当这些类型的经历损害了个体的日常生活时，他们就可能代表着躯体症状及相关障碍或分离障碍。我们来回顾一下这两类障碍的症状和病因。

躯体症状及相关障碍

躯体症状障碍和其他有突出躯体症状的障碍在 DSM-5 中组成了一个新的分类，称为躯体症状及相关障碍。这一诊断类别包括躯体症状障碍、疾病焦虑障碍和转换障碍等。要被确诊为患有这类障碍，个体体验到的病痛所造成的痛苦必须达到足以影响个体日常功能的程度。我们分别了解一下这三种障碍。

躯体症状障碍（somatic symptom disorder）之前的诊断标准强调个体有无法用实际的疾病完全解释的躯体病痛或主诉。DSM-5 对这一障碍的诊断强调阳性症状和体征，即痛苦的躯体症状以及作为对这些症状的反应的异常想法、感觉和行为，而不是强调对躯体症状缺少医学解释。有躯体症状障碍的人有多年的身体不适主诉史，耗费大量的时间和精力担忧这些症状并寻求治疗。躯体症状最常见的是疼痛，还可能表现为胃肠症状（例如恶心和腹泻）、神经症状（头昏和震颤）或影响其他身体部位的症状。有躯体症状障碍的人对健康担忧过度，甚至在身体状况良好时仍不能停止担忧，并且这种担忧会干扰其日常功能。据估计，在一般成年人群体中，躯体症状障碍的患病率可能在 5%~7%，在女性中可能更高（DSM-5, 2013）。

尽管医生保证其没病，**疾病焦虑障碍**（illness anxiety disorder）患者仍深信自己的身体有病。即使目前是健康的，他们也可能一直担心自己的身体会得病。此外，这种对患了病或将会患病的先占观念给他们带来了极大的痛苦，以致破坏了他们的日常生活。为了评估疾病焦虑障碍与其他躯体症状障碍的患病率，研究者经常关注前来就医的个体。这样，问题就变为多大比例的人有医学无法解释的身体病痛。研究表明，按照 DSM-5 出台之前的诊断标准，在 18 岁及以上的成人中，疾病焦虑障碍的患病率为 1%~5%（Fink et al., 2004; Abramowitz & Braddock, 2011）。根据 DSM-5 诊断标准估计的患病率略高（DSM-5,

2013）。

注意偏差在躯体症状障碍的发展中起着怎样的作用？

疾病焦虑障碍和躯体症状障碍都是根据人们对身体症状的主诉来界定的。然而，疾病焦虑患者是担心自己患有某种潜在疾病，而躯体症状障碍患者更关注症状本身。此外，如上所述，被诊断为躯体症状障碍的人一定报告了各种各样无法解释的身体不适。

转换障碍（conversion disorder）的特征是运动或感觉功能的丧失，并且这种丧失无法用神经系统损伤或其他躯体损伤来解释。例如，个体可能会在没有任何医学原因的情况下出现瘫痪或失明。此外，躯体症状出现之前必须有心理因素，例如人际冲突或情绪压力。历史上，转换障碍被称作癔症（hysteria）——在某些时代，它被认为是魔鬼附身。弗洛伊德促成了当代对转换障碍的理解。他最为经久不衰的洞见之一是，心理创伤可能会引起躯体症状。在寻求医治的成人中，1.5% 的人存在转换障碍（Fink et al., 2004）。

躯体症状及相关障碍的成因　躯体症状障碍的定义强调一个特征，即个体出现了医学无法充分解释的躯体疾病。研究者试图理解这种情况是如何发生的：比如，运动系统完好的个体怎么会瘫痪？研究中使用了神经影像学技术来探究转换障碍的脑基础（Mailis-Gagnon & Nicholson, 2011; Ellenstein et al., 2011）。我们来看一项研究，该研究表明，有转换症状的个体与只是假装有这些症状的个体相比，表现出了不同模式的脑区激活。

研究特写

这项研究重点考察了一名 36 岁的女性，她的上臂部分瘫痪，无法用任何躯体疾病来解释（Cojan et al., 2009）。患者需完成一项运动任务，即尝试用手来执行或抑制对电脑屏幕上视觉刺激的反应。研究者采用 fMRI 扫描来比较她与假装左手瘫痪（与她的症状相似）的健康对照组的脑激活模式之间的异同。患者与对照组的脑激活模式显示出有趣的差异。例如，对照组的 fMRI 扫描显示，当他们试图不移动自己的手时，他们需要付出有意识的努力。而患者的 fMRI 扫描则显示了不同脑区的激活——这种模式表明，她的手无法移动并不是她有意为之。

为了理解这些结果，你需要花点时间来想一想，如果你假装左手瘫痪会是什么感觉，要使这只手不动可能需要一些心理上的努力。然而，该研究表明，有转换症状的患者没有付出这样的努力；他们的症状不是假装的。

研究者也考察了认知过程对躯体症状障碍的影响（Brown, 2004; Rief & Broadbent, 2007）。例如，疾病焦虑障碍有一个重要特征，即个体对身体感觉的反应存在注意偏差。假设某天早晨起床时你嗓音沙哑，如果你有注意偏差，你就很难从沙哑的嗓音上转移注意力，你可能会认为自己病得不轻。事实上，一项研究表明，对自己的健康感到高度焦虑的个体，其注意力很容易被显示健康威胁的图片所吸引（比如一个手臂上有皮疹的男人）（Jasper & Witthöft, 2011）。对症状和疾病的紧密关注会导致恶性循环：紧张和焦虑会使躯体出现感觉像是疾病的症状（例如，出汗增多和心率加快）——这又为患者确认自己健康焦虑的合理性提供了进一步的证据。将所有躯体症状都归因为疾病的人，可能会在嗓音沙哑、过度出汗、心跳加速同时出现时感知到一种危险的模式。因此，与躯体症状及相关障碍相关的认知偏差会夸大轻微的躯体感觉。

分离障碍

分离障碍（dissociative disorder）是身份、记忆或意识等方面的正常整合的混乱和/或中断。人们应认为自身行为（包括情绪、思维、行动）是在自己的控制之下，这一点很重要。这种自我控制感知的关键是自我感，即自我的各个方面的一致性以及跨时空的身份连续性。心理学家相信，在分离状态中，人们通过放弃这种宝贵的一致性和连续性来逃避冲突——在某种意义上，这意味着他们失去了一部分自我。这种在没有器质性功能障碍的情况下由心理因素导致的对重要个人经历的遗忘，被称为**分离性遗忘症**（dissociative amnesia），是分离障碍的一种形式。对有些人来说，失去回忆过去的能力还伴有从家里或工作地点出走。这种障碍被称作**分离性漫游**（dissociative fugue）。患者可能连续几小时、几天或几个月都处于漫游状态，他们可能以一种新的身份生活在新的地方。

分离性身份障碍（dissociative identity disorder, DID），过去叫作多重人格障碍，是一种分离性心理障碍，即两个或多个不同的人格存在于同一个体之中。在任何特定时间，其中一个人格占支配地位，主导这个人的行为。分离性身份障碍被通俗地称为分裂人格，有时被错误地称为精神分裂——这是我们下一节将要讨论的另一种障碍，该障碍中人格会有损害但不会分裂成多种人格。在 DID 中，每个新出现的人格都与原本的自我有显著的反差——如果这个人原本害羞，该人格则表现为外向；如果这个人原本软弱，该人格则表现为刚强；如果这个人原本对性感到恐惧和缺乏经验，该人格则表现为在性方面十分自信。每个人格都有独特的身份、名字和行为方式。在一些个案中，甚至会出现几十个不同的角色去帮助个体应对生活困境。下面这段话摘自一名 DID 女性患者的自述（Mason, 1997, p. 44）：

> 正如波浪从海洋深处翻滚出来，使海面换了副样子，我们当中的每一个都像潮涨潮退一样，循环交替着出现，时而温柔，时而狂暴。一个小孩正在拿着笔涂色。她退到一边，让位给了一个官员，后者正在核对银行对账单。过了一会儿，死去的婴儿接替了角色，躺在地板上不动，没有知觉。她这样待了一段时间，但是没有人感到难过——轮到她上场了。

> 正在爬行的孩子停了下来，全神贯注地看着一粒灰尘。厨师做好了三天的饭菜，并且把它们分别打包——我们都有不同的喜好。受惊的人尖叫着，受伤的人呻吟着，痛苦的人哀号着。
>
> 资料来源：Vivian Ann Conan, "Divided She Stands." Originally appeared in New York Magazine August 4, 1997 under the pseudonym Laura Emily Mason. Reprinted by permission of the author.

你能把自己放在这名女性的位置上，想象一下在你的脑子里有这么多的"个体"——小孩、死去的婴儿、活着的婴儿、厨师等等——会是什么样子吗？

分离障碍的成因　心理动力学取向的心理学家认为分离发挥着重要的生存功能。他们指出，经历了创伤性应激的人有时会用防御机制将创伤事件推到有意识的觉知之外。我们来看一项研究，该研究考察了 891 名 11~17 岁波多黎各青少年的生活经历（Martínez-Taboas et al., 2006）。这些孩子完成了旨在评估他们生活中受害经历和分离性症状的问卷。从**图 14.3** 中可以看出，相对较少的儿童受过严重的伤害。例如，74% 的青少年没有受过情感虐待。然而，图 14.3 也揭示出，青少年遭受的情感、身体和性虐待越严重，他们表现出的分离性症状也越严重。

尽管这些数据以及我们前面引用的个人陈述看起来很有说服力，但许多心理学家依然怀疑创伤与分离之间的联系（Giesbrecht et al., 2008）。这种怀疑主要集中在分离性身份障碍上，关于该障碍的患病率并没有可靠的数据（DSM-Ⅳ-TR, 2000）。实际上，有些批评指出，因为媒体很关注那些声称具有许多独特人格的个体，所以 DID 的诊断才变多了（Lilienfeld & Lynn, 2003）。持怀疑态度的人认为，"相信"DID 存在的治疗者可能人为地制造了 DID——这些治疗师常常在患者被催眠的状态下用一种鼓励多重人格"显现"的提问方式进行询问。研究者试图找到严格的方法来检验 DID 患者关于其不同身份之间相互分离的说法。例如，研究通过评估某一身份获得的信息在多大程度上为另一身份所知，来考察身份间遗忘症。研究结果并不支持遗忘症发生于

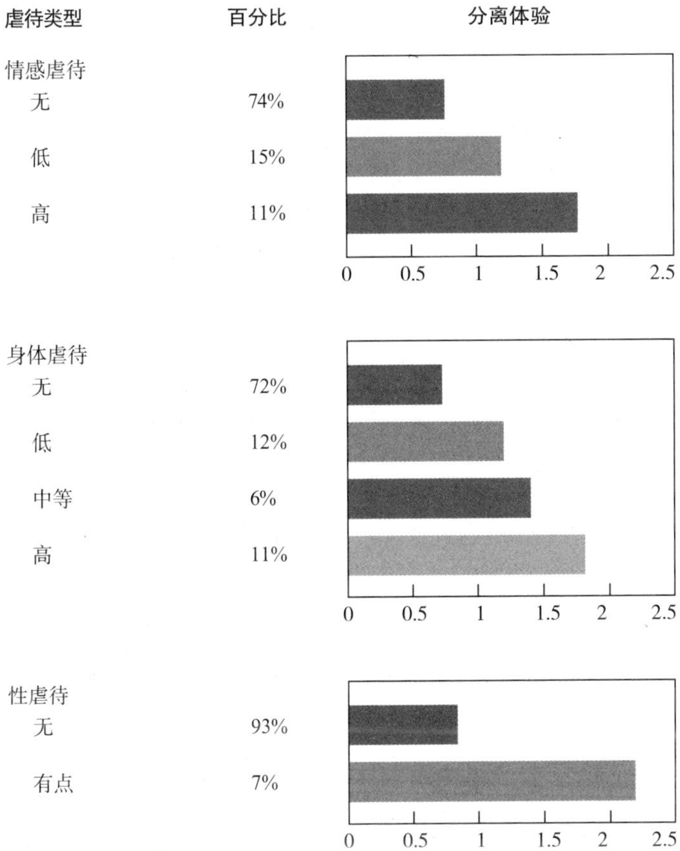

图 14.3　所受伤害与分离性症状

青少年提供了有关自身受伤害的经历和分离性症状的信息。图中的百分比数字表明，大部分孩子没有受过任何形式的虐待。那些遭受过虐待的孩子报告了更多的分离性症状。

资料来源：Martínez-Taboas, A. et al. (2006). Prevalence of victimization correlates of pathological dissociation in a community sample of youths, *Journal of Traumatic Stress, 19*, 439–448.

不同身份之间的说法（Kong et al., 2008）。

DID 的研究者们普遍承认，并非所有的诊断都是恰当的。然而，许多心理学家相信，已有足够的证据支持 DID 诊断，表明它并不总是治疗师一时兴起的产物（Gleaves et al., 2001; Ross, 2009）。最可靠的结论可能是，在被诊断为 DID 的人群中，有些个案是真实的，而另一些则是患者为了迎合治疗师的要求而出现的。

STOP 停下来检查一下

❶ 尽管医生确定他是健康的，可霍华德仍然认为他头痛证明他长了脑瘤。霍华德可能患有躯体症状及相关障碍中的哪一种？

❷ 如何定义分离性遗忘症？

❸ 研究认为生活经历在分离性身份障碍的病因中起着怎样的作用？

精神分裂症谱系及其他精神病性障碍

在 DSM-5 中，这个大类别包括精神分裂症、其他精神病性障碍以及分裂型（人格）障碍。精神病性障碍根据下列五个特征中的一个或多个确定：妄想，幻觉，思维（言语）紊乱，明显紊乱或异常的运动行为（包括紧张症），以及阴性症状。分裂型人格障碍将在下一节人格障碍中介绍。

精神分裂症

尽管大多数人从未体验过可真正称之为障碍的严重抑郁或焦虑，但每个人都知道抑郁或者焦虑是什么感觉。然而，精神分裂症这种障碍却代表着一种与正常功能有着质的不同的体验。**精神分裂症**（schizophrenic disorder）是一种严重的心理病理形式，患者的人格似乎解体，思维和知觉扭曲，情感迟钝。精神分裂症患者就是你想到疯子或精神失常的人时，头脑中常常显现的形象。尽管精神分裂症非常少见，但也有约 0.7% 的美国成年人在一生中的某个时间患有精神分裂症（Tandon et al., 2008）——也就是说，约有 200 万美国人受到这一神秘而悲惨的心理障碍的影响。

小说家库尔特 · 冯内古特的儿子马克 · 冯内古特在 20 岁出头时开始出现精神分裂症的症状。在《伊甸园快车》（*The Eden Express*,

1975）中，他讲述了自己如何与现实分离并最终康复的故事。有一次，在修剪果树时，他的现实世界开始扭曲了：

> 我开始搞不清楚我是否弄痛了那些树，我发现自己在道歉。每棵树都显现出自己的人格。我想知道它们中是不是有喜欢我的。我全神贯注地看着每棵树，开始注意到它们微微闪光，从内部发出的柔和的光芒在树枝的周围闪烁。然后，不知道从哪儿冒出来一张不可思议、满是皱纹、色彩斑斓的脸。它从一个无限远的小点开始，向前冲，变得硕大无比。除了它，我其他什么都看不到了。我的心跳停止了。这一刻似乎成了永恒。我试图让这张脸走开，但是它嘲笑我……我试着注视这张脸的眼睛，然后，我意识到我已经离开了所有熟悉的地方。（1975, p. 96）

冯内古特的描述让我们得以窥见精神分裂症的症状。

在精神分裂症的世界里，思维变得不合逻辑，想法之间的联系很遥远或者没有明显的模式。患者经常出现幻觉，包括想象出来的视觉形象、气味，而声响（通常是人声）最为常见。他们认为这些想象出来的感知觉是真实的。一个人可能听到有个声音一直对他的行为品头论足，或者同时听到几个声音在对话。**妄想**（delusions）也很常见，尽管有明显相反的证据存在，患者却仍然坚持错误或非理性的信念。语言可能变得不连贯——患者会说出由没有关联或编造的词组成的“语词杂拌”——或者可能会变得沉默。患者可能情绪平淡，面无表情，或者表现出不合情境的情绪。精神运动性行为可能紊乱（扮鬼脸，举止古怪），或者身体姿态变得僵硬。即使只出现其中的部分症状，随着患者在社交上退缩或在情感上变得疏离，其工作和人际关系功能也可能受到损害。

心理学家将分裂症状分为阳性和阴性两类。在精神分裂症的急性期或活跃期，幻觉、妄想、语言不连贯、行为紊乱等阳性症状较为突出。在其他的时候，社交退缩和情感淡漠等阴性症状变得更明显。有些人，比如马克·冯内古特，只经历了一个或几个精神分裂症的急性期之后就恢复了正常生活。还有一些人常常被描述成慢性患者，他们要么反复地经历急性期，并伴有短期的阴性症状，要么偶尔经历急性期，同时伴有长期的阴性症状。即使最严重的病人，也不是总处于急性的妄想状态。

其他精神病性障碍

在**分裂情感性障碍**（schizoaffective disorder）中，精神分裂症活动期症状（妄想、幻觉、言语和行为紊乱，和/或阴性症状）和心境障碍同时出现。与具有精神病性特征的心境障碍不同的是，分裂情感性障碍的诊断标准要求在没有心境障碍发作的情况下，存在至少两周的妄想或幻觉。

精神分裂症样障碍（schizophreniform disorder）的特征表现与精神分裂症相同，但病程持续时间不同（少于6个月），且不需要出现功能受损。多数精神分裂症样障碍患者（约三分之二）最终会被诊断为精神分裂症或分裂情感性障碍（American Psychiatric Association, 2013）。

短暂精神病性障碍（brief psychotic disorder）的发作持续至少1天，但少于1个月。症状有时出现在重大应激源之后，例如发生严重交通事故，有时则没有明显的应激源。每1万名女性中约有1名在产后会经历短暂精神病性障碍发作（Sterner et al., 2003）。

妄想障碍（delusional disorder）的特征表现为持续至少1个月的妄想，但没有其他精神病性症状。妄想障碍在一般人群中十分少见，估计其终生患病率是0.2%。该障碍对女性的影响大于男性。

精神分裂症的成因

关于精神分裂症的成因、发展路径和治疗方法，不同的理论模型提出了各自的看法。让我们看看下面这些模型对理解一个人如何患上精神分裂症所做的贡献。

什么样的思维模式可能表明一个人患有精神分裂症?

遗传取向　很久以前我们就知道精神分裂症有家族遗传倾向（Bleucer, 1978; Kallman, 1946）。三种独立的研究——家族研究、双生子研究和领养研究——指向一个共同的结论：遗传上与精神分裂症患者有联系的人比没有联系的人更容易患精神分裂症（Riley, 2011）。**欧文・格特曼**收集了 1920—1987 年间在西欧进行的相关研究，删除了其中质量较差的研究，并对其中约 40 项可靠研究的数据进行了合并（Gottesman, 1991）。**图 14.4** 总结了通过不同类型的亲属关系患上精神分裂症的风险。如图所示，数据是按照遗传亲缘度排列的，遗传亲缘度与风险程度高度相关。例如，如果父母双方都患有精神分裂症，其子女的患病风险是 46%，而一般人群中这一风险只有 1%。如果只有父母一方有精神分裂症，其子女患病的风险锐减到 13%。还要注意，同卵双生子同时患精神分裂症的概率大约是异卵双生子的三倍。

因为精神分裂症的遗传性非常确定，所以研究者已经将注意力转向了使人们面临精神分裂症风险的特定基因。正如你所看到的，精神分裂症有许多不同的症状。因此，研究者认为有很多基因决定了人们何时以及如何受到影响：研究已经发现了该障碍的几种候选基因（Shi et al., 2008）。不同的人对精神分裂症的体验（例如，症状的严重性）可能完全取决于他们遗传的基因组合。

脑功能　研究精神分裂症的另一种生物学取向是寻找患者脑中的异常。这类研究现在多数依靠脑成像技术，它使我们可以直接比较精神分裂症患者和正常控制组个体的脑结构和脑功能（Keshavan et al., 2008）。例如，如**图 14.5** 所示，磁共振成像（MRI）显示，精神分

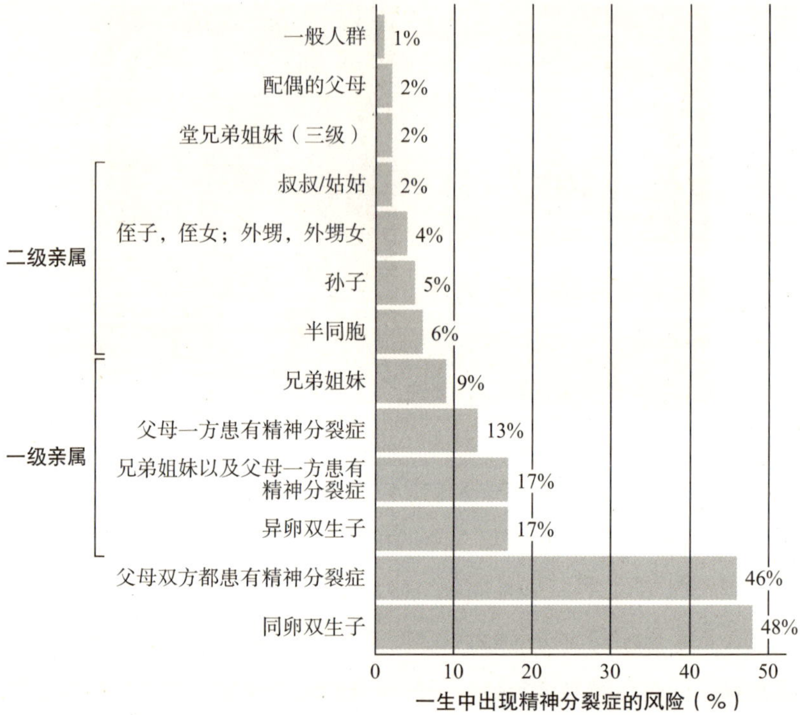

图 14.4　精神分裂症的遗传风险

图中显示了患精神分裂症的平均风险。数据源于 1920~1987 年在欧洲进行的家族研究和双生子研究；风险程度与基因亲缘度高度相关。纵轴的标签是个体与精神分裂症患者的亲属关系（顶端的“一般人群”除外），横轴是个体患精神分裂症的可能性。例如，某人被确诊为精神分裂症，那么他的异卵双生子同胞也患有精神分裂症的可能性为 17%。

裂症患者的脑室（脑脊液流经的脑结构）往往增大（Barkataki et al., 2006）。MRI 研究还表明，精神分裂症患者大脑皮层的额叶和颞叶区域明显较薄，而这种神经组织减少可能与该障碍的行为异常有关（Bakken et al., 2011）。

研究者也开始证明，某些脑部异常与疾病的进展有关（Brans et al., 2008）。例如，**图 14.6** 呈现了一项纵向研究的数据，该研究对 12 个从 12 岁便开始出现精神分裂症状的个体进行了追踪（Thompson et al., 2001）。研究关注了这些个体的大脑灰质 5 年内的变化（主要是大脑皮层内的细胞体和神经元树突）。这 12 个患者反复接受了磁共振成

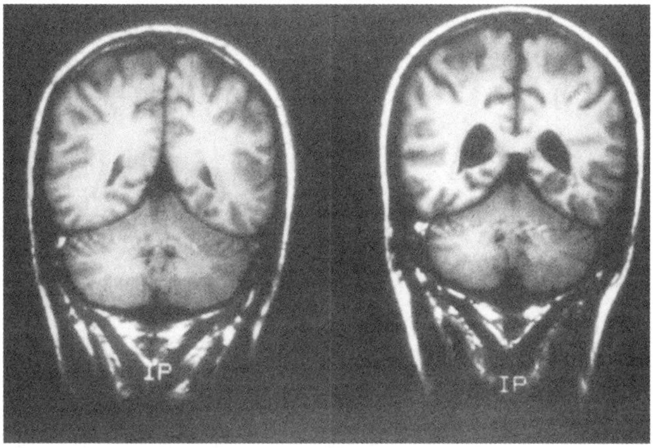

图 14.5　精神分裂症与脑室大小

男性同卵双生子的 MRI 扫描图。与没有精神分裂症的双生子的扫描图（左侧）相比，患有精神分裂症的双生子的扫描图（右侧）显示脑室增大。（见彩插）

资料来源：Photo courtesy of Drs. E. Fuller Torrey and Daniel Weinberger.

像扫描，同时一组与其年龄匹配的健康的参与者也接受了同样的磁共振成像扫描。你可能还记得第 10 章的内容：青少年的大脑依然在发生变化。这可以用来解释为什么即使是正常的青少年也会出现一些灰质的减少。然而，正如你在图 14.6 中所见，患有精神分裂症的青少年的灰质大量减少。通过监测精神分裂症遗传风险人群大脑灰质的变化，临床工作者也许能够在该障碍的早期做出诊断和治疗（Wood et al., 2008）。

鉴于精神分裂症的症状多种多样，患者表现出广泛的生物学异常也就不足为奇了。这些异常可能是导致精神分裂症的原因，也可能是精神分裂症带来的后果。那么，环境特征是如何促使这些风险人群患上疾病的呢？

环境应激源　我们已经介绍了精神分裂症的遗传和生物学因素。然而，从图 14.4 可以看出，即使是在基因最相似的群体中，风险因子也低于 50%。这说明，尽管基因很重要，但环境因素也可能是引发该障碍的必要条件。关于精神分裂症的成因，一个广为接受的假说是**素质 –**

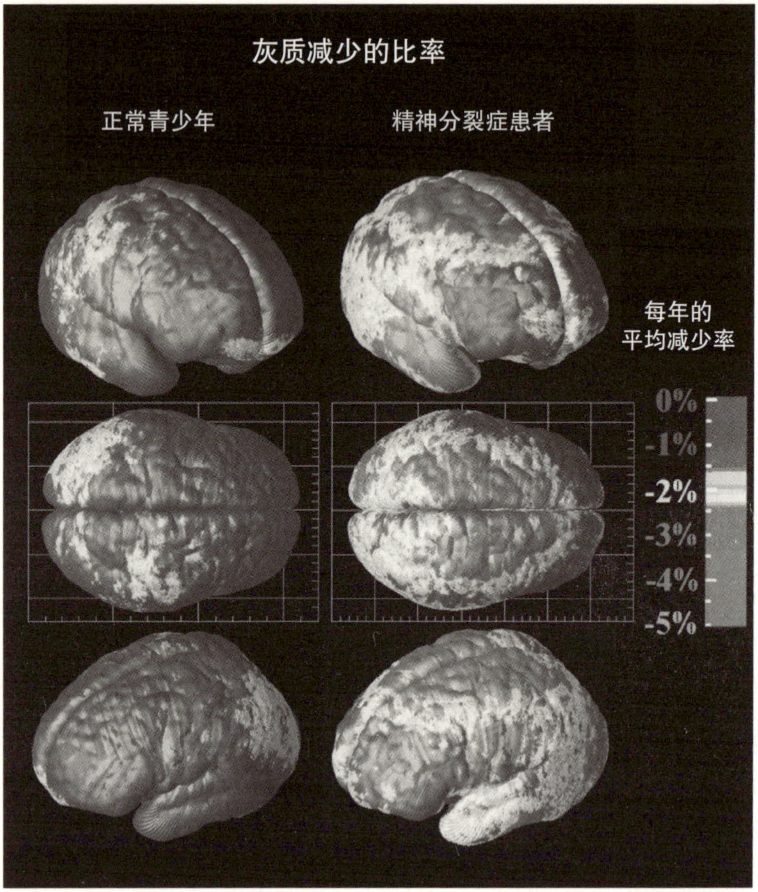

图 14.6 精神分裂症青少年大脑灰质的减少

研究者对 12 个患有精神分裂症的青少年和 12 个年龄匹配的健康青少年进行了磁共振扫描。在 5 年的时间里，精神分裂症青少年几个脑区内的灰质大量减少。（见彩插）

资料来源：Thompson, P. M., Vidal, C., Giedd, J. N., Gochman, P., Blumenthal, J., Nicolson, R., Toga, A. W., & Rapoport, J. L. (2001). Mapping adolescent brain change reveals dynamic wave of accelerated gray matter loss in very early-onset schizophrenia. *PNAS, 98*, 11650–11655.

应激假说（diathesis-stress hypothesis）。根据这一假说，遗传因素使个体处于风险中，但这一潜在风险只有受到环境压力的冲击，才会表现为精神分裂症。我们来看其中一些环境因素。

例如，研究者发现生活在城市里的人、陷入过经济困境的人以及从一个国家移居到另一个国家的人，出现精神分裂症的比率较高

（Bourque et al., 2011; Tandon et al., 2008）。对这些关系的解释通常聚焦于社会应激源和社会逆境。研究者还指出，经历过创伤性生活事件的人患精神分裂症的风险也较高。一项研究考察了美国和英国的大样本发现：人们经历的创伤（如身体或性虐待）越多，越有可能患上精神分裂症（Shevlin et al., 2008）。

研究者还考察了生活事件会如何影响精神分裂症患者的症状变化。下面这项研究指出了患者对生活事件的反应与其症状变化之间的关系。

研究特写

研究者在研究开始和结束时（研究历时 9 个月）分别测量了精神分裂症患者的症状（Docherty et al., 2009）。在研究之初，研究者还测量了每个患者的情绪反应性——个体对生活事件的情绪反应强度。例如，患者需要对诸如"我的情绪波动很大""我体验了非常强烈的情绪"这样的描述做出评价，从"从来不，或几乎从不"到"总是如此，或几乎总是如此"。9 个月后，患者讲述前一个月内发生的生活事件。根据他们的报告，研究者将其分为两组：上个月经历了中度或严重生活事件的患者和未经历的患者。研究者预测消极生活事件会加重精神分裂症的症状，但仅限于那些对日常生活事件通常有强烈情绪反应的患者。从**图 14.7** 中可以看出，研究数据支持了这一预测。只有那些经历了消极生活事件且情绪反应性高的患者的症状加重了（这里的症状是指妄想和幻觉）。

之前我们了解到，人们对生活事件反应上的差异会影响他们出现心理障碍的可能性，比如抑郁症。该研究表明这种反应性与精神分裂症症状存在相似的关系。

研究者还考察了家庭应激源对人们患上精神分裂症的可能性以及症状缓解后复发可能性的影响（Miklowitz & Tompson, 2003; Schlosser et al., 2010）。例如，有几项研究关注了情感表达。如果家庭成员对患者的批评性言论过多，对患者有过多的情感卷入（即过度保护和侵扰），经常对患者表现出敌意，那么这些家庭就属于高情感表达家庭。当症

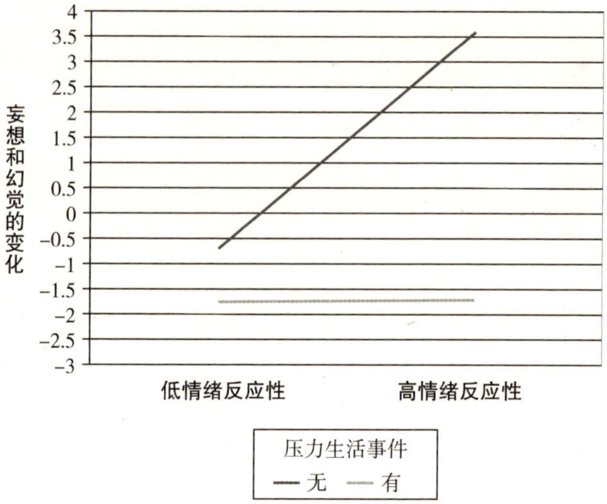

图 14.7 精神分裂症的症状变化

研究者测量了患者的情绪反应性和 9 个月内的症状变化。只有那些经历了消极生活事件且情绪反应性高的患者的症状加重了（这里的症状指妄想和幻觉）。

资料来源：Docherty, N. M. et al. (2008). Life events and high-trait reactivity together predict psychotic symptom increases in schizophrenia. *Schizophrenia Bulletin, 35*(3). Reprinted by permission of Oxford University Press.

状得到缓解的患者离开医院回到家里之后，高情感表达家庭的患者再次复发的可能性是低情感表达家庭患者的两倍（Hooley, 2007）。这意味着治疗应该是针对整个家庭的，应该将家庭作为一个系统，改变家人对待受困扰子女的方式（Kuipers et al., 2010）。

从本节已回顾的对精神分裂症的诸多解释以及经过大量研究仍没有得到解决的问题来看，我们对这种严重的心理障碍仍有待进一步了解。或许我们应该把这种被称为精神分裂症的现象看作多种心理障碍的集合，每种心理障碍可能有其独特的潜在病因。至少在某些个案中，我们发现基因、脑活动、家庭互动都起了一定的作用。研究者仍需确定的是，这些因素以怎样的具体方式共同导致了精神分裂症的产生。

STOP 停下来检查一下

❶ 社交退缩和情感淡漠是精神分裂症的阳性症状还是阴性症状？

❷ 家庭的情感表达对精神分裂症的复发有何影响？

批判性思考：请回忆生活事件对精神分裂症症状之影响的研究。为什么要在为期 9 个月的研究的开始阶段测量情绪反应性？

人格障碍

人格障碍（personality disorder）指一种长期的（慢性的）、僵化的、适应不良的感知、思维或行为模式。这些模式会严重损害一个人在社交或职场中的功能，并可能造成严重的痛苦。这些模式通常在个体进入青少年或成年早期时就能被识别出来。如**表 14.3** 所示，DSM-5

表 14.3　人格障碍

障碍	特征
A 组：奇异－古怪性人格障碍	
偏执型	对与其交往的人的动机感到怀疑和不信任。
分裂样	缺乏社交欲望；在社交场合非常冷漠。
分裂型	认知或知觉歪曲，在社交场合中感到不自在。
B 组：戏剧化－情绪性人格障碍	
反社会型	不能尊重他人的权利；做出违反社会规范的不负责任的行为或违法行为。
边缘型	人际关系紧张且不稳定；冲动，尤其是与自我伤害有关的行为。
表演型	过度情绪化和寻求关注；不适宜的挑逗行为。
自恋型	妄自尊大，总想得到他人的赞美；缺乏同理心。
C 组：焦虑－恐惧性人格障碍	
回避型	因为担心被拒绝而避免人际接触；害怕被批评，在社会场合缺乏自信。
依赖型	需要他人为自己的生活负责；没有他人的支持会感到不适和无助。
强迫型	执着于规则和条理；完成任务的能力受完美主义干扰。

将 10 种不同类型的人格障碍归为三组。

人格障碍的诊断有时是有争议的，因为各障碍之间有重叠：一些行为可以出现在不同的障碍中。此外，研究者一直试图理解正常人格与异常人格之间的关系：在一个特定的人格维度上极端到什么程度便表明存在障碍（Livesler & Lang, 2005）？例如，大多数人都在某种程度上依赖着他人。当这种依赖极端到什么程度就表明存在依赖性人格障碍？与其他类型的心理障碍一样，临床医生必须理解人格特质何时以及如何变得适应不良——也就是说，这些特质何时以及如何会使个人或社会遭受痛苦。为了说明这方面的结论，本节将重点讨论边缘型人格障碍和反社会型人格障碍，并简单介绍分裂型人格障碍。

边缘型人格障碍

患有**边缘型人格障碍**（borderline personality disorder）的个体人际关系紧张且极不稳定。这些困境出现的部分原因是他们难以控制愤怒。这种障碍使其经常与人争斗和发脾气。此外，患有边缘型人格障碍的个体表现出更多的冲动行为——尤其是与自我伤害有关的行为，如物质滥用和自杀尝试。在美国成人中，边缘型人格障碍的患病率约为 1.6%（Lenzenweger et al., 2007）。

边缘型人格障碍的一个重要特征是对遗弃的强烈恐惧（Bornstein et al., 2010）。为了防止被遗弃，他们会陷入疯狂的行为，例如频繁地打电话及身体依附。我们来看一项研究，该研究展示了边缘型人格障碍患者的愤怒与被排斥之间的关系。

研究特写

研究人员招募了 45 名符合边缘型人格障碍（BPD）诊断标准的个体以及 40 名健康的控制组个体（Berenson et al., 2011）。参与者们随身携带掌上电脑，在 21 天的研究过程中，电脑会随机选择 105 个时间点，提示参与者做出回应。每当电脑发出哔哔声，参与者就对一些语句（如“我被抛弃了”）做出回应，以表明他们当时体验到的被排斥的程度。参与者还要通过回答一些问题来报告他们当时体验到的愤怒情绪，比如回答“你在多大程度上想打人？”。在三周时间里，BPD 组的个体报告了更多的愤怒和被排斥。并且，对于 BPD 组的个体，短暂且少量地增加排斥，就会导致愤怒情绪的剧增。控制组的个体对于短暂的排斥则没有这样的愤怒模式。

该研究表明，情绪控制方面的困难，导致边缘型人格障碍患者很难与他人维持关系。一项研究追踪该障碍的患者 10 年，发现在此期间参与者的社会功能都是受损的（Choi-Kain et al., 2010）。这一研究表明，边缘型人格障碍具有跨时间的稳定性。

边缘型人格障碍的成因 与其他心理障碍一样，研究者关注造成边缘型人格障碍的先天和后天因素。双生子研究为基因的作用提供了强有力的证据（Distel et al., 2008）。例如，一项研究对比了同卵双生子和异卵双生子的同病率（Torgersen et al., 2000）。当同卵双生子之一患有边缘型人格障碍时，另一同胞患病的概率是 35.3%；而对于异卵双生子，两人同时患病的概率只有 6.7%。如果回忆一下第 13 章中讨论的人格特质强大的遗传性，你可能就不会惊讶于这些障碍特质同样是可遗传的了。

尽管如此，研究表明，环境因素在边缘型人格障碍的病因中起着重要作用（Cohen et al., 2008; Lieb et al., 2004）。一项研究比较了 66 个边缘型人格障碍患者与 109 个健康对照个体的早期创伤性事件发生率（Bandelow et al., 2005）。患者的早期生活经历与对照组截然不同。例如，73.9% 的边缘型人格障碍患者报告童年时遭遇过性虐待；只有 5.5% 的控制组个体报告了同样的经历。患者报告，（平均来说）虐待开始于 6 岁，持续 3 年半左右。这种早期创伤很可能导致了障碍的发生。但是，不是所有遭受过童年性虐待的个体都会发展出边缘型人格障碍——如你所见，这一研究的控制组参与者中也有 5.5% 的人经历了童年性虐待，但并没有发展为边缘型人格障碍。很有可能，基因风险和创伤性事件共同构成了障碍的病因。

反社会型人格障碍

反社会型人格障碍（antisocial personality disorder）的特征是：长期存在违反社会规范的不负责任的行为或违法行为。说谎、偷窃和打架是常见的行为。患有反社会型人格障碍的人通常不会对自己的伤害行为感到羞耻或懊悔。他们从小就开始违反社会规范——扰乱课堂秩序，参与打架斗殴，离家出走。这些行为的特征是漠视他人的权利。在美国成人中，反社会型人格障碍的患病率约为 1.0%（Lenzenweger et al., 2007）。

反社会型人格障碍常常与其他病理状态共存。例如，一项研究考察了有酒精或药物滥用史的成人，男性中反社会型人格障碍的患病率为 18.3%，女性的患病率为 14.1%，远远高于普通人群 1.0% 的患病率（Goldstein et al., 2007）。此外，即使没有患抑郁症，反社会型人格障碍也会使人处于自杀的风险之中（Javdani et al., 2011; Swogger et al., 2009）。这种自杀风险很可能是冲动和漠视安全的产物，而这正是反社会型人格障碍的特征。

反社会型人格障碍的成因　研究者利用双生子研究来考察与反社会型人格障碍相关的特定行为的遗传因素。例如，一项研究考察了 3 687 对双生子的行为一致性（Viding et al., 2005）。老师就研究问卷中的相关陈述，对每个双生子的冷漠－无情特质（例如，“不表现出感受或情绪”）和反社会行为（例如，“常常和其他孩子打架或欺负他们”）进行了评估。同卵双生子与异卵双生子的对比表明，冷漠－无情特质有很强的遗传性。此外，在表现出高水平的冷漠－无情特质的双生子中，遗传因素对反社会行为也有很

为什么患有反社会型人格障碍的人经常有法律上的麻烦？

大的影响。

研究也集中探讨了导致反社会型人格障碍的环境因素（Paris, 2003）。与边缘型人格障碍患者的情况一样，反社会型人格障碍患者比健康的个体更可能经历过童年虐待。为了证实这一关系，一个研究团队搜集了（从大约 1970 年开始的）法庭记录，汇集了一个包含 641 名个体的样本，他们在童年期遭到虐待和忽视，并被官方记录在案（Horwitz et al., 2001）。研究者在 20 年后对这些人进行了访谈，以评估其心理障碍的患病率。与 510 名无虐待史的对照组个体相比，受过虐待的个体更可能符合反社会型人格障碍的诊断标准。另一个重要的发现是，儿童期受过虐待的人往往在其后的生活中体验到更高的应激水平。进一步的研究表明，身体虐待尤其容易使个体面临患上反社会型人格障碍的风险（Lobbestael et al., 2010）。

分裂型人格障碍

分裂型人格障碍（schizotypal personality disorder）的基本特征是社交和人际关系方面的缺陷，表现为对亲密关系感到强烈的不舒服，建立亲密关系的能力减弱，且有认知或感知的扭曲和怪异行为。通常起病于成年早期，但在一些案例中，在儿童期和青少年期就开始出现明显症状。尽管分裂型人格障碍没有达到精神病性障碍的诊断标准，但 DSM-5 承认它是精神分裂症谱系及其他精神病性障碍中的一部分（Hechers et al., 2013），并同时将其视为人格障碍。

STOP 停下来检查一下

❶ 有边缘型人格障碍的人对人际关系有什么强烈的恐惧？

❷ 有边缘型人格障碍的人与健康控制组个体相比，早期经历有何不同？

❸ 为什么有反社会型人格障碍的人会有自杀的风险？

批判性思考：请思考评估边缘型人格障碍的愤怒与被排斥之间关系的研究。为什么在随机选择的时间点收集样本数据很重要？

儿童的心理障碍

到目前为止，我们的讨论集中于患有精神疾病的成年人。但需要着重指出的是，很多个体从童年期和青少年期就开始出现精神疾病的症状。近年来，研究者加强了对精神障碍在年轻人中出现的时间进程的研究（Zahn-Waxler et al., 2008）。他们常常试图识别有助于早期诊断和治疗的行为模式。例如，社交功能问题可能提示儿童和青少年有患精神分裂症的风险（Tarbox & Pogue-Geile, 2008）。

DSM-5 将这类在发育阶段起病的障碍统称为神经发育障碍。我们在第 9 章讨论了其中的一种障碍，即*智力发育障碍*。此处，我们集中讨论*注意缺陷 / 多动障碍*以及*孤独症*。

注意缺陷 / 多动障碍

注意缺陷 / 多动障碍（attention-deficit/hyperactivity disorder, ADHD）涉及两组症状（DSM-5, 2013）。一组是与儿童的年龄和发育水平不相称的*注意缺陷*。例如，他们在学校可能很难集中注意力，常常丢失玩具或学校作业等物品。另一组是与其年龄和发育水平不相称的*多动*和*冲动*。多动行为包括扭动、坐立不安和过于多话；冲动行为包括不经思考就匆忙行事和打断别人的话。儿童在 12 岁之前就已存在若干症状才能被诊断为 ADHD。此外，这一症状的诊断标准还要求这些行为模式已持续至少 6 个月。

研究者估计，美国 5~17 岁的儿童中 ADHD 的患病率为 9%（Akinbami et al., 2011）。其中，男孩是 12.3%，女孩是 5.5%。请注意，研究表明，文化偏见（例如，对性别差异的预期）会导致在女孩中诊断出的 ADHD 较少，从而导致很难准确地估计性别差异。不过，在一项对成人进行的大规模研究中，3.2% 的女性和 5.4% 的男性达到了 ADHD 的诊断标准（Kessler et al., 2006a）。这些数据可能准确反映了整个生命周期的性别差异。那些被诊断为 ADHD 的男孩和女孩表现出了大致相同的问题行为模式（Rucklidge, 2010）。不过，ADHD 可能使女孩遭受比男孩更多的社会孤立（Elkins et al., 2011）。

ADHD 诊断的复杂之处在于，事实上，很多儿童都容易出现注意缺陷、多动或冲动的情况。因此，这一诊断有时备受争议：人们担心孩子正常的无序状态被贴上不正常的标签。但是，现在临床医生有一个很大的共识，即一些孩子的行为达到了适应不良的水平——这些孩子无法控制他们的行为或者完成各种任务。尽管一直以来人们普遍认为 ADHD 被过度诊断了，但研究证据否认了这一看法（Sciutto & Eisenberg, 2007）。实际上，正如前面所指出的，女孩中 ADHD 的诊断可能不足。

与其他障碍一样，研究者也考虑了先天和后天因素对 ADHD 的影响。双生子和收养研究为这种障碍的遗传性提供了强有力的证据（Greven et al., 2011）。研究者已开始发现影响脑发育和神经递质功能的特定基因与 ADHD 的关系（Poelmans et al., 2011; Smoller et al., 2006）。还有一些重要的环境变量与 ADHD 相关。例如，来自经济贫困家庭或冲突水平高的家庭的孩子更可能经历这一障碍（Akinbami et al., 2011; Biederman et al., 2002）。一些环境变量对不同出生顺序的孩子影响更大。例如，有些家庭的成员之间彼此不提供支持，在这种缺乏凝聚力的家庭中，年长的孩子比年幼的孩子患 ADHD 的风险更高（Pressman et al., 2006）。这类研究结果表明，家庭环境和父母养育方式会影响 ADHD 的发病率。

孤独症

患有**孤独症**（autistic disorder，也译作自闭症）的儿童形成社会联结的能力严重受损。他们的口头语言发展可能严重滞后和受限，对外部世界的兴趣也非常狭窄。看看这篇关于一个被诊断为孤独症的孩子的报告：

> [奥德丽]似乎对她日常生活中的任何变化都感到害怕，包括陌生人的出现。她要么害怕与其他孩子接触，要么完全避免与他们接触，似乎满足于自己一次玩几个小时的非功能性游戏。当她和其他孩子在一起时，她很少参与互动游戏，甚至不会模仿他们的任何动作（Meyer, 2003, p. 244）。

很多患有孤独症的孩子还会做出重复性和仪式性的行为，比如，他们可能会将物体摆成一行或者对称的模式（Greaves et al., 2006; Leekam et al., 2011）。

研究表明，孤独症（以及相关障碍）的患病率是大约110个儿童中有一个患者（Centers for Disease Control and Prevention, 2009）。因为孤独症的许多症状与言语及社会互动有关，所以在父母发现孩子难以使用语言或与人互动之前，孤独症很难被诊断出来。但是，最近的研究开始探索婴儿出生后的第一年中那些可以预测其长大后被诊断为孤独症的行为（Zwaigenbaum et al., 2005）。例如，与其他儿童相比，有孤独症风险的儿童不太可能对社交性微笑报以微笑或对自己的名字做出反应。

孤独症的成因 与ADHD一样，孤独症也有很大一部分遗传因素。事实上，研究者们开始识别出使个体更容易患上孤独症的人类基因组变异（Vieland et al., 2011）。研究者还发现了孤独症的脑标记。例如，孤独症个体的脑发育比同龄人更快（Amaral et al., 2008）。接下来的问题就是，这样的脑异常是如何引发孤独症症状的。

童年期的哪种心理障碍可能扰乱课堂？

研究者还指出，患有孤独症的孩子无法发展出理解他人心理状态的能力（Baron-Cohen,

2008）。正如你在第 10 章看到的，在一般情况下，孩子会发展出心理理论。起初，他们仅仅从自己的视角理解世界。但是，随着 3 到 4 岁之间的快速成长，孩子逐渐理解其他人的知识、信念和意图与他们不同。研究表明，孤独症个体缺乏发展出这种理解的能力。没有心理理论的人很难建立社会关系。孤独症个体几乎不可能理解和预测别人的行为，这让他们的日常生活显得神秘和充满敌意。

STOP 停下来检查一下

❶ ADHD 有哪些类型的行为特征？

❷ 为什么在 2 岁或 3 岁之前很难对孤独症做出诊断？

❸ 为什么心理理论和孤独症有关？

精神疾病的污名

本章最重要的目标之一就是揭开精神疾病的神秘面纱，帮助读者认识到异常行为从某些方面来看是很平常的。有心理障碍的人经常被贴上异类的标签。但是，这个异类的标签并不符合普遍的现实：当 46.4% 的美国成年人报告他们在一生中经历过某种心理障碍时（Kessler et al., 2005a），精神病理状态至少从统计上看是相对正常的。

即使“正常生活”中出现精神病理状态的频率如此之高，有心理障碍的人也常常背负着大多数有躯体障碍的人不必背负的污名。**污名**（stigma）是耻辱的标志或烙印；在心理学的语境中，它是对一个人的一整套负性态度，将这个人视为不可接受的另类（Hinshaw & Stier, 2008）。本章开头引用的那位患有精神分裂症的女士说：“在我看来，无论是公众还是患者，都需要接受更多有关精神疾病的教育。因为人们嘲笑并苛刻地对待我们，甚至在关键时刻误解我们。”对心理障碍患者的负面态度来自许多方面：大众媒体将精神病患者形容成有暴力犯罪倾向的人；关于精神病人的笑话可以被接受；家庭不愿承认其成员的精神痛苦；司法术语强调精神上的无能。人们还会隐藏自己的心理痛苦或精神卫生机构就诊史，而这些行为无疑是自我污名化。

研究者发现精神疾病的污名会给人们生活的多个方面带来负面影响（Hinshaw & Stier, 2008）。一项研究选取了 84 名曾因精神疾病住院的男性，其中 6% 的人报告因住院而失去工作，10% 的人报告他人拒绝租房给他们，37% 的人报告他人躲避他们，45% 的人报告他人曾利用他们的精神疾病史来伤害他们的感情。只有 6% 的男性报告没有遇到排斥事件（Link et al., 1997）。这组男性经过一年的治疗，心理健康得到了很大的改善。即便如此，在那年年底，他们对污名的看法并没有改变：尽管他们的机能有所改善，但这些患者并不指望世界会对他们更友善。这类研究表明，许多心理障碍患者的经历具有很大的双重性：寻求帮助——让自己的问题被贴上标签——通常既能带来缓解也会带来污名。

不幸的是，许多精神疾病患者会内化负面的刻板印象并进行自我污名化。在一项研究中，144 名患有严重精神疾病的人完成了一份评估内化污名的问卷（West et al., 2011）。比如，问卷考察了参与者在多大程度上认同对精神疾病患者的负面刻板印象。结果显示，在这个样本中，41% 的女性和 35% 的男性存在大量的内化污名。这种内化污名会带来严重的后果：内化污名程度高的人，往往会经历更深的绝望、更低的自尊和更糟糕的生活品质（Livingston & Boyd, 2010）。

关于污名还有最后一点需要注意：研究表明，与精神疾病患者有过接触的人，态度受污名的影响较小（Couture & Penn, 2003）。我们来看一项支持此结论的研究。

研究特写

一个研究团队调查了 911 名参与者接触精神疾病的情况（Boyd et al., 2010）。一些参与者从来没有接触过，而另一些则本人曾因精神疾病住过院，或者有家庭成员或朋友住过院。参与者会拿到一篇短文，文中描述了一名被诊断为精神分裂症或抑郁症的患者。接着参与者会回答一些问题，以表明他们可能对此人做何反应。比如，参与者对“你有多愿意与（这位患者）交朋友？”及相似陈述的回答，就表明了他们会与之保持多远的社交距离。有过更多亲身接触的参与者表示愿意建立较近的私人距离。此外，有过更多亲身接触的参与者对患者表达出的愤怒和责备也较少。

我希望阅读本章将有助于你调整对精神疾病意味着什么的看法，并增加你对精神疾病患者的宽容和同情。

在理解心理病理学时，你必须掌握正常、现实和社会价值这些基本概念。在探索如何理解、治疗以及在理想情况下预防心理障碍的过程中，研究者们不仅帮助了那些遭受痛苦和失去生活乐趣的人们，而且还拓展了对人性的基本了解。心理学家和精神科医生如何干预偏离正常的头脑和矫正无效的行为？下一章将讨论这个重要的问题。

STOP 停下来检查一下

❶ 关于精神疾病的污名如何起作用？

❷ 为什么精神疾病的治疗常常会同时带来缓解和污名？

❸ 什么样的经历可以减少污名？

批判性思考：请思考关于人们与精神疾病的亲身接触及其反应的研究。为什么社交距离是一个重要的测量指标？

要点重述

心理障碍的性质

- 异常是通过一个人的行动与一系列指标的接近程度来判断的，包括痛苦、适应不良、非理性、不可预测、非常规性、观察者的不适感以及违反标准或社会规范。
- 客观性是精神疾病讨论中的一个重要问题。
- 心理障碍的分类系统应当提供一个通用的简要描述，以便从业者就心理障碍的一般类型和具体病例进行沟通。
- 最广泛接受的诊断和分类系统是 DSM-5。
- 精神疾病病因学的生物学取向集中于脑异常、生物化学过程和遗传影响。
- 心理学取向包括心理动力学模型、行为主义模型、认知模型以及社会文化模型。

焦虑障碍

- 六种主要类型的焦虑障碍是广泛性焦虑障碍、惊恐障碍、恐怖症、社交焦虑障碍、强迫症和创伤后应激障碍。
- 研究证实了焦虑障碍的遗传和脑基础，以及成因中的行为和认知成分。

心境障碍

- 抑郁症是最常见的心境障碍，而双相障碍更为罕见。
- 心境障碍有遗传倾向。
- 心境障碍改变了人们对生活经历的反应方式。
- 女性高水平的抑郁症可能反映了负面生活经历以及对这些经历的认知反应的差异。
- 自杀在抑郁者中最为常见。

躯体症状及相关障碍、分离障碍

- 躯体症状障碍、疾病焦虑障碍、转换障碍都以躯体疾病或不适无法完全用实际的疾病来解释为特征。DSM-5 对这一障碍的诊断则强调阳性症状和体征，即痛苦的躯体症状以及作为对这些症状的反应的异常想法、感觉和行为。
- 分离障碍涉及记忆、意识或个人身份的整合功能的破坏。

精神分裂症谱系及其他精神病性障碍

- 精神分裂症是一种严重的心理病理状态，其特征是知觉、思维、情绪、行为和语言的极端扭曲。
- 对精神分裂症病因的研究已发现多方面的证据，包括遗传、脑异常和环境应激源等因素。

人格障碍

- 人格障碍是长期存在、僵化并损害个体功能的知觉、思维或行为模式。
- 边缘型人格障碍和反社会型人格障碍都是由遗传和环境因素引起的。

儿童的心理障碍

- 注意缺陷 / 多动障碍（ADHD）儿童表现出注意缺陷及多动和冲动。
- 孤独症的特征是儿童形成社会联结和运用语言的能力严重受损。

精神疾病的污名

- 患有心理障碍的人常常背负着躯体疾病患者不必背负的污名。
- 尽管对心理障碍的治疗会带来积极效果，但与心理疾病相关联的污名却对患者的生活质量有消极影响。

关键术语

心理病理功能
异常心理学
心理诊断
DSM-5
共病
神经症性障碍
精神病性障碍
精神失常
病因学
焦虑障碍
广泛性焦虑障碍
惊恐障碍
恐惧
恐怖症
特定恐怖症
广场恐怖症
社交焦虑障碍
强迫症（OCD）
心境障碍
抑郁症
双相障碍
躁狂发作
习得性无助
躯体症状障碍
疾病焦虑障碍
转换障碍
分离障碍
分离性遗忘症
分离性漫游
分离性身份障碍（DID）
精神分裂症
妄想
素质 – 应激假说
人格障碍
边缘型人格障碍
反社会型人格障碍
注意缺陷 / 多动障碍（ADHD）
孤独症
污名

第15章

心理治疗

治疗的背景
　目标及主要的治疗流派
　治疗师和治疗场所
　心理治疗中的多元化问题
　机构化治疗的历史
心理动力学治疗
　弗洛伊德的精神分析学说
　后期的心理动力学治疗
生活中的心理学：被压抑的记忆是否会影响生活
行为治疗
　反条件作用
　权变管理
　泛化技术
认知治疗
　改变错误信念
　认知行为疗法
人本主义治疗
　来访者中心疗法
　格式塔疗法
团体治疗
　夫妻及家庭治疗
　社区支持团体
生物医学治疗
　药物治疗
　精神外科手术
　电休克疗法和重复经颅磁刺激技术
治疗评估和预防策略
　评估治疗有效性
　共同因素
　预防策略
生活中的批判性思维：基于互联网的治疗有效吗
要点重述

在读第 14 章的某些时候，你可能对人们经受的各种各样的精神疾病感到茫然无措。幸运的是，心理学家和其他心理健康工作者已经致力于开发针对各种精神病理的治疗方法。你将在本章中看到研究者在治疗技术上的持续创新。研究者对精神病理的原因和结果了解得越多——如第 14 章中描述的研究——就越能更好地优化治疗方案。

本章将考察可帮助心理障碍患者恢复个人控制能力的各种治疗方法。我们将对目前该领域主要的治疗流派进行探讨，包括精神分析、行为矫正、认知改变、人本主义治疗和药物治疗。我们将介绍这些治疗的方法和原理，并对关于其成功可能性的说法进行评估。

阅读这一章时，请记住，许多寻求治疗师帮助的人并没有被诊断为患有心理障碍。在你的生活中也可能有一些时候，你可以利用一些帮助来应对各种心理压力。回想一下，第 12 章曾强调过掌握灵活的应对技能的重要性。面对让你痛苦的人生境遇时，治疗师能帮助你制定应对的策略。

治疗的背景

心理障碍有不同类型的治疗方法，当然，人们寻求帮助的动机也各不相同（有些人需要却不寻求帮助）。心理治疗的目的、场所以及治疗师的特点也不尽相同。尽管各种治疗方法之间存在这些差异，但它们都是对个人生活的干预，都旨在以某种特定的方式改变个人的机能。

目标及主要的治疗流派

心理障碍的治疗涉及以下四个主要任务或目标：

1. 对个体的问题做出诊断，可能的话，对现有问题给出精神病学（DSM-5）的诊断，并对障碍进行归类。
2. 提出可能的病因（问题的原因），即确定障碍可能的源头以及症状所起的作用。
3. 做出预后估计，即对采取治疗或不采取治疗的情况下可能的病程发展的估计。
4. 确定方法并进行治疗，减轻或消除症状，可能的话，消除症状产生的根源。

生物医学治疗（biomedical therapy）聚焦于改变中枢神经系统运转的机制。这种治疗被精神科医生和内科医生大量采用，主要通过化学或物理干预来试图改变大脑功能，这类干预包括直接作用于“脑 – 身体”之间联系的外科手术、电击、药物。

心理学方面的治疗统称为**心理治疗**（psychotherapy），专注于改变人们习得的不良行为，包括言语、想法、解释和反馈，这些行为影响着人们的日常生活策略。这类治疗为临床心理学家和精神科医生所采用。心理治疗包括四种主要的类别：心理动力学治疗、行为治疗、认知治疗和存在主义 – 人本主义治疗。

心理动力学派认为，痛苦是由人们内部未能解决的创伤和冲突引起的外在症状。心理动力学派的治疗师采用“谈话疗法”治疗心理障碍，通过这一方法，治疗师帮助个体把外显症状与内部未能解决的冲突联系起来，并引导其产生领悟。

行为治疗将行为本身视为必须矫正的障碍。障碍被看作是习得的行为模式，而不是精神疾病的症状。行为的改变可以通过多种方式进行，包括改变适宜或不适宜行为的强化相倚事件，消除条件反应以及提供有效的问题解决方案。

*认知治疗*试图通过改变个体对问题起因的扭曲的自我陈述来重建其思维方式。这种认知重建可以改变个体对困难的定义和解释方式，使个体有能力应对问题。

源于*人本主义传统*的疗法强调人的价值。治疗的目标是个体的自我实现、心理成长，更有意义的人际关系的建立，以及更多选择的自由。这种治疗方法更为关注改善健康人的心理功能，而不是纠正已经严重失调的个体的症状。

尽管我分别介绍了每一类心理治疗方法，但是许多治疗师在实践中采用整合的方法：为了给患者或来访者提供最大的益处，他们整合了不同理论的方法。很多时候，心理治疗师在职业生涯开始时遵循一个特定的理论取向。然而，随着职业生涯的发展，他们开始将不同治疗方法中最有效的部分整合起来（Norcross et al., 2005; Thoma & Cecero, 2009）。心理治疗师几乎整合过每一对理论取向（如认知和人本，行为和心理动力学派）。但是，最突出的是认知和行为疗法的整合（Goldfried, 2003; Norcross et al., 2005）。本章后面会描述整合后的认知行为疗法。

治疗师和治疗场所

当心理问题出现时，大多数人最初倾向于在熟悉的环境中寻求非正式的帮助。许多人向家人、关系密切的朋友、私人医师、律师或教师寻求支持、指导和建议。有宗教信仰的人可能会向牧师求助。还有一些人会向调酒师、售货员、出租车司机或其他愿意倾听其烦恼的人敞开心扉，以得到建议和一吐为快的机会。在我们的社会中，这些非正式的治疗师承担着大部分缓解挫折和冲突的日常负担。当人们遇到的问题局限在一定范围内时，这些非正式的治疗师常常能够对人有所帮助。

虽然与过去相比，如今更多的人在遇到问题时会寻求治疗，但人们通常只有在心理问题变得严重或持续了较长时间时，才会向精神卫生专业人员求助。他们可以向下面几种类型的治疗师求助。

为何许多心理治疗师会在临床实践中整合不同的理论取向?

临床社会工作者（clinical social worker）是精神卫生领域的专业人员。他们在社会工作学校接受过专业训练，能与精神科医生和临床心理学家协同工作。与精神科医生和临床心理学家不同的是，这类专业人员更关注问题产生的社会环境，所以他们可能会让其他家庭成员也参与治疗，或者至少要了解来访者的家庭和工作环境。

宗教咨询师（pastoral counselor）是专门治疗心理障碍的宗教团体成员。这类咨询师通常结合宗教精神来解决实际问题。

临床心理学家（clinical psychologist）必须在研究生院集中完成心理问题的评估与治疗训练，完成临床实习并接受督导，取得哲学博士（Ph.D.）或心理学博士（Psy.D.）学位。与精神科医生相比，这类心理学家在心理学、心理评估和心理学研究方面有更广阔的知识背景。

咨询心理学家（counseling psychologist）通常也需获得哲学博士或心理学博士学位，他们主要在职业选择、学校问题、药物滥用、婚姻冲突等方面提供指导。这些咨询师常常在与上述问题有关的社区场所工作，如企业、学校、监狱、军队服务机构或社区诊所。他们采用的方法有访谈、测验、指导或提供建议，以帮助个体解决特定的问题或对未来选项做出决策。

精神科医生（psychiatrist）必须完成获得医学博士学位（M.D.）所需的所有医学院培训，同时接受一些心理和情绪障碍方面的博士后专业训练。精神科医生所接受的训练更多地集中于心理问题的生物医学基础。

精神分析师（psychoanalyst）拥有医学博士或哲学博士学位，并且必须完成从弗洛伊德学派的视角理解和治疗心理障碍的专门研究生训练。

这些不同类型的治疗师在许多场所从业，包括医院、诊所、学校和私人办公室。某些人本主义治疗师更愿意在他们的家中开展团体治疗，以便在更自然的环境中工作。基于社区的治疗是一种将治疗“带给来访者”的方式，可能会在当地的店面或者教堂外面进行。某些治疗师在进行现场治疗时，会和来访者一起进入与来访者问题相关的生活环境。例如，他们会和有飞行恐怖症的来访者一起坐在飞机里，或者和有社交恐惧症的来访者一起去大型购物中心。近年来，心理治疗师已开始通过互联网提供心理健康治疗。本章“生活中的批判性思维”专栏探讨了这个话题。

接受治疗的人通常被称为患者或来访者。采用生物医学方法治疗心理问题的专业人员会使用**患者**（patient）一词。把心理障碍看作是“生活中的问题”而不是精神疾病的专业人员会使用**来访者**（client）一词。我在介绍生物医学治疗和心理分析治疗时采用*患者*一词，而在介绍其他治疗时则采用*来访者*一词。

心理治疗中的多元化问题

临床工作者的一个重要目标是缓解所有心理障碍患者的症状。然而，由于文化和性别差异，这一目标变得复杂起来。首先，并非所有的文化群体都有同等的机会接受治疗（Wang et al., 2005; Youman et al., 2010）。例如，在美国，与少数种族群体相比，白种人更可能去寻求治疗。这一差异的一个重要部分是白人和黑人获得身心保健服务的机会不平等。然而，文化规范也会影响人们寻求心理帮助的程度（Snowden & Yamada, 2005）。例如，研究表明，非裔美国人更可能将精神疾病解释为生理疾病。因此，他们不太可能在适当的时候获得必要的心理治疗（Bolden & Wickes, 2005）。

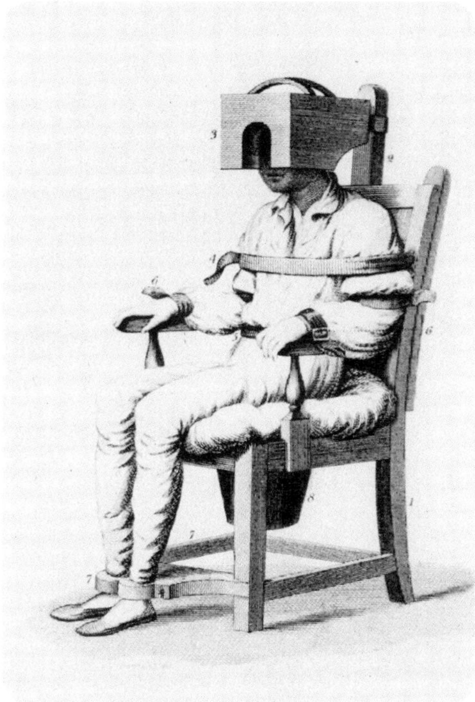

18 世纪的心理障碍治疗侧重于驱除身体里“不良体液”。图中所示的是一种由费城治疗师本杰明·拉什倡导的“镇静椅”。为什么对待精神疾病患者的态度发生了变化?

一旦人们开始寻求治疗，便出现了另一个多元化问题：特定的治疗方法是否在所有的文化群体中都同样有效。事实上，研究者已经开始论证文化适应心理疗法的重要性了。文化适应心理疗法被定义为“对‘治疗’的系统性修正……它通过与来访者的文化模式、意义和价值观相兼容的方式来考虑语言、文化和情境”（Bernal et al., 2009, p. 362）。回顾第 13 章的内容：不同的文化有不同的自我意识。文化适应的一个方式就是，根据人们是来自个人主义文化还是集体主义文化，调整心理疗法的形式（Smith et al., 2011）。最近的研究表明，对于少数族裔和少数种族群体的成员，文化适应心理疗法比标准化疗法的治疗价值更高（Benish et al., 2011; Smith et al., 2011）。我们需要更多研究来验证这些早期的发现。

同样，我们也需要更多研究来评估男性和女性从同一治疗方法中受益的程度（Sigmon et al., 2007）。前面的章节回顾了心理障碍患病率的性别差异。回忆一下，例如，女性比男性更容易出现进食障碍。因此，大多数治疗进食障碍的方法是为女孩和年轻妇女设计的（Greenberg & Schoen, 2008）。研究者必须确定同一种治疗方法在多大程度上对男性有效。同样，研究者也必须确定，临床工作者一开始用于治疗男性的方法，是否需要加以修正才可以用来缓解女性的痛苦。

最后一个多元化问题涉及心理治疗师的培训：治疗师必须为提供对文化差异敏感的治疗做好准备。研究者特别指出，治疗师必须具备*文化胜任力*（Imel et al., 2011）。文化胜任力包含以下三个成分（Sue, 2006, p.238）：

- “文化意识和信念：治疗师要对自身的价值观和偏见有足够的敏感性，并能洞察到这些个人因素会如何影响自己对来访者、来访者的问题以及咨询关系的理解。”
- “文化知识：治疗师要了解来访者的文化、世界观以及对咨询关系的期待。”
- “文化技能：治疗师能够以具有文化敏感性和相关性的方式进行干预。”

研究表明，在面对来自不同群体的患者和来访者时，治疗师的文化胜任力越强，治疗结果也越好（Worthington et al., 2008）。

在更详细地了解当代的治疗方法和治疗师之前，我们先来看看心理治疗的历史。

机构化治疗的历史

在过去的几个世纪里，如果一个人有心理问题，他会得到什么样的治疗？在历史上的大部分时间里，受心理问题困扰的人所得到的治疗很可能无济于事，甚至可能是有害的。这里的回顾将追溯 21 世纪之前心理障碍的机构化治疗，而如今，**去机构化**（deinstitutionalization）——将接受治疗的地点从精神病院转移到其他场所——已成为一个首要问题。

心理治疗的历史 在 14 世纪的西欧，人口增长和向大城市的移民造成了失业和社会隔离。这些情况导致了贫困、犯罪和心理问题。一些特殊机构很快被建立起来，用以安置社会中出现的三类所谓的“不适

应环境”的人：穷人、罪犯和精神失常的人。

1403 年，伦敦的伯利恒圣玛丽医院（St. Mary of Bethlehem）接收了首个有心理问题的患者。在接下来的 300 年里，这家医院的精神疾病患者被链条锁住、遭受折磨，并被展示给付费的公众。随着时间的推移，伯利恒变成了发音相近的乱哄哄（bedlam），因为医院里充斥着混乱和对患者的非人性化治疗（Fousault, 1975）。

直到 18 世纪晚期，将心理问题视为精神疾病的观念才在欧洲出现。1792 年，法国医生**菲利普·皮内尔**（Philippe Pinel）获得了法国大革命后建立的政府的许可，打开了精神病院中一些被收容者身上的枷锁。在美国，为了保护有心理困扰的个体以及社区的安全，人们将这些个体拘禁起来，但并未给予他们任何治疗。然而，到 19 世纪中叶，当心理学作为一个研究领域已经获得了一定的认可和尊重时，一种“对可治愈性的狂热”席卷全美。**多萝西·迪克斯**（Dorothea Dix, 1802—1887）根据自己在监狱工作时获得的第一手材料，在 1841 年至 1881 年期间不断努力改进对精神疾病患者身体上的治疗。

19 世纪末到 20 世纪初，许多人认为精神疾病是由新城市的发展所带来的混乱和环境压力引起的。为了缓解这些压力，人们将受困扰者关在郊区的精神病院里，远离城市的压力，不仅是为了保护，也是为了治疗（Rothman, 1971）。不幸的是，许多这样的精神病院变得拥挤不堪。医院的目标不再是人道地治疗病人，而是务实地将这些奇怪的人收容到偏远地区。这些人手不足的大型州立精神病院，简直就像一个个精神病患者的大仓库（Scull, 1993）。从 20 世纪 60 年代开始，改革者开始反对这种仓库式的医院，提倡去机构化。他们认为，至少那些可以通过门诊治疗和适当的社区支持而好转的精神病患者，不需要住院治疗。不幸的是，正如我们接下来将要看到的，许多去机构化的患者在其社区中并没有得到足够的帮助。

去机构化和无家可归 1986 年，美国用于治疗心理健康问题的资金中有 41% 花在了住院治疗上；近年来，这一数字已降至 24%（Mark et al., 2007）。这个改变反映了去机构化的过程：很多患有心理障碍的人现在在医院之外接受治疗。去机构化不仅源于社会力量（即反对将精神病患者“关押”在医院的运动），还源于治疗的真正进步。例如，本章后面会讲到，有了药物治疗之后，精神分裂症患者可以在医院之外生活。

很多被送出机构的人以为他们将在其他场所接受心理健康治疗。不幸的是，情况并非总是如此。事实上，很多人离开精神病院进入社区后，无力应对他们的心理障碍。这一现实导致了一种有时被人们称为“旋转门”的情况：人们离开治疗机构很短时间之后因为需要帮助而再次回来。一个大样本的研究考察了 29 373 名出院的精神分裂症患者。研究者发现，42.5% 的患者在首次出院后的 30 天内再次入院（Lin et al., 2006）。一般来说，40%~50% 的精神疾病患者在出院后的一年内再次入院（Bridge & Barbe, 2004）。在这些案例中，许多患者在离开医院时，其心理障碍的症状水平已经允许他们在院外正常生活。不幸的是，在机构提供的设施之外，患者常常没有适当的社区或个人资源来坚持治疗。从这个意义上说，问题不在于去机构化，而在于缺乏机构之外的社区资源。

当人们得不到足够的心理健康服务时，他们往往无法保住工作或满足自己的日常需要。因此，许多有精神分裂症或抑郁症等精神疾病的人变得无家可归。例如，美国费城一个包含 1 562 名长期无家可归者的样本中，53% 的人被诊断出患有严重的精神疾病（Poulin et al., 2010）。无家可归与精神疾病之间的联系在美国之外也存在。丹麦的一个包含 32 711 名无家可归者的样本中，62% 的男性和 58% 的女性被诊断患有精神障碍（Nielsen et al., 2011）。即便患有严重精神疾病的人没有无家可归，持续的精神健康问题也会带来严重的问题。例如，研究者考察了患有严重精神疾病的个体成为暴力犯罪（如抢劫和袭击）受害者的比率（Teplin et al., 2005）。该研究调查了 936 名男性和女性，其中有 25.3% 的人遭遇过暴力犯罪，这一数字是普通人群的 11 倍。研究者认为，患有精神疾病的个体很难意识到危险，也不能很好地保护自己。

当我们回顾临床医师为缓解痛苦而设计的一系列疗法时，重要的是你要认识到，许多人得不到足够的心理健康服务。

STOP 停下来检查一下

❶ 治疗过程的主要目标是什么？

❷ 精神分析师接受过什么特殊训练？

❸ 为什么文化胜任力对治疗师很重要？

❹ 关于去机构化，“旋转门”是什么意思？

心理动力学治疗

心理动力学治疗假定，患者的问题是由无意识冲动与其现实生活环境的约束之间的心理张力引起的。这类治疗将障碍的核心定位于个体的内心世界。本节将回顾这种方法在弗洛伊德及其追随者的工作中的起源，然后介绍当代临床工作者如何运用心理动力学治疗。

弗洛伊德的精神分析学说

精神分析（psychoanalysis）由弗洛伊德创立，是探索神经质的焦虑个体的无意识动机和冲突的一种密集的、长期的治疗技术。正如你在前面的章节中看到的，本我的无意识、非理性的冲动与超我施加的内化的社会约束之间存在冲突，弗洛伊德的理论认为焦虑障碍是由个体无法充分解决这种内部冲突所致。精神分析的治疗目标是重建个体心灵内部的和谐，增加对本我冲动的觉知，减少对超我要求的过度服从，并使自我的力量强大起来。

对于治疗师来说，最重要的是了解患者如何利用压抑过程来应对自己内心的冲突。患者的症状体现的是来自无意识层面的信息，说明某些地方出了问题。精神分析师的任务是帮助患者将被压抑的想法带到意识中来，领悟当前的症状与被压抑的冲突之间的关系。从心理动力学的观点来看，当患者从童年早期形成的“压抑中解放出来”时，治疗便取得了成功，患者也已康复。由于治疗师的中心目标是使患者领悟症状与过去经历之间的关系，因此心理动力学治疗常常又被称为**领悟疗法**（insight therapy）。

传统的精神分析试图重构长期被压抑的记忆，并修通痛苦的情感，找到有效的解决方法。心理动力学方法包括几种将被压抑的冲突带入意识并帮助患者解决冲突的技术（Luborsky & Barrett, 2006）。这些技术包括自由联想、阻抗分析、梦的解析以及对移情和反移情的分析。

自由联想与宣泄　精神分析中用于探测无意识内容、释放被压抑的内心冲突的主要方法叫作**自由联想**（free association）。患者舒适地坐在椅子上或以放松的姿势躺在长沙发上，让自己的思绪自由徜徉，并把头脑中出现的想法、愿望、身体感觉和心理表象随时讲出来。分析师鼓励患者说出自己的每一个想法和感受，而不论这些想法、感受是否重要。

弗洛伊德认为，自由联想中的内容不是随机出现的，而是事先存在于个体的内心。分析师的任务就是追踪这些联想的源头，并识别出隐藏在表面言词之下的重要模式。分析师鼓励患者表达自己强烈的情感，这种情感通常指向权威人物，由于患者害怕受到惩罚或报复而被长期压抑在无意识之中。这类情感的释放，无论是通过自由联想还是其他治疗过程，都被称为**宣泄**（catharsis）。

为什么最初在弗洛伊德的研究中使用的精神分析疗法经常被称为“谈话疗法”（talking cure）？

阻抗　精神分析师特别重视患者不愿讨论的话题。在自由联想的过程中，患者有时会表现出**阻抗**（resistance）——不能或不愿意讨论某些想法、欲望或经历。这类阻抗被认为是无意识和意识之间的障碍。与阻抗有关的内容常常涉及个体的性生活（包括所有引发快感的事物），或者对父母的敌意、怨恨情绪。当这类被压抑的内容最终被说出来时，患者一般都会声称这些是不重要的、荒谬的、无关的，或者太令人不快而无法讨论。治疗师却相信这些恰恰是有用的信息。精神分析的目的就是要打破阻抗，使患者直面那些使他们感到痛苦的想法、欲望和经历。

梦的解析　精神分析师相信梦是了解患者无意识动机的重要信息来源。当人们入睡时，超我对本我的那些不被接受的冲动的警戒可能有所放松，所以那些在清醒时不能表达的动机就会在睡梦中表达出来。弗洛伊德的精神分析学派假定梦有两种内容：一种是人们醒来时记得的显性（公开可见的）内容；另一种是隐性（隐藏的）内容，即无意识中寻求表达的实际动机，这些动机如此令人痛苦或无法接受，以至于以伪装或象征的形式表达出来。治疗师通过**梦的解析**（dream analysis）这种治疗技术来揭示这些隐藏的动机：考察梦的内容以发现那些潜在的或伪装的动机，以及某些重要生活经历或欲望的象征意义。

移情和反移情　在精神分析法的强化治疗过程中，患者经常会对治疗师产生一种情绪反应。治疗师常常会被当作个体过去某种情绪冲突的对象，最常见的是父母或爱人。这种情绪反应被称为**移情**（transference）。移情包括正移情和负移情，前者指患者针对治疗师的情感是爱或崇敬，后者指患者的情感是敌意或嫉妒。通常，患者的态度是矛盾的，同时包含正性和负性两种情感。分析师要处理好移情并非易事，因为患者的情感是非常脆弱的；然而，处理移情又是治疗的关键部分。治疗师需要向患者解释移情，使患者理解他们现在的移情源自其早期的经历和态度。请花点时间阅读**表 15.1**，它是对一次心理治疗谈话的摘录（Hall, 2004, pp.73-74）。这位患者小时候被人收养。你可以看到莎拉的被抛弃感如何从生母转移到了治疗师身上。

个人情感也会影响治疗师对患者的反应。**反移情**（countertransference）

表 15.1 与心理动力学治疗师的对话摘录

莎拉（愤怒地）：我不能再和你联系了（在每周两次的心理治疗持续了两年之后）——你似乎并不听我说，而且，我也没什么要说的了。我想经过这么长时间，我应该有所改变，但我还是和我女儿很疏远，而她也还是有困扰，仍在接受治疗。我想结束这个治疗了……
治疗师：现在发生的事情与你关于被收养的幻想，以及你对母亲怎么能让你被收养的感受，有很大关系。这一刻，我似乎就是她。
莎拉：我的确怨恨你。你怎么能请一周的假呢？你要离开我，就像她一样。我怎么知道你会回来？她再也没有回来过——她怎么能离开我呢？而我在这里，就像一个哭泣的小婴儿，离不开人，而你却要离开我。

资料来源：Hall, J. S. (2004). Roadblocks on the journey of psychotherapy. Lanham, MD: Jason Aronson, pp. 73–74. Reprinted by permission.

是指治疗师因认为患者与自己生活中的重要之人很相似而对该患者产生喜欢或反感的情绪。治疗师在应对反移情的过程中，可能会发现自己的一些潜意识动态。治疗师成为患者的一面“活镜子”，而患者反过来又成为治疗师的“活镜子”。如果治疗师无法认识到反移情的作用，治疗则可能不会那么有效（Hayes et al., 2011）。考虑到这类治疗关系的情绪强度和患者的脆弱性，治疗师必须警惕对患者的职业关怀与个人情感卷入之间的界限。治疗环境显然将人放在了不平等的位置上，治疗师对此必须有充分的认识，并遵从有关的职业规范。

后期的心理动力学治疗

弗洛伊德的追随者保留了他的许多基本观点，但修改了他的某些原则和做法。总的来说，这些治疗师比弗洛伊德更强调：（1）患者当前的社会环境（而较少关注过去）；（2）生活经历的持续影响（而不仅是童年的冲突）；（3）社会动机的作用和人际关系中的爱（而不是生物本能和对自我的关注）；（4）自我的功能和自我概念发展的重要性（较少关注本我与超我之间的冲突）。

在第 13 章中，我们提到了另外两位杰出的理论家——荣格和阿德勒。为了使读者了解更多后期的心理动力学流派，在这里我们将简单介绍哈里·斯塔克·沙利文（Harry Stack Sullivan）和梅拉尼·克莱恩（Melanie Klein）的工作（参见 Ruiten-beek, 1973，以了解弗洛伊德学派的其他成员）。

哈里·斯塔克·沙利文（Sullivan, 1953）认为，弗洛伊德的理论和治疗方法没有认识到社会关系的重要性，以及患者对接受、尊重和爱的需求。他坚持认为，心理障碍并非仅仅涉及创伤性的内部心理过程，还涉及人际关系困难，甚至强大的社会压力。焦虑障碍和其他精神疾病的产生，正是源于个体与父母或其他重要他人的关系中的不安全感。基于这种人际观点的治疗强调观察患者对治疗师态度的感受。治疗性访谈同时也被视为一种社会交往，双方的情感和态度都会受到对方的影响。

梅拉尼·克莱恩（Klein, 1975）背离了弗洛伊德所强调的俄狄浦斯冲突是精神病理主要来源的观点。她认为，俄狄浦斯冲突并不是组织个体心理的最重要因素，死本能先于性意识存在，并导致了一种与生俱来的攻击性冲动，而这种冲动在组织个体的心理方面与性意识同等重要。她提出，心理的两种基本组织力量是攻击和爱，爱使心理统一，而攻击使心理分裂。在克莱恩看来，个体对所爱之人有破坏性仇恨和潜在的暴力，同时又对此感到悔恨，而有意识的爱是与这种悔恨联系在一起的。克莱恩对此解释道："所有人都必须面对的巨大谜团之一是，爱与仇恨——我们个人的天堂与地狱——无法截然分开"（Frager & Fadiman, 1998, p.135）。克莱恩运用强有力的治疗性解释来分析患者身上的攻击性和性驱力，在

梅拉尼·克莱恩的理论和弗洛伊德的理论有何不同?

生活中的心理学

被压抑的记忆是否会影响生活

1969年12月，一名巡警发现了年仅8岁的苏珊·纳森的尸体。在之后的20年里，没有人知道是谁杀害了她。直到1989年，苏珊的朋友艾伦·富兰克林-利普斯科联系了县里的调查员，说她在心理治疗的帮助下，回忆起了一段被压抑已久的记忆：她曾目睹自己的父亲乔治·富兰克林性侵苏珊，然后又用石头将她砸死（Marcus, 1990; Workman, 1990）。这份证词足以使乔治·富兰克林被判犯有一级谋杀罪。随着时间的推移，越来越多的人对他女儿记忆的有效性提出了强烈的质疑，富兰克林最终被释放。尽管如此，陪审团最初还是认为20年前记忆的戏剧性恢复是相当可信的。

从理论上讲，这些记忆如何隐藏了20年之久？这一谜题的答案植根于弗洛伊德的被压抑的记忆这一概念。你可能还记得，弗洛伊德（Freud, 1923）认为，如果对某些生活经历的记忆足以威胁到人们的心理健康，个体就会压抑这些记忆，将其从意识中驱逐出去。临床心理学家常常能够通过将混乱的生活模式解释为被压抑记忆的后果来帮助来访者掌控自己的生活。但是，这种对被压抑记忆的体验，并不只存在于治疗室中。经过很长一段时间后，个体有时会对一些可怕的事件提出指控，例如谋杀或童年性虐待。这些指控是真实的吗？

临床医生同样担心，那些相信被压抑

此方面她是一个先驱。

在当代的治疗实践中，心理动力治疗师继续采用弗洛伊德及其追随者提出的基本概念。当代心理动力学治疗有几个鲜明的特点（Shedler, 2010）。他们关注患者的情绪以及发生阻抗的时刻；他们强调过去经验对当前现实的影响；他们也关注人际冲突。在这种背景下，个体治疗师可能会或多或少地强调特定的过程，比如对移情的解释（Gibbons et al., 2008）。治疗师在解释患者的生活经历时所扮演的角色也有所不同。最后，传统的精神分析治疗通常需要很长的时间（至少是几年，并且每周多达五次）。它还需要患者能够内省，口头表达流畅，有强烈的治疗动机，愿意并能够支付高昂的费用。现在，新式的心理记忆的治疗师，可能通过心理治疗的机制将这种观念灌输给患者（Lynn et al., 2003）。相信被压抑记忆的治疗师通常会鼓励患者努力去发现这些记忆，并且当这些“记忆”出现的时候，会给予患者口头上的鼓励（de Rivera, 1997）。在一项研究中，研究者招募了 128 位声称自己遭受过童年性虐待的参与者（Geraerts et al., 2007）。多数参与者（128 位中的 71 位）对虐待有连续的记忆。也就是说，他们在人生的任何阶段都能回忆起被虐待的经历。另外，57 位参与者的记忆是不连续的；他们认为自己在人生的某些阶段忘记了被虐待的经历。其中 16 人通过治疗重新回想起被虐待的记忆，另外 41 人在没有任何特殊帮助的情况下重新回想起了这些记忆。研究者让访谈者去实地调查，试图找到一些证据来证实参与者对虐待的记忆。对于 45% 有连续记忆的参与者和 37% 自动恢复记忆的参与者，访谈者找到了这样的证据。然而，对于那些在治疗中恢复记忆的参与者，访谈者没有发现任何有效的证据。

这一研究证明，有些关于恢复记忆的报告是有事实依据的。然而，研究也表明心理治疗的过程可能会引导人们产生虚假记忆。相信被压抑的记忆是可以恢复的，这一点对于接受心理治疗的患者而言有许多好处。尽管如此，患者也必须确保他们没有被动地接受别人对自己生活的篡改。

动力学治疗正在缩短治疗的总时长。

心理动力学治疗的一个重要目标是帮助患者洞察导致其心理障碍的人际冲突。我们接下来要介绍的行为治疗则将注意力更直接地集中在界定心理障碍的适应不良行为上。

STOP 停下来检查一下

❶ 为什么心理动力学治疗也被称为领悟疗法？

❷ 什么是移情？

❸ 死本能在梅拉尼·克莱恩的理论中有什么作用？

行为治疗

心理动力学治疗关注人的内部原因，行为治疗则关注可观察的外显行为。行为治疗家主张，异常行为与正常行为一样，都是通过遵循条件作用原理和学习原理的学习过程而获得的。行为治疗运用条件作用原理和强化原理来矫正与精神障碍相联系的不良行为模式。

行为治疗（behavior therapy）和**行为矫正**（behavior modification）这两个术语常常可以互换使用。两者均指系统地使用学习原理来增加期望的行为和 / 或减少问题行为。通常用行为疗法来治疗的异常行为和个人问题非常广泛，包括恐惧、强迫行为、抑郁、成瘾行为、攻击行为以及违法行为。一般而言，行为治疗对特定的个人问题的干预效果要比宽泛的个人问题好：它对某种恐惧症的干预效果要比对弥散性焦虑的干预效果好。

从条件作用原理和学习理论发展而来的行为治疗扎根于实用的、经验主义的研究传统。行为治疗认为，所有有机体的中心任务是学习如何适应当前的社会和自然环境。当有机体没有学会如何有效地应对环境时，他们可以通过基于学习原理的治疗去克服适应不良的行为。在行为治疗中，目标行为并不被假定为任何潜在过程的一种症状。症状本身就是问题所在。心理动力治疗师预测，如果只治疗外在行为而不正视真正的、内部的问题，将引发替代性的症状，即出现新的生理或心理问题。然而，没有证据表明，使用行为疗法消除病理性行为后，会出现新的替代性症状（Tryon, 2008）。"与此相反，目标症状得到改善的患者常常报告说，其他不那么重要的症状也得到了改善"（Sloane et al., 1975, p.219）。

下面让我们看看能够减轻个体痛苦的不同形式的行为治疗。

反条件作用

为什么有些人在面对无害的刺激时会非常焦虑？比如，看到了一只蜘蛛、一条无毒的蛇，或身处某种社交场合。行为治疗用第 6 章和第 14 章中介绍的简单条件作用原理来解释焦虑的产生："不明缘由地"扰乱个人生活的强烈情绪反应通常是条件反应，只不过人们没有意识到这些反应是先前习得的。在**反条件作用**（counterconditioning）中，个体要学习一个新的条件反应去替代或"对抗"适应不良的反应。最早有记录的行为治疗就是按照这一原理进行的。玛丽·琼斯（Jones, 1924）的工作表明，恐惧可以通过条件作用被消除（读者可以将下面的案例与第 6 章中小阿尔伯特的例子进行对比）。

> 她的患者叫彼得，是一个 3 岁的小男孩，由于某种不明原因，他害怕小兔子。在治疗时，先将彼得安置在房间的一边，喂他吃东西，同时将兔子从房间的另一边带进来。在多次治疗的过程中，让兔子的位置与彼得逐步靠近，直到最后，彼得不再害怕兔子，并能够自由自在地与兔子一起玩耍。

追随着琼斯的足迹，行为治疗师现在使用多种反条件作用技术来进行治疗，包括系统脱敏法、满灌疗法、暴露疗法和厌恶疗法。

暴露疗法　**暴露疗法**（exposure therapy）的核心成分是让个体直接面对引发焦虑的客体或情境。这种治疗方法的原理是暴露导致反条件作用——让个体在引发高度焦虑的情境中学会保持放松。具体的暴露疗法在暴露于焦虑源的时间进程和情境方面也有所不同。

例如，**约瑟夫·沃尔普**（Wolpe, 1958, 1973）观察到，神经系统无法同时处于放松和兴奋状态，因为这是

为什么许多治疗焦虑障碍的方法被称为暴露疗法？

两个不相容的过程，所以无法同时激活。这一原理是交互抑制理论的核心观点，沃尔普采用这一理论对恐惧和恐惧症进行了治疗。沃尔普首先教会患者放松自己的肌肉，然后让他们想象令其害怕的情境，由最初的远距离联想，逐步向直接呈现图片过渡。在放松的状态下，循序渐进地从心理上直面令他们害怕的刺激，这种治疗技术被称为**系统脱敏法**（systematic desensitization）。

脱敏治疗包括三个主要步骤。首先，来访者需要确认引发其焦虑的刺激，并将这些刺激按照引发焦虑的程度由弱至强进行等级排列。例如，一个学生患有严重的考试焦虑，她对引发其焦虑的刺激情境进行等级排列，见**表 15.2**。请注意，她认为"考试即将到来"（第 14 级）比参加考试本身（第 13 级）更有压力。其次，来访者必须系统地接受渐进式的深度放松肌肉训练。放松训练会占用几次治疗的时间，来访者需要学会区别紧张和放松的感觉，还要学会消除紧张以达到身心放松的状态。最后，脱敏的实际过程开始了：处于放松状态的来访者从恐惧程度最弱的刺激开始进行生动的想象。如果来访者能够在生动的

表 15.2　诱发一名大学生考试焦虑的刺激层级（按焦虑升高的次序排列）

1. 考试前 1 个月
2. 考试前 2 个星期
3. 考试前 1 个星期
4. 考试前 5 天
5. 考试前 4 天
6. 考试前 3 天
7. 考试前 2 天
8. 考试前 1 天
9. 考试前的那个晚上
10. 试卷正面朝下时
11. 等待发试卷时
12. 到达考场门口时
13. 在答卷的过程中
14. 考试当天在去学校的路上时

视觉想象中不再对该刺激感到不安，就可以对更强一级的刺激进行想象了。经过几次治疗之后，来访者能够想象最严重的情境，而不再产生焦虑。

系统脱敏是一个让参与者逐渐暴露于引发焦虑的刺激物的过程。治疗师还探索了各种其他技术，其中的一些让参与者更快地暴露于刺激。例如，*满灌疗法*是在得到来访者许可的情况下，使其直接置身于令其恐怖的情境之中。比如，让有幽闭恐惧症的人坐在黑暗的壁橱里，或让一个害怕水的孩子进入游泳池里。研究者成功地治疗了一个 21 岁大学生对气球爆破声的恐惧症，这一治疗共进行了三次，弄爆了数百只气球（Houlihan et al., 1993）。在第三次治疗中，他还自己弄爆了最后的 115 只气球。满灌疗法也可以从想象开始，这是此法的另一种形式。当以此形式治疗时，治疗师可能会给来访者播放录音，该录音详细描述其最害怕的情境，让来访者听一到两个小时。一旦恐惧有所消退，来访者就被带到令其害怕的真实情境之中。

当暴露疗法刚刚诞生时，治疗师通过心理意象或实际接触来实现暴露。近年来，临床医生开始通过虚拟现实技术提供暴露治疗（Power & Emmelkamp, 2008）。例如，人们已经能够通过虚拟的飞行体验（如坐在飞机上，起飞和降落）来克服对飞行的恐惧，而不必冒险去一个

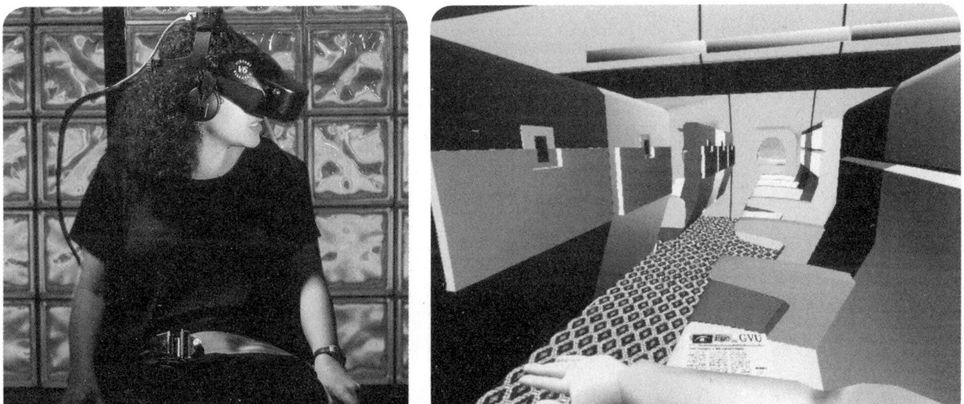

行为治疗师会如何利用虚拟现实暴露疗法帮助来访者克服飞行恐惧？（见彩插）

实际的机场（Rauthbaum et al., 2006）。作为第二个例子，我们来看一项使用虚拟现实疗法治疗一组患有蟑螂恐惧症的女性的研究。

研究特写

一组研究人员开发了一种虚拟现实系统，可以让患者产生错觉，以为在周围的现实环境中看到了蟑螂（Botella et al., 2010）。比如，该系统可以让患者看到自己的手上有蟑螂在爬。该系统还允许治疗师操纵虫子的数量、大小和活动方式等特征。因此，它提供了治疗师所需的灵活性，让治疗师可以调整暴露疗法以适应每一位患者的需要。研究中的 6 名患者在一个单次治疗中系统地接触了虚拟蟑螂，平均每人持续时间不到两小时。经过这一单次的治疗，患者表现出很大的改善，比如，接近蟑螂的能力有了很大提高。在最初治疗后 3 个月、6 个月、12 个月的随访评估中，患者的恐怖症继续显示出实质性的缓解。

暴露疗法对治疗焦虑障碍也非常有效。虚拟现实技术有望为个体提供强有力的暴露体验，而无须花费时间和金钱冒险进入现实世界。

暴露疗法也被用于强迫症，但需要加入另外一个要素：反应预防。来访者不仅要接触自己所害怕的事物，还要抑制自己做出通常能减轻焦虑的强迫行为。我们来看一项对 20 个有强迫症的儿童和青少年的研究（Bolton & Perrin, 2008）。因为每一位参与者都有不同的强迫观念和强迫行为，所以每个人的治疗都需要量身定制。然而，治疗的核心要素是相同的：每个参与者都要接触给他带来困扰的客体，同时练习抑制自己做出强迫行为。这一治疗程序带来了很好的效果。

榜样模仿 另一种暴露疗法的灵感来自社会学习理论。回顾一下第 6 章——社会学习理论预测个体会通过观察习得反应。因此，有恐惧症的人同样能够通过模仿榜样的行为而消除恐惧反应。例如，在治疗对蛇恐惧的个体时，治疗师首先演示不害怕蛇的趋近行为，从相对较低的水平开始，比如接近蛇笼或者触摸蛇。治疗师通过演示和鼓励，帮助来访者模仿示范的行为。来访者逐渐习得这种接近的行为，最终能够抓起蛇，并让蛇在身上自由地爬行。无论何时，来访者都不会被强迫完成某种行为。在任何水平出现阻力时，都可以让来访者回到前一个已成功完成的、威胁水平较低的接近行为，通过这种方式最终可以克服任何水平上的阻力。

有研究将这种**参与式示范**（participant modeling）与象征性示范、脱敏疗法和控制组进行了比较，证明了参与式示范的有效性。在象征性示范治疗（symbolic modeling therapy）中，让已经接受过放松训练的来访者观看一部电影，其中有若干不害怕接触蛇的榜样。如果电影中有任何场景让参与者感到焦虑，他们可以让电影停下来，并进行放松。控制组的参与者没有接受任何治疗干预。如**图 15.1** 所示，参与式示范的干预效果最好，该组的 12 人中有 11 人完全消除了对蛇的恐惧（Bandura, 1970）。

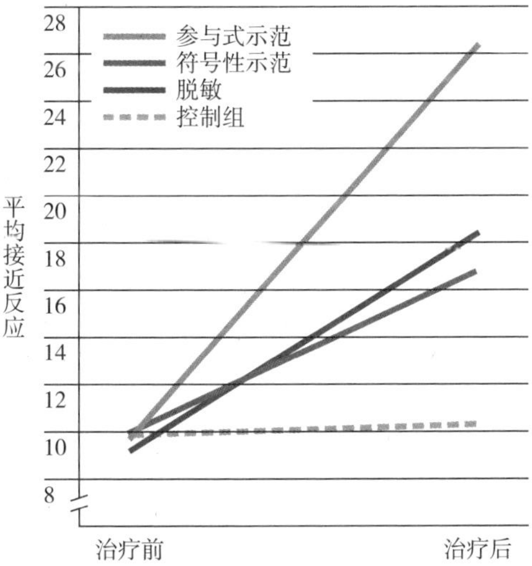

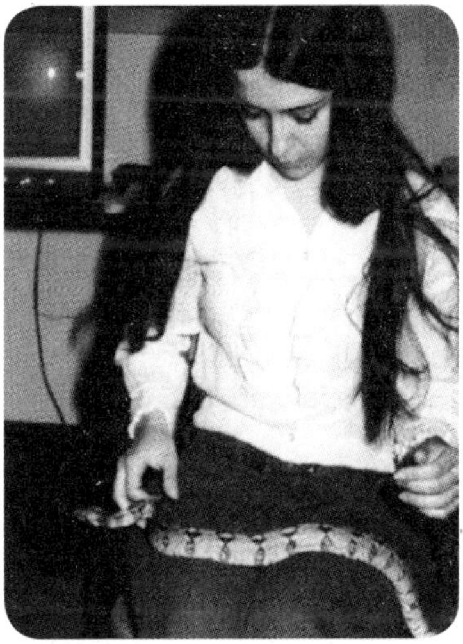

图 15.1 参与式示范治疗

照片中的参与者首先观看一个榜样做出一系列渐进式的趋近蛇的行为反应，然后自己重复这些行为。她最终能够拿起蛇并让它在自己身上爬行。图中显示了参与者接受参与式示范治疗（最有效）前后趋近行为的数量，以及与接受其他两种治疗及控制组参与者行为的比较。

资料来源：Albert Bandura, from "Modeling Therapy." Reprinted by permission of Albert Bandura.

厌恶疗法 上面描述的暴露治疗可以帮助来访者直接应对那些实际上对他们无害的刺激。但是，当人们被那些对他们有害的刺激吸引时，应该怎样帮助他们呢？药物成瘾、性异常、无法控制的暴力等人类问题中的异常行为都是由诱人的刺激引发的。**厌恶疗法**（aversion therapy）运用反条件作用的程序，将这些诱发刺激与一种强烈的、令人厌恶的刺激（如电击或让人呕吐的药物）反复配对。随着时间的推移，先前的诱发刺激也会引发同样的负性反应，而个体会逐渐发展出一种厌恶感来替代先前的渴望。

例如，厌恶疗法被用来治疗那些有自残行为的人，比如有的人会猛打自己的头或将头猛烈撞向其他物体。在治疗中，当患者出现这种行为时就给其一次轻微的电击，这种治疗对消除某些人的自残行为很有效，但不是对所有的患者都有效（van Oorsouw et al., 2008）。由于厌恶疗法可能会对身体造成伤害，所以伦理上的考虑要求治疗师只有在其他疗法都不奏效时才能使用厌恶疗法（Prangnell, 2010）。

权变管理

反条件作用适用的情况是一种反应能够被另一种反应所替代。其他行为矫正程序的建立则依赖于斯金纳提出的操作性条件作用原理。**权变管理**（contingency management）是一种通过改变行为的结果来改变行为的治疗策略。其中两种主要的技术是正强化（又译作阳性强化）策略和消退策略。

正强化策略 如果某种反应出现之后马上就会有奖赏，这个反应往往会重复出现，并且出现的频率会随着时间的推移而增加。当治疗师利用这个操作性学习的核心原理来改变期望反应的频率以取代某种不期望的反应时，它就成为了一种治疗策略。应用正强化程序矫正行为问题已取得了巨大的成功。

你可能还记得第6章中提到的行为塑造技术，在塑造过程中，研究者强化对期望行为的连续接近的反应。我们来考虑一下，行为塑造如何帮助吸烟者减少吸烟（Lamb et al., 2007）。研究者测量了每位参与者呼出的一氧化碳（BCO）水平，以确定他们初始的吸烟习惯。随着研究的开展，如果参与者能够使其 BCO 降到某个特定的目标水平（为每位吸烟者设定的标准），他们就会得到现金奖励。这些目标随着时间的推移不断升级，从而塑造参与者养成期望的戒烟行为。第 6 章还讲到了代币制，在那个例子里，治疗师首先明确定义了什么是我们所期望的行为（例如表现出对人的关心或按时服药），当患者表现出这些行为时，医护人员就会给予代币奖励；这些代币之后可以兑换一些奖励或特权（Dickerson et al., 2005; Matson & Boisjoli, 2009）。这一强化程序对矫正患者的某些行为特别有效，包括自我照顾、保持环境整洁及积极的社会互动。

在另一种方法中，治疗师有区别地强化那些与适应不良行为不相容的行为。这一技术已被成功用于接受药物成瘾治疗的个体。

研究特写

研究者为一项为期 12 周的研究招募了 87 名寻求可卡因依赖治疗的个体（Petry & Roll, 2011）。所有的参与者都接受了由一系列咨询组成的标准治疗，学习克服依赖的策略和技巧。除此之外，如果尿液样本检测呈阴性的话，参与者还有机会获得奖励。参与者赢得奖励的方式是在一个碗中抽纸条。有一半的纸条（50%）写着“干得好，再接再厉”，另有 44% 的纸条提供 1 美元的奖励，6% 的纸条提供 20 美元的奖励。碗里还有一张纸条提供 100 美元的奖励。当第一次出现阴性检测样本时，参与者可以抽一张纸条。如果样本连续阴性的话，就可以额外多抽，即每次可以抽不止一张。若出现阳性样本（或拒绝提供样本 / 无故缺席），那么下次出现阴性结果时，则重新回到只能抽一张。在完成这一程序的 3 个月后，26.9% 的参与者仍然保持对可卡因的戒除状态。请注意，每位参与者实际赢得的金额，取决于他们从碗中抽纸条时的运气。研究者发现，参与者赢得的奖金越多，就越有可能戒掉可卡因。

这一研究证实，权变管理可以成功地用于治疗药物依赖。仅仅是为了获得奖励，吸毒者就能够成功戒毒，并且在3个月后仍然保持戒毒状态。你可能已经发现，我们这里提及的方法，其原理与前面描述的反条件作用程序的原理是相同的：运用基本的学习原理来增加适应性行为出现的可能性。

消退策略 为什么人们在有能力做其他事情的时候，还要继续做那些给他们带来痛苦和苦恼的事情？答案是，许多行为都有多重结果，其中有些是消极的，有些是积极的。一些小的正强化经常会使某种行为继续下去，尽管这一行为会带来明显的负性结果。例如，如果惩罚是儿童获得成人关注的唯一方式，那么当儿童因行为不端而受到惩罚时，他就有可能继续这一行为。

当维持不良行为的强化因素尚未被识别时，消退策略在治疗中是有用的。首先，仔细分析情境以识别强化物，然后，在不期望的反应出现时通过某种程序撤销这些强化物。当这种方法可行时，这个情境中所有无意中对该行为造成强化的人都需要进行合作，只有这样消退程序才能使该行为出现的频率下降，并最终完全消除该行为。我们考虑一个教室中的例子。一个有注意缺陷 / 多动障碍的小男孩经常在课堂上开小差并做出一些干扰性的行为，这给老师带来了麻烦。研究者发现，当这个学生开小差时，老师对他的关注恰恰对他的行为进行了正强化（Stahr et al., 2006）。当老师不再关注他的不当行为时，其行为反而有所改善。

泛化技术

行为治疗师一直关注的一个问题是，来访者是否会将在治疗环境中产生的新行为模式实际应用于日常情境中（Kazdin, 1994）。这个问题对所有的治疗方法都非常重要，因为任何衡量治疗效果的标准都必须考虑来访者离开诊所之后治疗效果能否长期保持。

由于治疗环境中缺乏来访者真实生活中的基本要素，所有治疗过程中出现的行为改变很可能会在治疗结束后随着时间的推移而消失。为了预防这种情况的发生，在治疗程序中纳入泛化技术已成为普遍做法。这些技术旨在增加目标行为、强化物、榜样和刺激在治疗环境与实际生活环境中的相似性。例如，治疗中教授的一些行为很可能会在个人的生活环境中自然得到强化，例如表现出礼貌或关心。来访者在现实世界中并非总能得到奖励，所以治疗师在治疗中制定了部分强化程式，以保证来访者的行为在现实世界中能够得以维持。个体对明确的外部奖励的期待会逐渐减弱，而社会赞许和自然发生的结果，包括具有强化作用的自我陈述，会被个体吸纳。

例如，行为治疗师使用消退程序治疗一个拒绝喝牛奶的小男孩（4岁 10 个月大）（Tiger & Hanley, 2006）。为了让他喝牛奶，治疗师让他的老师在一杯牛奶中混入少量巧克力糖浆。加入巧克力糖浆之后，小男孩喝掉了这杯牛奶。在接下来的 48 次用餐中，老师逐渐减少巧克力糖浆的量，直到提供给小男孩的只有纯牛奶。在干预临近结束时，小男孩每次都喝纯牛奶。在家里也是如此，这说明小男孩喝纯牛奶的行为从教室泛化到了其他环境。

下面我们来看看认知治疗。

STOP 停下来检查一下

❶ 反条件作用的基本原理是什么？

❷ 当临床医生允许患者获得奖励时，使用的是什么学习原理？

❸ 使用泛化技术的目的是什么？

批判性思考：回忆一下使用奖励来治疗药物依赖的研究。为什么当参与者出现阳性样本时，从碗中抽奖的次数要重新减少到一次？

认知治疗

认知治疗（cognitive therapy）试图通过改变来访者对重要生活经历的思考方式来改变有问题的情感和行为。这类治疗的潜在假设是，异常的行为模式和情绪困扰始于人们思考什么（认知内容）以及如何思考（认知过程）。认知治疗将治疗的重点放在改变认知过程上，并提出了不同的认知重构方法。第 12 章曾讨论过这些应对压力和改善健康的方法。这一节将讲述两种主要的认知治疗，即改变错误信念和认知行为疗法。

改变错误信念

一些认知行为治疗师将信念、态度和习惯性思维模式视为改变的主要目标。他们认为，许多心理问题的产生是因为人们思考自己与他人关系以及他们所面对的事件的方式。错误的想法可能基于：（1）非理性的态度（“作为学生最重要的品质是各方面都要尽善尽美”）；（2）错误的前提假设（“如果我做到别人要求我做的所有事情，我就会受欢迎”）；（3）将行为置于“自动驾驶模式”下的僵化的规则，即使先前的模式是无用的也会去重复（“我必须服从权威”）。情绪困扰是由认知歪曲和未能区分当前现实与个人想象（或期望）引起的。

对抑郁的认知治疗　认知治疗师采用更有效的问题解决技术来帮助来访者纠正错误的思维模式。艾伦·贝克（Aaron Beck）成功开创了抑郁问题的认知治疗（Beck, 1976）。他将治疗的方法简单归纳为：“治疗师帮助患者识别扭曲的思维，并学习以更现实的方式来表述自己的经历”（p.20）。例如，治疗师可能会要求抑郁的个体写下对自己的负面想法，弄清楚为什么这些自我批评是不合理的，并发展出更为现实（和更少破坏性）的自我认知。

贝克相信抑郁症状之所以持续存在，是因为患者没有意识到自己负性的自动化想法。例如：“我永远也不可能做得像我哥哥那样好”，“如果人们真正了解我，就不会有人喜欢我了”，“要在这个竞争激烈的学校里取得成功，我还不够聪明”，等等。因此，治疗师采用下面四种策略来改变支撑抑郁的认知基础（Beck & Rush, 1989; Beck et al., 1979）：

- 挑战来访者关于自己的基本假设。
- 评估来访者给出的支持或否定其自动化思维准确性的证据。
- 对事件进行再次归因，将事件归因于情境因素而非患者的无能。
- 对于可能失败的复杂任务，与患者一起讨论其他可行的解决方法。

这种治疗与行为治疗相似，因为它同样把来访者当前的状态作为关注的重点。

抑郁最糟糕的副作用之一是使人不得不生活在与抑郁相关的所有消极情绪和困扰中。沉溺于消极心境会让人回想起生活中所有糟糕的时刻，从而加重抑郁情绪。抑郁者透过抑郁的深色眼镜过滤所有的信息，会看到原本并不存在的批评，将表扬听成讽刺，这会成为抑郁的进一步“原因”。认知治疗可以有效地抑制抑郁的恶性循环（Hollon et al., 2006）。

理性–情绪疗法 认知治疗最早的形式之一是**阿尔伯特·埃利斯**（Albert Ellis, 1913—2007）创立的**理性–情绪疗法**（rational-emotive therapy, RET）。理性–情绪疗法是一个全面的人格改变系统，通过转变导致不良的、高度紧张的情绪反应（如严重焦虑）的非理性信念来实现目标（Ellis, 1962, 1995; Windy & Ellis, 1997）。来访者可能有一组核心价值观：要求自己成功并得到认可，坚持要求自己得到公平对待，并指令这个世界变得更美好。

理性–情绪治疗师教来访者学习如何辨认那些控制他们的行动、阻碍他们选择自己想要的生活的“应该”“应当”和“必须”。他们试图打破来访者封闭的思维模式，向来访者阐明，伴随某些事件的情绪反应实际上是来访者自己对事件的信念导致的，而这些信念往往没有被意识到。例如，在做爱时未能达到高潮（事件），随之而来的是抑郁和自我贬低的情绪反应。引起情绪反应的信念可能是：“我的表现不

假如你正在学习编织。如果你想织得越来越好，那么你最好给予自己什么样的内部信息?

如预期，说明我在性方面是无能的，可能是阳痿。”在治疗过程中，治疗师会与来访者一起公开质疑这一信念，方法是理性地反驳，并考察这一事件的其他原因，如疲劳、饮酒、关于性表现的错误观念，或者当时不想做爱或不想与那个伴侣做爱，等等。这种反驳技术可以与其他干预措施一起使用，从而用理性的、适合情境的观念来替换那些武断、非理性的信念。

理性－情绪疗法的治疗目标是通过摆脱阻碍个人成长的错误信念体系，提高个体的自我价值感和自我实现的潜力。在这一点上，这一疗法与我们后面将要介绍的人本主义治疗有很多相似之处。

认知行为疗法

告诉自己你能成为什么样的人，你就会成为那样的人；你认为自己应该做什么，你就会那样去做，这就是**认知行为疗法**（cognitive behavioral therapy）的基本假设。这一治疗方法将两个方面结合起来，一个是在认知上改变错误信念，另一个是在行为上通过强化相倚来塑造行为表现（Goldfried, 2003）。在这种假设下，不可接受的行为模式可以通过认知重构来矫正——将个体消极的自我陈述转变为建设性的应对陈述。

这种治疗方法的一个关键部分是治疗师和来访者共同发现来访者对寻求治疗的问题的思考和表达方式。一旦治疗师和来访者都理解了导致低效或功能失调行为的思维模式，他们就可以一起发展出新的、建设性的自我陈述，减少那些带来焦虑和降低自尊的自我挫败式的陈述（Meichenbaum, 1977, 1985, 1993）。**表 15.3** 提供了一位认知行为治疗师可能会如何开展一次治疗的例子。患者的信念是她最好的朋友要和她断绝关系。正如你所看到的，治疗师帮助患者重新考虑支持她这一信念的证据。另外，作为家庭作业，患者同意收集更多的证据，探索她朋友行为的其他可能性。

认知行为疗法已被成功用于治疗多种障碍。我们来看看它如何被用来治疗**强迫性购物症**，这种障碍被定义为“过度且大部分无意义的消费或过度的购物冲动，导致明显的痛苦，干扰社会和职业功能，并经常导致财务问题”（Mueller et al., 2008, p.1131）。

研究特写

研究者将 60 位强迫性购物症患者随机分配到认知行为治疗组和控制组（Mueller et al., 2008）。治疗组的参与者每周接受一次治疗，为期 12 周。治

表 15.3　一位认知行为治疗师可能会开展的一次治疗会谈

患者：我觉得我最好的朋友玛乔丽在疏远我。
治疗师：那肯定是一种不愉快的感觉。是什么让你觉得她在疏远你呢？
患者：昨天我们在商场碰到，玛乔丽几乎没和我打招呼。她说，“你好吗”，然后就飞快地跑开了，好像完全没兴趣和我聊天。
治疗师：嗯……你告诉过我，你们已经做朋友很长时间了，对吧？
患者：对啊，那她昨天为何要那样对我无礼？我可难受死了。
治疗师：我能理解你为何难过。你能替她的行为找到别的解释吗？我们好好想想。
患者：哦，她的妈妈生病了，她得赶回家照顾她。也许她买东西的时候，想到母亲一个人在家所以心情不好。这可能是一个原因。
治疗师：有道理。你如何知道这个猜测对不对呢？
患者：我想我可以打个电话问问她现在还好吗？我可以说她昨天晚上在商场时看起来很紧张，然后问问我能不能帮她做点什么。
治疗师：这听起来是个获取信息来验证猜测的好方法。要不在我们下次治疗前你试一试，然后我们可以谈谈你了解到了什么。

疗包含几个要素（Burgard & Mitchell, 2000），其中之一是参与者要确认日常生活中引发其强迫性购物行为的线索（比如社会或心理情境）。一旦参与者确认了这些线索，治疗师就与他们一起提出认知策略以干扰或避免这些线索的影响。另一个治疗要素是参与者要获得可以控制自身行为的信心。研究者鼓励参与者收集与消极自我陈述相反的证据，并制定计划以实现更好的控制，以此来削弱消极的自我陈述（比如，我无法控制我的购物冲动）。在治疗结束时和治疗结束 6 个月后的随访评估中，治疗组参与者的行为都表现出改善。

注意，研究者需要通过与控制组的对比来证明治疗的有效性（也就是说，与控制组的人相比，治疗组的参与者表现出更大改善）。但是，一旦研究结束，控制组的参与者也应该接受治疗。

正如你从这个例子中看到的，认知行为疗法要建立有效的预期。治疗师很清楚，建立这样的预期可以增加人们做出有效行为的可能性。通过设立可以达到的目标，形成实现目标的现实策略，正确地评价现实的反馈信息，个体就能发展出掌控感和*自我效能感*（Bandura, 1992, 1997）。正如你在第 13 章中看到的那样，自我效能感会以多种方式影响你的感知觉、动机和表现。面对艰难的生活状况时，自我效能判断会影响你付出多少努力和坚持多久（Bandura, 2006）。研究者已经证明了自我效能在心理障碍康复中的重要性（Benight et al., 2008; Kadden & Litt, 2011）。我们来看一项关于 108 位患有暴食症的女性的研究（Cassin et al., 2008）。控制组的女性收到一本介绍暴食症的指导手册。治疗组的女性不仅收到了手册，而且要接受一次旨在提升自我效能感的治疗会谈。例如，研究者鼓励每位女性“回忆过去你曾经克服的困难和挑战”（p.421）。治疗结束 16 周后，28% 的治疗组女性战胜了暴食症，而控制组的这一比例仅为 11%。在治疗组中，那些战胜了暴食症的女性报告了更高的自我效能感。这项研究进一步证明，认知行为疗法能有效地缓解症状。

STOP 停下来检查一下

❶ 认知治疗的潜在假设是什么？

❷ 在理性 – 情绪疗法中，高度情绪化反应的起源是什么？

❸ 为什么增强自我效能感是认知行为疗法的目标？

批判性思考：请回忆强迫性购物症患者的认知行为疗法研究。为什么找出引发购买行为的线索很重要？

人本主义治疗

人本主义治疗的核心观点是，个体的各个方面都处于不断变化和成长的过程中。尽管环境和遗传对此有一定的制约，但人们仍然可以形成自己的价值观并坚持自己的选择，从而自由地决定自己将成为什么样的人。然而，伴随这种选择的自由而来的是责任的负担。因为你永远不可能完全清楚自己行为所带来的影响，你会感到焦虑和绝望。你还会因为失去了充分发挥潜力的机会而感到内疚。运用这一关于人性的普遍理论的心理治疗试图帮助来访者界定他们的自由，重视他们的体验自我以及当下的丰富性，培养他们的个性，寻找实现他们全部潜能的方式（自我实现）。

志愿工作者如何帮助人们最大限度地发挥人类潜能？

在某些方面，人本主义治疗吸收了研究人类经验的存在主义观点（May, 1975）。这种观点强调人们应对日常生存挑战的能力或被其击垮的可能性。存在主义理论认为人们有一种存在危机，包括日常生活中的问题、缺乏有意义的人际关系以及缺少重要的人生目标。存在主义理论的临床版本整合其各种主题和方法，认为现代生活中令人困惑的现实导致了两类基本的人类疾病。抑郁和强迫症状反映了对这些现实的逃避；而反社会和自恋症状反映了对这些现实的利用（Schneider & May, 1995）。

人本主义哲学还催生了20世纪60年代末在美国兴起的**人类潜能运动**（human potential movement）。这一运动包含提高普通人潜能的许多方法，以使其达到更高的表现水平，获得更丰富的体验。通过这一运动，原本针对心理障碍患者的治疗方法，被推广到希望自己更有效率、更有能力、更加快乐的心理健康的人群。

接下来我们将考察人本主义传统治疗中的两类疗法：来访者中心疗法和格式塔疗法。

来访者中心疗法

卡尔·罗杰斯（Carl Rogers, 1902—1987）开创的来访者中心疗法对许多不同类型的治疗师如何定义他们与来访者的关系产生了重要影响（Rogers, 1952, 1957）。**来访者中心疗法**（client-centered therapy）的首要目标是促进个体的心理健康成长。

这种方法基于这样一种假设：所有人都有自我实现（即实现自身潜能）的基本倾向。罗杰斯认为，“生物体的一种与生俱来的倾向是发展其全部能力，用以维持或提升其生存状态”（1959, p.196）。人的健康发展可能会被错误的学习模式所阻碍，在这种模式中人们接受他人的评价，并以此替代了来自自己身心的评价。此时自然形成的积极自我意象与消极的外部批判之间的冲突会导致人们焦虑和不幸福。这种冲突或不一致可能并未被意识到，因此个体会在不知道原因的情况下体验到不幸福感和低自我价值感。

罗杰斯学派治疗的任务是创造一个良好的治疗环境，使来访者能够在那里学习怎样达到自我提升和自我实现。这一疗法假设人性本善，治疗师的主要工作是清除那些限制这种自然的积极倾向发展的障碍。此疗法的基本策略是识别、接纳并澄清来访者的感受。这是在一种无条件的积极关注的氛围中完成的，即接纳和尊重来访者而不对其进行任何评判。治疗师也将自己的感受和想法毫无保留地向来访者开放。除了保持真诚，治疗师还会尽可能地体验来访者的感受。这种完全的同理心要求治疗师把来访者看作一个有价值、有能力的人，一个在发现自身个性的过程中需要帮助的人，而不是被评判和评估的对象（Meador & Rogers, 1979）。

治疗师的情感风格和态度有助于使来访者重新关注个人冲突的真正根源，消除那些抑制自我实现的干扰因素。其他治疗方法的从业者给出解释、回答或指导，而来访者中心疗法的治疗师是一个支持性的倾听者，他会思考并时而复述来访者的评价性陈述和感受。来访者中心疗法力求非指导性，治疗师的工作仅仅是帮助来访者寻找自我觉知和自我接纳。**表 15.4** 摘录了一次具有这些特点的来访者中心疗法。

罗杰斯相信，一旦人们能够自由而开放地与他人交流并接纳自己，个体就有潜力引导自己恢复心理健康。这种乐观的观点，以及将治疗师作为关爱型专家而来访者作为有尊严的人这样一种关系，影响了许多从业者。

表 15.4　一位来访者中心治疗师的一次治疗摘录

爱丽丝：这似乎——我不知道是不是——要追溯到我的童年。出于某种原因，我妈告诉我，我是父亲宠爱的孩子。但我从未意识到这一点——我是说，他们从来没有把我当宠爱的孩子来对待。但别人却似乎总觉得我在这个家里是有特权的人。我可从来没有任何理由这样想。现在回过头来看，只觉得这个家里其他孩子侥幸逃脱的惩罚比我多。似乎出于某种原因，他们对我的要求比对其他孩子更严格。

治疗师：你无论如何都不能确定自己是不是被宠爱的孩子，反倒是觉得家里对你有相当高标准的要求。

爱丽丝：这正是我的想法。我认为我的整个标准，或者说我的价值观，是我需要认真思考的，因为长久以来我都在怀疑自己是否有真诚的价值观。

治疗师：嗯。不确定你是否真的有任何你确信的深刻价值观。

格式塔疗法

格式塔疗法（Gestalt therapy）专注于如何将个体的身心统一起来，使个体成为一个完整的人（可以回忆一下第 4 章中讨论知觉时对格式塔学派的论述）。格式塔疗法的目标是自我觉察，方法是帮助来访者表达被压抑的感受，从以往的冲突中识别未完成的事件，这些未完成的事件会不断地被带入新的关系中，只有当这些事件被完成，个体才能继续成长。格式塔疗法的创始人**弗立兹·皮尔斯**（Fritz Perls, 1893—1970）要求来访者把有关冲突和强烈感受的幻想表演出来，并重建他们的梦境，因为他认为梦是人格中被压抑的部分。皮尔斯说："我们必须重新接受这些被投射出来的破碎的人格片段，重新接受梦中出现的潜在力量"（Perls, 1969, p.67）。

在格式塔疗法的工作坊中，治疗师鼓励参与者与他们"内心中真实的声音"重新建立联系（Hatcher & Himelstein, 1996）。格式塔疗法中最著名的方法是空椅技术。使用这种技术的时候，治疗师在来访者身边放一把空椅子。来访者要想象一种感受、一个人、一个物体或一个情境正在占据那把椅子。然后来访者与椅子上的人或物进行"对话"。例如，治疗师可能鼓励来访者去想象坐在椅子上的是自己的母亲或父亲，他可以在这个时候表达出其他时刻不愿表露的感受。然后来访者可以想象这把椅子上的人或物的感受，"谈谈"他们对来访者的生活受到的影响有何感受。这种技术可以使来访者面对并探索那些未被表达出来的强烈感受，可能正是这些感受一直在妨碍来访者的心理健康。

STOP 停下来检查一下

❶ 人类潜能运动的目标是什么？

❷ 来访者中心疗法中提到的无条件积极关注指什么？

❸ 在格式塔疗法中，空椅技术的目的是什么？

团体治疗

到目前为止，我们介绍的所有治疗方法主要都是为治疗师与患者或来访者之间一对一的关系设计的。然而，现在很多人作为团体的一部分接受治疗，即**团体治疗**（group therapy，又译作群体治疗、小组治疗）。团体治疗蓬勃发展有几个原因。有些优势涉及实用性。团体治疗对于参与者来说费用较低，而且可以由少数心理健康从业者去帮助更多的来访者。其他优势与团体环境的力量有关。团体治疗（1）对于害怕与权威面对面一起解决自身问题的人来说是一个威胁性相对较小的环境；（2）允许运用群体过程来影响个体的适应不良行为；（3）在治疗过程中为参与者提供了观察和实践人际技巧的机会；（4）为参与者提供了类似家庭群体的环境，这使纠正性的情绪体验得以产生。

团体治疗也存在一些特殊的问题（Motherwell & Shay, 2005）。例如，有些团体会形成某种文化，在其中团体成员很难取得进步——成员们建立了一种消极被动和自我表露有限的规范。另外，当有成员离开或者新的成员加入时，团体的有效性会发生巨大的变化。成员的加入和离开都会打破团体作为一个整体得以正常运作的微妙平衡。专门从事团体治疗的治疗师必须注意解决这种群体动力问题。

团体治疗的一些基本前提与个体治疗不同。团体治疗的社会场景提供了一种机会，参与者可以借此了解自己给他人留下的印象，以及投射出来的自我意象与个人预期的和体验到的自我意象有何不同。另外，团体本身证实了一个人的症状、问题以及“偏离正常”的反应并非是其所独有的，而是相当常见的。因为人们倾向于向别人隐瞒关于自己的负面信息，所以许多有同样问题的人会

团体治疗有哪些优势?

认为“只有我这样”。团体经验的相互分享可以打破这种人众无知的状态，即很多人都错误地认为某些缺点只有自己才有。此外，同伴团体还可以在治疗环境之外提供社会支持。

夫妻及家庭治疗

在大部分团体治疗中，一些陌生人定期聚在一起形成临时性的联系，并可能从中获益。夫妻或家庭治疗则是把一个有意义的、业已存在的社会单位带入团体治疗之中。

针对婚姻问题的*夫妻治疗*首先试图澄清夫妻之间典型的互动模式，然后致力于改善他们之间的互动质量（Snyder & Balderrama-Durbin, 2012）。治疗师同时见夫妻二人，而且通常会录下他们之间的互动并重放给他们看，从而帮助他们了解用来支配、控制以及造成对方困惑的言语或非言语风格。夫妻双方都被教授应该如何强化对方那些被期望的行为，如何撤回对不期望行为的强化。他们还要学习非指导性的倾听技巧，以便帮助对方澄清并表达其情感和想法。夫妻治疗已被证明可以减少婚姻危机，保持婚姻的完整性（Christensen et al., 2006）。

在*家庭治疗*中，来访者是整个核心家庭的全部成员，每个成员都被当作一个关系*系统*中的一员（Nutt & stanton, 2011）。家庭治疗师与问题家庭中的所有成员一起工作，帮助他们意识到是什么原因使得其中一人或多人产生了问题。思考一下被诊断为焦虑障碍的孩子所处的环境。研究表明，父母的某些做法可能使儿童的焦虑持续（McLeod et al., 2011）。例如，如果父母不允许孩子享有充分的自主性，孩子就不能获得成功应对新任务的自我效能感。在那种环境下，新任务会持续地引发焦虑。家庭治疗可以同时关注孩子的焦虑以及可能维持这种焦虑的父母行为。

研究特写

研究者招募了 45 名 9~13 岁的儿童参与一项治疗研究（Podell & Kendall, 2011）。这些儿童都被诊断患有焦虑障碍（比如广泛性焦虑障碍或社交恐怖症）。这些孩子接受的认知行为治疗项目旨在帮助他们识别那些会引发焦虑的情境，并培养在这些情境中应对焦虑的技能。孩子的父母也参与到治疗过程中，和孩子一起学习应对策略。此外，该治疗还试图矫正与孩子的焦虑体验相关的父母的适应不良行为，并以建设性的回应来取代这些行为。研究者的分析表明，若父母更积极地参与到治疗过程中，孩子也会表现出更大的改善。

这个研究显示了家庭治疗的重要性。通过整个家庭的参与，这种治疗干预改变了可能维持孩子的焦虑的环境因素。

家庭治疗可以通过帮助成员认识到其关系中的积极和消极方面来降低家庭内部的紧张，并提高每个成员的功能。家庭治疗方法的开创者之一**弗吉尼娅·萨提亚**（Virginia Satir, 1916—1988）指出，家庭治疗师不仅是治疗过程中发生的互动的解释者和澄清者，还要扮演影响者、调停者和仲裁者的角色（Satir, 1967）。大多数家庭治疗师认为，家庭带入治疗中的问题更多的是人际间的情境性难题或社会互动问题，而不是个体性格方面的问题。随着时间的推移，当家庭成员被迫接受自己不喜欢的角色时，这些难题可能就会显现出来。非建设性的沟通模式可能会因为家庭情境的自然变化而出现，例如家庭成员失业、孩子上学、约会、结婚或生子。家庭治疗师的工作就是理解整个家庭的结构以及作用于家庭的各种力量，然后与家庭成员共同消除家庭结构中“功能失调的”元素，同时创造和维持新的、更有效的家庭结构（Fishman & Fishman, 2003）。

社区支持团体

治疗领域的一个重大发展是人们对自助团体和互助团体的兴趣和

参与度急剧上升。据估计，美国有 6 000 多个这样的团体，仅自助团体就报告有 100 多万名成员（Goldstrom et al., 2006）。此外，美国每年大约有 500 万 12 岁以上的人参加酒精和毒品类的自助团体（Substance Abuse and Mental Health Services Administration, 2008a）。一般而言，这些支持性团体的活动是免费的，尤其是在没有医疗保健专家指导的情况下。这些团体为人们提供了一个机会，让他们可以遇见其他有着同样问题，但仍在坚持甚至过得很好的人。应用于社区团体场景中的"自助"（self-help）概念最早是由成立于 1935 年的匿名戒酒者协会（AA）提出的。然而，是 20 世纪 60 年代的妇女觉醒运动扩展了其含义，使其不仅限于酗酒的范畴。现在，支持性团体主要解决四类问题：成瘾行为、躯体和精神障碍、生活转变或其他危机，以及有严重问题的人的朋友或亲属所经历的创伤。近年来，互联网成为人们发展自助团体的另一个场所（Barak et al., 2008; Finn & Steele, 2010）。一般来说，网络自助团体也处理相同范畴的问题（Goldstrom et al., 2006）。不过，网络为那些没有自由活动能力的人（比如患有慢性疲劳综合征或多发性硬化症的患者）提供了特别重要的聚会场所：无法参加现场活动不再阻止他们从自助活动中获益。

自助团体似乎对成员有多种作用：例如，它给人们带来了希望感和对自身问题的控制感，为备受困扰的人们提供了社会支持，同时还提供了一个分享和获取有关疾病和治疗的信息的讨论场所（Groh et al., 2008）。研究者已开始证明，自助团体可以与其他形式的治疗共同缓解症状。例如，参与自助团体有可能减轻抑郁症状（Pfeiffer et al., 2011）。

自助形式的一个有价值的发展是将团体治疗技术应用在绝症患者身上。这种治疗的目的是帮助患者及其家人在患病期间尽可能生活得充实而有意义，帮助他们现实地面对即将到来的死亡，并且适应他们的绝症（Kissane et al., 2004）。这类绝症患者支持团体的工作重点在于帮助患者学会如何在"说再见"之前充实地生活。

团体治疗是我们介绍的最后一种完全基于心理干预的治疗。下面我们将分析一下生物医学治疗是如何通过改变大脑来影响心理的。

STOP 停下来检查一下

❶ 团体治疗如何帮助参与者了解他们问题的独特性？

❷ 夫妻治疗的一个共同目标是什么？

❸ 网络自助团体在什么情况下特别有价值？

批判性思考：请回忆用家庭疗法治疗儿童焦虑障碍的研究。为什么父母双方都参与治疗很重要？

生物医学治疗

心理的生态系统保持着某种微妙的平衡。当大脑出现问题的时候，我们可以从异常的行为模式、特殊的认知和情绪反应中看到问题造成的后果。同样地，环境、社会或者行为上的干扰，比如毒品或暴力，也会改变大脑的化学组成和功能。生物医学治疗通常把心理障碍看作是大脑出了问题。这一节将介绍四种生物医学治疗方法，即药物治疗、精神外科手术、电休克疗法（ECT）以及重复经颅磁刺激技术（rTMS）。

药物治疗

在心理障碍治疗的历史上，没有什么方法能比得上药物所带来的革命性影响。药物可以使焦虑的患者平静下来，使退缩的患者重新建立与现实的联系，还可以抑制精神分裂症患者的幻觉。这个新的治疗时代始于 1953 年，那时医院的治疗流程中引入了镇静剂，尤其是氯丙嗪。药物治疗作为一种改变患者行为的有效方法，几乎立刻得到了认可。**精神药理学**（psychopharmacology）是心理学的一个分支，主要研究药物对行为的作用。精神药理学领域的研究者致力于理解药物对某些生物系统的作用以及相应的反应变化。

药物治疗在对重症患者的治疗方面起到了重要作用。精神病院的

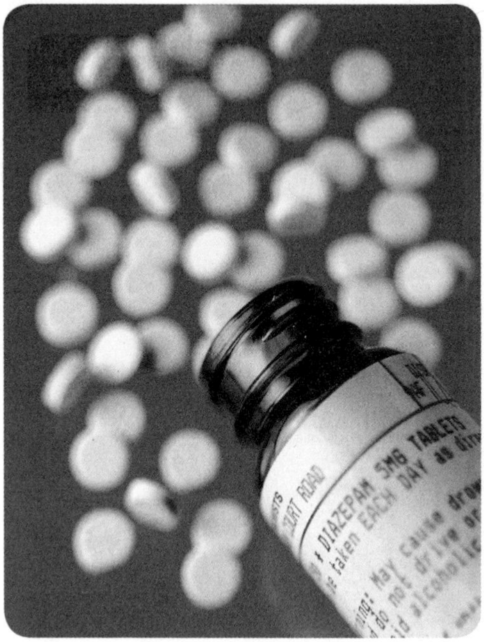

为什么人们在接受药物治疗时要谨慎?

工作人员再也不用充当卫兵的角色，也不用把患者隔离起来或者给患者穿上约束衣。由于精神疾病的康复治疗取代了单纯的监狱式看护，工作人员的士气也有所提高（Swazey, 1974）。此外，药物治疗革命还对美国精神病医院的患者数量产生了重大的影响。1955年，全美有50多万住院精神病患者，平均住院时间为数年。氯丙嗪和其他药物的引入扭转了患者数量稳步上升的局面。到了20世纪70年代初，全美精神病患者中只有不到一半在接受住院治疗，且他们平均只需住院几个月。

缓解各种心理障碍症状的药物使用很广泛。随着精神卫生保健护理越来越多地受健康维持组织（HMO）的指导，削减成本的做法限制患者使用心理治疗的次数，转而用相对便宜的药物治疗来代替。研究者发现，药物治疗的处方有了大幅增加（Stagnitti, 2007）。因此，了解药物治疗的积极和消极特点很重要。

目前治疗中使用的药物主要分为三类：抗精神病药、抗抑郁药以及抗焦虑药（见**表 15.5**）。顾名思义，这些药物能从化学上改变与精神病症状、抑郁和极度焦虑相关的特定脑功能。

抗精神病药 抗精神病药可以改变精神分裂症的症状，如妄想、幻觉、社会退缩以及偶尔的激越。抗精神病药通过降低脑内神经递质多巴胺的活性产生疗效（Keshavan et al., 2011）。研究者最早开发的药物，如氯丙嗪（美国商品名为 Thorazine）和氟哌啶醇（商品名为 Haldol），会阻断或降低多巴胺受体的敏感性。这些药物通过降低大脑活动的整体水平产生效果，但它们不只是有镇静作用。对于很多患者来说，这

表 15.5 精神疾病的药物治疗

障碍类别	治疗类型	例子
精神分裂症	抗精神病药	氯丙嗪 氟哌啶醇 氯氮平
抑郁	三环类抗抑郁药	丙米嗪 阿米替林
	选择性 5- 羟色胺再摄取抑制剂	氟西汀 帕罗西汀 佐洛复
	5- 羟色胺和去甲肾上腺素再摄取抑制剂	米那普仑 文拉法辛
	单胺氧化酶抑制剂	苯乙肼 异唑肼
双相障碍	心境稳定剂	锂盐
焦虑	苯二氮䓬类 抗抑郁药	安定 阿普唑仑 氟西汀

类药物不仅消除了激越，同时还消除或减轻了包括妄想和幻觉在内的精神分裂症阳性症状。

不幸的是，这些早期的抗精神病药有消极的副作用。由于多巴胺在运动控制中起着重要作用，因此在药物治疗过程中个体经常出现肌肉紊乱的情况。*迟发性运动障碍*就是抗精神病药所引发的一种特殊的运动控制障碍，特别是对面部肌肉的控制。受这种副作用影响的患者会出现下颌、嘴唇以及舌头的不自主运动。

经过一段时间，研究者开发出一类新药，即*非典型性*抗精神病药，它产生的运动副作用较小。这类药的第一个成员是*氯氮平*（商品名为 Clozaril），1989 年在美国获得批准。氯氮平既能直接降低多巴胺的活性，又能提高 5- 羟色胺的活性，而 5- 羟色胺抑制多巴胺系统的活动。这种作用模式可以更有选择性地阻断多巴胺受体，从而降低了引起运动障碍的可能性。遗憾的是，此药有可能导致一种使骨髓停止产生白细胞的罕见疾病——粒细胞缺乏症，在使用氯氮平治疗的患者中发生率为 1%~2%。

研究者已开发出一系列非典型性抗精神病药，它们作用于大脑的方式与氯氮平相似。大量研究发现，这些药对于缓解精神分裂症的症状都是有效的，但也都会带来一些副作用。例如，服用这些药的人可能有体重增加和患糖尿病的危险（Rummel-Kluge et al., 2010; Smith et al., 2008）。不幸的是，这些副作用经常导致患者终止药物治疗。患者停药之后的复发率非常高，即使服用低于推荐剂量的药物，患者症状加重的风险也会显著上升（Subotnik et al., 2011）。坚持服用这类新药（如氯氮平）的患者也会有 15% 到 20% 的复发率（Leucht et al., 2003）。所以，抗精神病药并不能治愈精神分裂症——它们并不能消除潜在的心理病理学根源。幸运的是，它们在控制患者最具破坏性的症状方面有着很好的疗效。

抗抑郁药　抗抑郁药通过增加神经递质去甲肾上腺素和 5- 羟色胺的活性产生疗效（Thase & Denko, 2008）。第 3 章曾提到，神经元通过释放神经递质到突触间隙（两个神经元之间的空隙）来传递信息。三环类抗抑郁药，例如丙米嗪和阿米替林，能够抑制对突触间隙内神经递质的再摄取（见**图 15.2**）。百优解（氟西汀，Prozac）属于选择性 5- 羟色胺再摄取抑制剂（selective serotonin reuptake inhibitors, SSRI），能减少 5- 羟色胺的再摄取。单胺氧化酶（MAO）抑制剂限制单胺氧化酶的活动，而后者负责分解去甲肾上腺素。当 MAO 被抑制时，可利用的神经递质就增加了。因此每种类型的药物都会使可利用的神经递质增加，从而产生神经信号。

抗抑郁药能够有效地缓解抑郁症状，但有多达 50% 的患者没有表现出改善（Hollon et al., 2002）。事实上，对于轻度或中度抑郁患者，抗抑郁药的效果不比安慰剂（不包含活性药物的药片）好多少；对于重度抑郁患者，它们能带来更多的实质性好处（Fournier et al., 2010）。

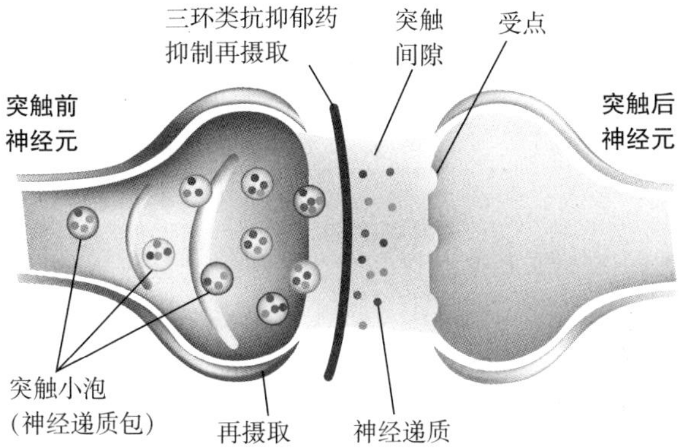

图 15.2　三环类抗抑郁药的脑机制

三环类抗抑郁药阻断了去甲肾上腺素和 5- 羟色胺的再摄取，从而使神经递质留在突触间隙中。（见彩插）

资料来源：Butcher, James N.; Mineka, Susan; Hooley, Jill M., *Abnormal Psychology*, 13th Ed., © 2007. Reprinted and electronically reproduced by permission of Pearson Education, Inc., Upper Saddle River, New Jersey.

因为抗抑郁药影响了脑内重要的神经递质系统，它们可能有很严重的副作用。例如，服用了 SSRI 类药物（如百优解）的人可能会出现反胃、失眠、紧张和性功能障碍等症状。三环类抗抑郁药和单胺氧化酶抑制剂可能会引起口干、睡眠困难和记忆损伤。研究表明，大多数主要的抗抑郁药在减轻症状的效力上都差不多（Hollon et al., 2002）。因此，对每个患者来说，找到对自己副作用最小的药物很重要。

研究者也在继续寻找那些可以缓解抑郁症状而副作用较小的药物。最新的药物是 5- 羟色胺和去甲肾上腺素再摄取抑制剂（serotonin and norepinephrine reuptake inhibitors, SNRI）。顾名思义，这些药物，如文拉法辛和米那普仑，阻断了 5- 羟色胺和去甲肾上腺素的再摄取。使用这些药物的临床试验没有发现其效果与 SSRI 类药物有重大差异（Machado & Einarson, 2010）。但研究者仍然必须确定哪一种 SNRI 类药物没有严重的副作用（Perahia et al., 2008）。

近年来，研究者考察了一个重要问题，即服用抗抑郁药的个体是否有更大的自杀风险，尤其是儿童和青少年。尽管结论仍有争议，但大多数证据表明，实际上，对抑郁的药物治疗确实会导致自杀风险略有上升（Möller et al., 2008）。问题在于为什么会出现这种情况。某些研究者认为某些药物尤其是 SSRI 类药物作用于大脑时，会增加自杀的想法。还有一些研究者认为，自杀风险的略微上升是药物促成的症状缓解所带来的不幸结果：因为重性抑郁削弱了动机，所以人们只会在心理健康状况开始好转的时候才可能做出自杀行为。因此，那些开始接受药物治疗的抑郁症患者应该得到持续的临床关注，以监控他们可能出现的自杀想法或意图。还需要注意的是，许多研究者指出，因为抗抑郁药能够缓解抑郁，所以相比药物引发的自杀，它们阻止的自杀行为要多得多；它们带来的好处大于危害（Bridge et al., 2007）。

锂盐已被证明能有效地治疗双相障碍（Thase & Denko, 2008）。有的患者处于不能控制的过度兴奋期，他们似乎精力无穷而又行为过度，此时可以用锂盐来降低他们的躁狂水平。此外，如果在症状得到缓解之后，患者继续服用锂盐，那么他们就不太可能旧症复发（Biel et al., 2007）。然而，对于那些经常在躁狂期和抑郁期之间循环的双相障碍患者，锂盐似乎不如其他药物有效，比如丙戊酸钠——最初用于治疗癫痫发作的一种药物（Cousins & Young, 2007）。

抗焦虑药 像抗精神病药和抗抑郁药一样，抗焦虑药基本上也是通过调节脑内神经递质的活动水平而起作用。疗效最好的药对不同类型的焦虑障碍来说是不同的（Hoffman & Mathew, 2008）。治疗广泛性焦虑障碍的最佳药物是苯二氮䓬，例如安定或阿普唑仑，它们会增加神经递质 GABA 的活性。因为 GABA 调节抑制性神经元，所以 GABA 活性的增加会降低与广泛性焦虑反应有关的脑区的活动。惊恐障碍以及广场恐怖症和其他恐怖症可以用抗抑郁药进行治疗，尽管研究者还不清楚其中的生理机制。强迫障碍可能是 5- 羟色胺水平偏低导致的，因此对 5- 羟色胺的功能有影响的药物如百优解对其疗效甚好。

与治疗精神分裂症和心境障碍的药物一样，苯二氮䓬类药物影响一种重要的神经递质系统，因此有许多潜在的副作用（Macaluso et al.,

2010）。患者开始进入一个疗程后，可能会体验到日间嗜睡、言语不清和协调问题。药物还可能损害认知过程，如注意和记忆（Stewart, 2005）。而且，服用苯二氮䓬类药物的人往往会产生耐药性——他们必须增加剂量来维持稳定的效果（见第 5 章），而停止治疗之后可能会出现戒断症状（Tan et al., 2011）。因为存在出现心理和生理依赖的可能性，人们在接受抗焦虑药时应该仔细咨询卫生保健提供者。

精神外科手术

当其他治疗都无法缓解病情时，医生有时会考虑对大脑进行直接干预。**精神外科手术**（psychosurgery）是为了减轻心理障碍而对大脑施行的外科手术的统称。这类干预包括损伤（切断）大脑不同区域之间的连接部位，或者切除大脑的一小部分。最广为人知的精神外科手术是**前额叶切断术**（prefrontal lobotomy），它通过手术切断连接大脑额叶与间脑的神经纤维，特别是丘脑和下丘脑的部分。这种方法是由神经学家**埃加斯·莫尼兹**（Egas Moniz, 1874—1955）开创的，他因此获得了 1949 年的诺贝尔生理学或医学奖。

最初接受前额叶切断术的是激越的精神分裂症患者以及强迫性且极度焦虑的患者。这种手术的效果极富戏剧性：个体表现出一个新的人格，变得不再有强烈的情绪唤起，所以也就不会有巨大的焦虑、内疚或者愤怒。然而，手术永久性地破坏了一些基本的人性。前额叶切断术使人失去了预先计划的能力，漠视他人的意见，行为孩子气，并且因为缺乏完整的自我感而表现得智力平庸和情感淡漠（莫尼兹的一个女患者对这些意料之外的后果感到非常痛苦，以至于她最终竟开枪袭击了莫尼兹，致使他局部瘫痪）。

由于精神外科手术的影响是永久性的，所以它的使用范围非常有限。临床医生只有在其他治疗方法反复失败后才会考虑精神外科手术。例如，一项研究评估了*扣带回切开术*的有效性，这种手术会损伤被称为扣带回的边缘系统结构（Shields et al., 2008）。研究中的 33 位患者患有难治性的抑郁症，他们对四个甚至更多疗程的药物治疗以及其他的标准化治疗都没有反应。接受外科手术后，75% 的患者的症状得到了缓解。扣带回切开术还缓解了强迫症患者的症状，而药物治疗对这些患者同样无效（Kim et al., 2003）。

电休克疗法和重复经颅磁刺激技术

电休克疗法（electroconvulsive therapy, ECT，也译作电痉挛疗法、电抽搐疗法）是通过对大脑进行电击来治疗精神疾病，如精神分裂症、躁狂症，而最常见的是抑郁。这种技术用微弱的电流施加到患者头皮上，直到发生抽搐。电流的强度会根据特定患者发生抽搐的阈值进行调整（Kellner et al., 2010）。抽搐通常在 45~60 秒后消失。在进行这种痛苦的干预之前，首先使用一种短效的巴比妥酸盐和肌肉松弛剂，使患者处于无意识状态，并将躯体的剧烈反应降低到最小程度。

电休克疗法在减轻重度抑郁的症状方面相当成功（Lisanby, 2007）。因为它起效快，所以格外重要。通常，三到四天的疗程就可以缓解抑郁症状，而药物治疗一般有一到两周的时间窗口期。即便如此，大多数治疗师还是把电休克疗法作为最后的治疗手段。这种疗法通常用于对有自杀倾向或严重营养不良的抑郁症患者的紧急治疗，以及对抗抑郁药物没有反应或者无法忍受药物副作用的患者。

尽管电休克疗法是有效的，但作为一种治疗方法，它仍然存在争议。对电休克疗法科学性的担忧主要是由于对它的作用机制缺乏了解。研究者推测，这种疗法可能会重新平衡神经递质或激素水平；他们还提出，反复的抽搐实际上可能会增强大脑的功能（Keltner & Boschini, 2009）。目前，很多不确定性仍然存在，因为研究者因伦理原因无法在人类参与者身上进行实验，以给出明确的答案。

批评人士还担心这种疗法的潜在副作用。电休克疗法会引起暂时性的定向障碍和多种认知缺陷。例如，患者常常会忘记治疗前一段时间发生的一些事情，而且难以形成新的记忆（Ingram et al., 2008）。不

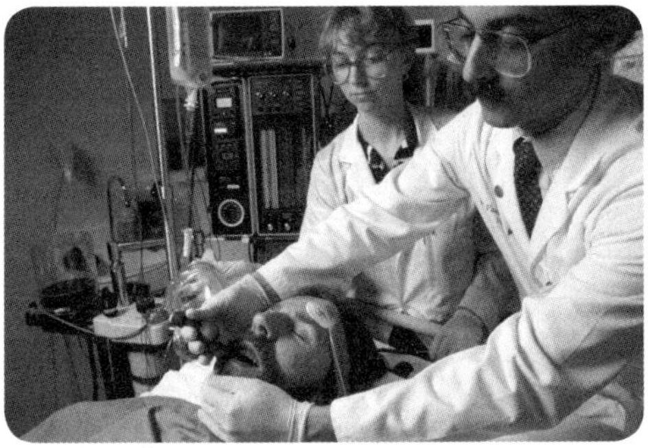

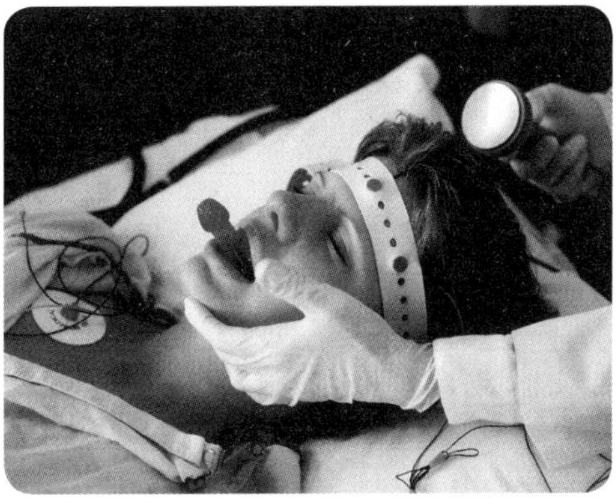

电休克疗法对重度抑郁非常有效。但为什么这种疗法仍然存在争议？

过，在治疗结束后的几周内，大多数患者都能从这些缺陷中恢复过来。为了把暂时性的缺陷降低到最小，现在通常只对一侧大脑实施电休克疗法，以减少言语能力受损的可能性。这类单侧的电休克疗法不仅减轻了治疗带来的某些认知损害，同时也保留了抗抑郁的效果（Fraser et al., 2008）。

近年来，研究者开发了一种新的治疗方法来替代电休克疗法，这种疗法被称为*重复经颅磁刺激技术*（rTMS）。在第 3 章中我们提到，接受 rTMS 治疗的人的脑部会受到重复的磁脉冲刺激。与电休克疗法的情况一样，研究者尚不清楚为什么 rTMS 能缓解抑郁症和其他形式的精神病理症状。然而，越来越多的证据表明，rTMS 可以与某些抗抑郁药同样有效（Schutter, 2008）。研究者正在努力确定诸如磁刺激强度等变量如何影响 rTMS 的治疗效果（Daskalakis et al., 2008）。

STOP 停下来检查一下

❶ 与早期治疗精神分裂症的药物相比，非典型性抗精神病药物有哪些优势？

❷ 选择性 5- 羟色胺再摄取抑制剂（SNRI）类药物在脑内有什么作用？

❸ 前额叶切断术有哪些影响？

❹ 什么是重复经颅磁刺激技术（rTMS）程序？

治疗评估和预防策略

假如你认识到生活出现了问题，并且相信一个受过专业训练的临床医生可以帮助你解决问题。本章介绍了多种不同的治疗方法，你怎么才能知道哪种方法最能减轻你的痛苦？你怎么能确定它们中的任何一个会起作用？本节将介绍研究者们如何考察特定疗法的有效性，并对不同的疗法进行比较。总的目标是发现哪种方法能最有效地帮助人们摆脱痛苦。你将会看到，这些研究还确定了在所有成功的治疗中都存在的一些共同因素。我们还会简要地讨论预防问题：心理学家如何通过干预人们的生活来预防精神疾病的发生？

评估治疗有效性

多年前，英国心理学家汉斯·艾森克（Eysenck, 1952）宣称心理治疗根本不起作用，引起了轩然大波！他回顾了以往各种关于治疗效果的资料，结果发现，那些没有接受过治疗的患者和接受了精神分析以及其他形式的领悟疗法的患者，治愈率几乎相同。他声称，在神经症患者中，大约 2/3 的人在出现问题之后的两年内会自动康复。

为了应对艾森克的挑战，研究人员设计出多种更为精确的方法来评估治疗的有效性。艾森克的批评清楚地表明，研究者需要设置适当的控制组。由于各种原因，一部分没有得到专业干预的个体的情况的确有所改善；这种**自发缓解效应**（spontaneous-remission effect）是评估治疗有效性的一个基线标准。简单地说，必须证明与没有接受治疗的个体相比，接受治疗的个体中表现出症状改善的比例更高。

类似地，研究人员试图证明，治疗效果不仅是源于来访者对治愈的预期。你可以回忆一下前面有关安慰剂效应的讨论，在许多情况下，人们的心理或者身体状况会由于自己预期会好转而出现改善；在治疗情境中，治疗师扮演着医生的社会角色，这会助长这种信念（Frank & Frank, 1991）。虽然治疗中的安慰剂效应是治疗干预的一个重要部分，但研究者们仍然希望证明他们的特定治疗方法比**安慰剂疗法**（placebo therapy）（一种只产生治愈预期的中性疗法）更为有效（Hyland et al., 2007）。

近年来，研究人员使用一种名为元分析的统计方法来评估治疗的有效性。**元分析**（meta-analysis）提供了一种从多个不同实验的数据中得出一般性结论的正式机制。在许多心理学实验中，研究者会问："大多数参与者表现出了我所预期的效果吗？"元分析把实验本身看作参与者。关于治疗的有效性，研究者会问："大部分评估治疗结果的研究显示出了积极的变化吗？"

图 15.3 显示了关于抑郁治疗的研究文献的元分析结果（Hollon et al., 2002）。该图比较了三种不同类型的心理治疗和药物治疗（各种抗抑郁药物的平均治疗结果）与安慰剂治疗的结果。本章前面介绍了心理动力学治疗和认知治疗。人际治疗聚焦于患者当前的生活和人际关系。正如你所看到的，在这张图所涉及的研究中，人际治疗、认知行为治疗和药物治疗的效果都强于安慰剂效应。至少对于治疗抑郁而言，经典的心理动力学治疗的效果并不怎么好。

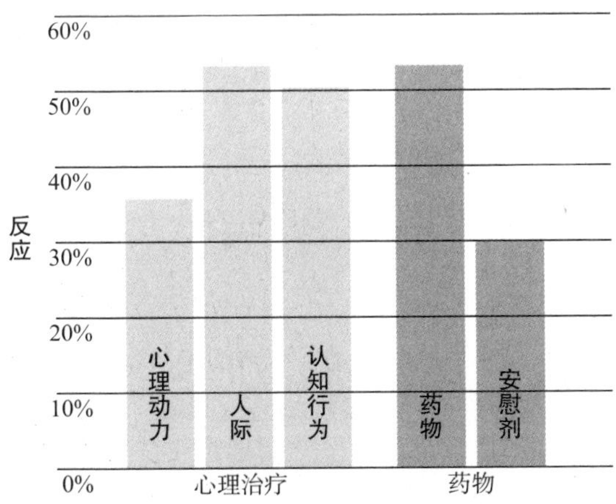

图 15.3 抑郁的治疗评估

图中显示了抑郁治疗的元分析结果。从图中可以看出接受每种治疗的患者中症状得以缓解的人数比例。例如，在接受抗抑郁药治疗的患者中，大约 50% 的患者有明显的症状改善，另外 50% 的患者则没有。

请注意，这些数据只反映了每种治疗方法的单独影响。研究者还评估了单独的心理治疗与心理治疗联合药物治疗的有效性。一项研究发现，联合治疗最有可能使慢性抑郁得到完全缓解（Manber et al., 2008）。一个疗程的治疗结束后，在那些只接受药物治疗的参与者中，只有 14% 的人达到了研究所定义的完全缓解的标准；在只接受心理治疗的参与者中，这一比例也是 14%；在既接受药物治疗又接受心理治疗的参与者中，29% 的人表现出了同样水平的改善。

由于这些发现，当代的研究者已经不太关注心理治疗是否有效，而是更关注它为什么有效，以及对某种特定问题或特定类型的患者是否有一种治疗方法最为有效（Goodheart et al., 2006）。例如，大多数治疗评估是在能够合理地控制患者（研究通常排除了患两种及以上心理障碍的参与者）和过程（治疗师接受了严格的培训，以尽可能减少治疗中的差异）的研究情境中进行的。研究者需要确保研究情境中有效的疗法到了社区情境（患者的症状以及患者和治疗师的体验更多样化）同样有效（Kazdin, 2008）。治疗研究的另一个重要问题是评估个体完成治疗疗程的可能性。几乎在所有的情况下都会有一些人选择中止治疗（Barrett et al., 2008）。研究者试图理解谁会放弃治疗以及为什么放弃治疗，最终希望发展出一种大多数人能坚持下来的治疗方法。

现在让我们从对单个疗法的比较转向对成功疗法背后的共同因素的分析。

共同因素

上一小节描述了研究者如何评估特定治疗方法对特定障碍的有效性。不过，还有研究者已经着眼于整个心理治疗领域，目的是找出**共同因素**（common factors）——有助于产生疗效的共有成分（Wampold, 2001）。对于成功的疗法而言，这些因素是最常见的：

- 来访者对改善有着积极的期待和愿望。
- 治疗师有能力强化和培养这些期待和愿望。
- 这种疗法能够解释来访者将如何改变，并允许来访者去实践那些将会带来改变的行为。
- 这种疗法能给出一个清晰的治疗计划。
- 来访者与治疗师之间建立起一种以信任、温暖和接纳为特征的关系。

当你思考这些共同因素时，请花点时间想一想它们是如何应用于本章所回顾的每一种心理疗法的。

在这些共同因素中，研究者最关注的是治疗师与来访者之间的关系。无论什么样的治疗形式，重要的是寻求帮助的个体能够进入一个有效的*治疗联盟*（therapeutic alliance）。治疗联盟是来访者与治疗师建立起的一种相互关系：个体与治疗师相互合作以使症状得到缓解。研究表明，治疗联盟的质量会影响心理治疗改善心理健康的能力（Goldfried & Davila, 2005）。一般来说，治疗联盟越积极，来访者的改善也越大（Horvath et al., 2011）。治疗联盟的概念有几个组成部分，每个部分都有助于促成积极的结果。例如，如果来访者与治疗师对治疗目标有着一致的看法，并就实现目标的过程达成了一致，那么来访者会从心理治疗中获得更多的改善（Tryon & Winograd, 2011）。如果你进入治疗，你应该相信你可以和治疗师建立起坚固的治疗联盟。

本章的最后一节反思了一个重要的生活原则：无论治疗的有效性如何，预防往往比障碍出现后去治愈它要好。

预防策略

本章所探讨的传统疗法都聚焦于改变已经出现某种痛苦或障碍的人。这种聚焦是必要的，因为很多时候，人们没有意识到自己处于心理障碍的风险中。人们只有在开始出现症状时才会去寻求治疗。然而，正如我们在第 14 章中了解到的，研究者已经发现了一些会使人们处于风险中的生物和心理因素。预防的目标是运用这些有关风险因素的知识，减少痛苦出现的可能性和严重性。

预防可以在几个不同的层面上实现。*初级预防*是在某种障碍出现之前就阻止它。对此可以采取一些措施，比如，教给个体一些处理问题的技巧，这样他们可以有更强的韧性，或改变环境中可能导致焦虑或抑郁的消极方面（Boyd et al., 2006; Hudson et al., 2004）。*二级预防*是在障碍出现后努力限制其持续时间和严重程度。通过早期识别和及时治疗可以实现这一目标。例如，基于对治疗有效性的评估，心理健康从业者可能会推荐药物与心理治疗的联合疗法，以优化二级预防（Manber et al., 2008）。*三级预防*是通过防止复发来限制心理障碍的长期影响。例如，本章前面提到，精神分裂症患者停止药物治疗后，复发率非常高（Fournier et al., 2010）。为了做到三级预防，心理健康从业者会建议精神分裂症患者在出院后继续服用抗精神病药物。

在心理学这门学科中，*社区心理学*在预防心理疾病和促进身心健康方面发挥着特殊的作用（Schueller, 2009）。社区心理学家经常设计干预措施来解决那些可能使人们陷入危机的社区问题。例如，研究者制定了一些社区范围内的策略，以减少城市青少年的物质滥用（Diamond et al., 2009）。这些方案试图改变社区对毒品和酒精的价值观，同时也为青少年提供“无毒品无酒精”的社会活动。

预防策略应如何鼓励人们养成“心理卫生”习惯，以尽量减少对治疗的需求？

心理障碍的预防是一项复杂而艰巨的任务。它不仅涉及了解相关的因果性因素，还涉及克服来自个体、机构以及政府的阻力。我们需要进行大量研究，以证明预防和公共卫生方法对于精神病理的长期效用。预防计划的终极目标是保障我们社会中所有成员的心理健康。

生活中的批判性思维

基于互联网的治疗有效吗

本章讲到的疗法都有一个共同的假设，即治疗师和来访者会面对面地见面。不过，随着互联网逐渐成为大多数人生活的标配，心理治疗师已开始探索在没有传统的个人接触的情况下提供心理健康服务的可能性。

我们来看一个基于互联网的社交恐怖症治疗的成功案例。回想一下，有社交恐怖症的人在预期将有社会互动的时候会感到焦虑。因此，互联网给了他们希望，让他们可以在不进入社交场合的情况下获得治疗。在一项研究中，有社交恐怖症的人完成了一个为期 10 周的互联网模块项目，该项目指导他们完成一个认知行为治疗的疗程（Berger et al., 2009）。治疗师通过电子邮件的形式参与了这个过程。他们回答患者的问题，并传达激励的信息。治疗结束的时候，研究者将这些患者的痛苦水平与控制组那些同样被诊断为社交恐怖症的人进行对比。与控制组相比，这些完成了基于互联网的治疗的患者表现出了相当大的改善。

诸如此类的成功鼓舞着治疗师们去开拓通过互联网提供治疗的创新方法。不过，治疗师同时也退后一步去思考当治疗师与来访者之间保持距离时可能会出现的特殊伦理问题（Fitzgerald et al., 2010; Ross, 2011）。例如，治疗师担心，在没有面对面的额外审查的情况下，如果患者提供了有限的或者扭曲的信息，他们可能会被误诊。此外，来访者很难去核实在线治疗师的资质，网络空间里谁都可以自称专家。最后，使用互联网的治疗师无法保证来访者信息的保密性。私人信息可能被黑客入侵而进入公共领域，这是一个很现实的危险。

这种对保密性的担忧可能特别迫切，因为研究证据表明，在线治疗会导致去抑制：这种相对匿名的治疗形式可以让来访者更快、更少尴尬地袒露他们最紧迫的困扰和担忧（Richards, 2009）。当他们不必担心治疗师对其艰难的坦白当面做出反应时，他们可能会更诚实。

请在治疗联盟的背景下考虑一下这种信息涌入。回想一下，治疗联盟的质量会极大地影响心理治疗改善心理健康的能力（Goldfried & Davila, 2005; Horvath et al., 2011）。一些治疗师担心，如果他们不与来访者面对面，治疗联盟必定会受损（Ross, 2011）。尽管如此，另一些治疗师仍然认为，基于互联网的治疗能够给患者带来缓解，因为它能够激活作为传统疗法有效性基础的共同因素（Peck, 2010）。

- 除了社交恐怖症，基于互联网的治疗还可能特别适用于哪些心理障碍？
- 治疗师会如何处理互联网的保密性问题？

STOP 停下来检查一下

❶ 对抑郁治疗的元分析可以得出什么结论？

❷ 关于治疗联盟的重要性，研究证明了什么？

❸ 初级预防的目标是什么？

要点重述

治疗的背景

- 心理治疗需要做出诊断并确定治疗过程。
- 心理治疗可以是医学取向的，也可以是心理学取向的。
- 心理治疗的四种主要类型是心理动力学治疗、行为治疗、认知治疗和人本主义治疗。
- 从事治疗工作的人员的专业背景并不相同。
- 研究者必须评估心理治疗在不同群体中的有效性。
- 早期对精神病人的严酷治疗导致了现代的去机构化运动。
- 不幸的是，很多机构之外的精神病人没有足够的资源，因此他们可能变得无家可归，或者很快再次被机构收容。

心理动力学治疗

- 心理动力学治疗源自弗洛伊德的精神分析理论。
- 弗洛伊德强调无意识冲突在精神病理的病因中的作用。
- 心理动力学治疗寻求对这些冲突的调和。
- 自由联想、对阻抗的关注、释梦、移情与反移情都是这种治疗的重要成分。
- 还有一些心理动力治疗师更为强调患者当前的社会情境和人际关系。

行为治疗

- 行为治疗运用学习和强化的原理来矫正或消除问题行为。
- 反条件作用技术用更具有适应性的行为来替代诸如恐惧反应等消极行为。
- 暴露是恐怖症矫正治疗中的普遍元素。
- 权变管理运用操作性条件作用来矫正行为，主要是通过正强化和消退策略。

认知治疗

- 认知治疗专注于改变个体关于自身及社

会关系的消极的或非理性的思维模式。

- 认知治疗已被成功用于治疗抑郁。
- 理性–情绪疗法能帮助来访者认识到，他们对自己的非理性信念会妨碍他们获得成功的生活结果。
- 认知行为疗法要求来访者学习用更具建设性的思维模式看待问题，并将这种新技术应用到其他情境中。

人本主义治疗

- 人本主义治疗致力于帮助个体更充分地自我实现。
- 治疗师努力通过非指导性的方式帮助来访者建立积极的自我意象，以应对外部的批评。
- 格式塔疗法关注整个人——身体、心理以及生活环境。

团体治疗

- 团体治疗允许人们观察并参与社会互动，以此作为减少心理痛苦的手段。
- 家庭和婚姻治疗侧重于夫妻或家庭系统中需要改善的情境困难和人际动力。
- 社区和互联网上的自助团体能让个体得到社会支持并获得信息和控制感。

生物医学治疗

- 生物医学治疗侧重于改变精神疾病的生理方面。
- 药物治疗包括治疗精神分裂症的抗精神病药物以及抗抑郁药和抗焦虑药。
- 精神外科手术因其极端、不可逆转的影响而很少被使用。
- 电休克疗法和重复经颅磁刺激技术（rTMS）可以有效地治疗抑郁患者。

治疗评估和预防策略

- 研究显示，很多疗法都比单纯的时间推移以及非特异性的安慰剂疗法更为有效。
- 评估项目有助于回答是什么因素使治疗有效的问题。
- 共同因素（包括治疗联盟的质量）是治疗有效性的基础。
- 预防策略对于阻止心理障碍的发生并在其发生后将影响降至最低是十分必要的。

关键术语

生物医学治疗
心理治疗
临床社会工作者
宗教咨询师
临床心理学家
咨询心理学家
精神科医生
精神分析师
患者
来访者
去机构化
精神分析
领悟疗法
自由联想
宣泄
阻抗
梦的解析
移情
反移情
行为治疗
行为矫正
反条件作用
暴露疗法
系统脱敏法
参与式示范
厌恶疗法
权变管理
认知治疗
理性－情绪疗法
认知行为疗法
人类潜能运动
来访者中心疗法
格式塔疗法
精神药理学
精神外科手术
前额叶切断术
电休克疗法（ECT）
自发缓解效应
安慰剂疗法
元分析
共同因素

第16章

社会心理学

想象这样一种情境：为准时参加一次求职面试，你已做好了万全准备，可惜事情进展得并不顺利。由于夜里停电，你的闹钟没响。朋友原本说要载你一程，车胎却爆了。于是你去取钱打的，但 ATM 机吞了你的卡。当你终于到达面试办公室时，你能猜到那里的经理肯定这样想："我为什么要把工作交给这样一个不靠谱的家伙？"你打算申辩："这不是我的错，实在是情况特殊！"当你沉浸在这样的情节中时，你已经开始进入社会心理学的世界，这是研究个体如何创造和解释社会情境的心理学领域。

社会心理学（social psychology）研究思维、情感、知觉、动机和行为如何受人与人之间相互作用的影响。社会心理学家试图理解社会背景中人的行为。社会背景就像是一幅绚丽的油画，描绘着人类这种社会动物的活动、优势和脆弱性。宽泛地说，社会背景包括真实的、想象的或象征性的他人在场；人与人之间发生的活动和相互作用；行为发生的情境特点；以及在既定场景下支配行为的期望和规范（Sherif, 1981）。

在本章我们要探索社会心理研究的几个重要主题。本章第一节侧重于**社会认知**（social cognition），它是人们选择、解释和记忆社会信息的过程。接着我们要考察情境影响人们行为的方式以及态度和偏见形成和改变的过程。然后，我们要转向你与他人建立的社会关系。最后，我们要考察攻击和亲社会行为。本章也将说明如何把社会心理学的研究成果直接应用于你的生活和现实社会。

建构社会现实

为开启本章话题，我让你想象了在求职面试之前所有可能出状况的事情。当你终于到达经理的办公室时，对于同一事件，你与经理的解释迥异。你知道你是情境的受害者。然而，至少从短期来看，经理只会根据显而易见的事实——你迟到了且衣冠不整——对你作出判断。这就是建构社会现实（constructing social reality）的意之所指。经理根据你所呈现的证据对情境做出解释。如果你依然打算得到这份工作，你就得让经理建构新的解释。

社会心理学家提供了大量的例子，说明人们的信念导致他们从不同的视角来审视同一情境，并对“实际发生了什么”得出相反的结论。20 世纪 50 年代的一项经典研究关注了人们对一场备受争议的橄榄球比赛持有明显不同的看法（Hastorf & Cantril, 1954）。两所学校的学生都认为，对方球队应对这场异常粗野的比赛中的大部分不良行为负责。各种体育赛事还在源源不断地为这种不同社会现实的建构提供着一个又一个情境，对此你应该不会感到惊讶。

为什么球迷在观看他们最喜爱的球队比赛时可能觉察到对方球队更多的犯规动作?

研究特写

在犹他州盐湖城举行的冬季奥运会上，俄罗斯双人花样滑冰选手以微弱的优势击败了加拿大选手并夺得金牌。然而四天后，在一位裁判受到不诚实行为的指控之后，这对加拿大选手也被授予了金牌。撇开争议不谈，一个重要的问题仍然存在：哪对选手实际上滑得更好？为了确定这一事件的“事实”是如何从相反的视角建构的，一组研究者收集了俄罗斯报纸上讨论这两对选手表现的 169 篇文章以及美国报纸上的 256 篇文章（Stepanova et al., 2009）。对这些文章的内容分析揭示了一致的差异。例如，美国报纸的文章为加拿大选手的优秀表现提供了更多的证据。与此同时，俄罗斯报纸的文章则认为，两对选手的表现在质量上并没有美国报纸所说的那么悬殊，水平其实很接近。

这个研究清楚地说明，人们对于像花样滑冰比赛这样复杂的社会事件无法进行无偏差的客观观察。当观察者按照自己期待看到和想要看到的内容对正在发生的事件进行选择性编码时，社会情境才具有了意义。在花样滑冰比赛这个例子中，人们观看的是同样的活动，但他们看到了不同的表现。

为解释为何美国和俄罗斯的报纸对两对选手的比赛得出了如此不同的看法，我们需要回顾知觉领域。请回忆第 4 章的内容，要解释模糊的知觉对象，我们往往必须运用先前的知识。这一原理也适用于这场比赛，人们运用过去的知识来解释当前的事情，只不过知觉加工的对象现在是人和情境。**社会知觉**（social perception）是指人们对他人行为进行理解并归类的过程。本节我们主要侧重于社会知觉的两个问题。首先，我们要考察人们如何判断影响他人行为的力量，即因果归因。其次，我们探讨社会知觉过程有时是如何使世界与我们的预期形成一致的。

归因理论的起源

我们作为社会知觉者，一个最重要的推理任务就是确定事件的原因。你想搞清楚生活中许多问题的原因：女朋友为什么要与我分手？为什么他得到了那份工作而我却没有？为什么我父母结婚这么多年后还是离婚了？所有这些问题都会导致人们想去探究某些行动、事件或结果的可能原因。**归因理论**（attribution theory）是描述社会知觉者如何利用信息得出因果解释的基本方法。

归因理论源自弗里茨·海德（Heider, 1958）的论著。海德认为，人们不断地做出因果分析，这是他们尝试对社会世界作出基本理解的部分内容。他指出，人人都是直觉心理学家，试图弄清楚他人的特点以及导致其行为的原因，这与专业的心理学家的工作一样。海德认为，主导大多数归因分析的两个问题是：行为的原因在人（内在的或特质的原因）还是在情境（外在的或情境的原因）；以及谁是这种结果的原因。那么人们如何做这些判断呢？

哈罗德·凯利（Kelley, 1967）对海德的思想进行了整理，他具体描述了人们用来做出归因的变量。凯利的**共变模型**（covariation model，也译作协变模型）指出，如果某个行为每次发生时某个因素都存在，而行为不发生时不存在，人们就会把该因素归因于该行为的原因。例如，假设你正走在街上，看到一位朋友指着一匹马尖叫。要确定究竟是你的朋友疯了（特质归因），还是危险正在临近（情境归因），你需要收集什么证据？

凯利认为，人们通过评估与行为个体有关的信息的三个维度的共变性来做出这种判断。这三个维度是特异性、一贯性和共同性。

- 特异性（Distinctiveness，也译作独特性）：该行为是否只在特定情境下发生——你的朋友是否对所有的马都尖叫？
- 一贯性（Consistency，也译作一致性）：对这一情境的行为反应是否反复出现——这匹马过去是否也使你的朋友尖叫？
- 共同性（Consensus，也译作共识性）：其他人是否在同样情境下也做出同样的行为——每个人都指着这匹马尖叫吗？

在你得出结论的时候，这三个维度都起着一定的作用。例如，假设你的朋友是唯一尖叫的人，这会让你更可能作特质归因还是情境归因呢？

海德和凯利为归因理论奠定了坚实的基础，目前已有成千上万的研究对归因理论进行了修订和拓展（Försterling, 2001; Moskowitz, 2004）。其中很多研究关注在何种条件下人们偏离对现有信息的系统搜索而进行归因。我们来探讨一下你的归因不知不觉出现偏差的情况。

基本归因错误

假设你已经安排好在 7 点见一位朋友。现在是 7 点 30 分，朋友还没有到。你会如何暗自解释这件事？

- 我敢肯定一定发生了什么真正重要的事情，使她不能准时来这儿。
- 这个笨蛋！她就不能多上点儿心吗？

你又一次需要在情境归因与特质归因间做出选择。研究表明，平均而言，人们更可能选择第二种原因，即特质解释（Ross & Nisbett, 1991）。事实上，这种倾向如此强烈，以至于社会心理学家**罗斯**（Ross, 1977）将其称作基本归因错误。**基本归因错误**（fundamental attribution error, FAE）是指人们在寻找某一行为或结果的原因时，高估特质因素（谴责或赞誉当事人）而低估情境因素（谴责或赞誉环境）的双重倾向。

让我们看看基本归因错误的实验室研究例子。罗斯及其同事（Ross et al., 1977）创造了一种实验用的类似“大学碗”的问答游戏，参与者通过投掷硬币成为提问者或竞猜者。掷硬币结束后，提问者和竞猜者都听到这样的实验指导语：提问者要基于自己的知识编制具有挑战性的难题。编完后，他们要向竞猜者提出这些问题。竞猜者努力回答这些问题，但往往徒劳无功。活动结束时，提问者、竞猜者和观察者（观看游戏的其他参与者）对提问者和竞猜者双方的才学评分。结果如**图 16.1** 所示。正如你看到的，提问者似乎认为自己和竞猜者都是平均水平。但是，竞猜者和观察者给提问者的评分都比给竞猜者的评分高得多，他们觉得提问者的知识要比竞猜者渊博得多，竞猜者给自己的评分甚至还略低于一般水平！这公平吗？我们必须清楚，该情境对提问者极为有利（难道你不愿意扮演提问者的角色吗？）。是情境使得一方显得聪明，另一方看似愚笨，而竞猜者和观察者的评分显然无视了这一点。

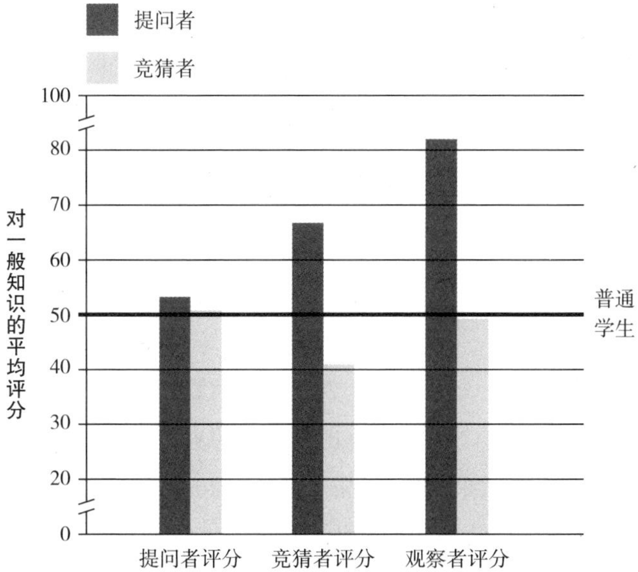

图 16.1　对提问者和竞猜者一般知识的评分

在问答游戏结束后，提问者、竞猜者和观察者都要评价参与各方的一般知识水平，普通学生的得分为 50 分。提问者认为他们自己和竞猜者都是平均水平。但是，竞猜者和观察者都对提问者评分很高，认为他们的一般知识要比竞猜者渊博得多。而且，竞猜者给自己的评分还略低于平均水平。

这就是基本归因错误。

你应该始终小心基本归因错误。然而，这可能不太容易——往往需要做些“研究”工作才能发现行为的情境根源。情境力量通常是看不见的。例如，你看不到有偏差的观点推动社会现实的建构，你只能看到它们引发的行为。为了避免基本归因错误，你能做些什么呢？尤其是当你做出负面的特质归因（“这个笨蛋”）时。你可以退后一步并问自己：“会不会是情境中的某个因素导致这一行为？”你可以把这类练习当作“归因慈善”。你知道这是为什么吗？

对于那些生活在西方社会的人来说，这个建议可能尤其重要，因为有证据表明，基本归因错误在一定程度上是由文化导致的（Miller, 1984）。请回忆一下第 13 章我们对自我建构的文化差异的讨论。正如第 13 章所阐述的，多数西方文化具有独立的自我建构（construals of self，又译作自我构念），而多数东方文化具有互依的自我建构（Markus & Kitayama, 1991）。研究显示，受相互依赖文化的影响，非西方文化的成员不太可能关注情境中的单个行动者。我们可以从另一项对奥运会运动员的媒体报道的分析中看到这种文化差异。

研究特写

研究者收集了美国和日本的电视和报纸对2000年夏季奥运会及2002年冬奥会运动员的报道（Markus et al., 2006）。研究助手分析了媒体的每篇报道（但他并不知晓此研究的目的），以确定报道在讨论运动员的成绩时使用了何种解释。比如，文章是否提及了运动员的优势和劣势？是否提及他们的动机水平或其他竞争对手的实力？结果发现，美国的媒体侧重于报道运动员的个人特征，而日本的媒体则考虑了更广泛的因素。后者的报道并没有忽视运动员的特征，但同时还讨论了其他的背景因素，包括运动员达到他人期望的程度。此外，美国媒体的报道几乎完全侧重于运动员的积极特征，而日本媒体则会提及积极和消极两方面的特征。

这一研究给人留下了深刻的印象，它捕捉到了电视和报纸报道中的文化归因风格。该研究清楚地表明，在特定的文化背景下，对于那些接触该媒体的人来说，归因的文化风格是如何得以传播和保持的（Morling & Lamoreaux, 2008）。

自我服务偏差

“大学碗”研究最令人惊讶的一个结果是竞猜者对自身能力的负面评价。这说明，即使对自己不利，人们也会犯基本归因错误。（事实上，你应该回顾一下第14章关于抑郁起源的一种理论，它指出抑郁的人对自己做了太多的负面特质归因，而情境归因过少。）然而在很多情形下，人们的表现恰好相反——他们的归因朝着对自我有利的方向出错。**自我服务偏差**（self-serving bias）导致人们将成功归结于自己，而否认或推卸失败的责任。在很多情境中，人们倾向于对成功做特质归因，对失败做情境归因（Gilovich, 1991）："我获奖是因为我能力强""我输掉比赛是因为有人做了手脚"。

这些归因模式对短期自尊可能有益。然而，准确地认识日常生活中对结果起作用的因果力量通常更为重要。考虑一下你在课堂上是如何做的。如果你获得优秀成绩，你如何归因？如果你得到的成绩是及格，你又会如何归因？研究显示，学生倾向于把高分归因于他们自己的努力，而把低分归因于自身以外的其他因素（McAllister, 1996）。事实上，大学教师也表现出同样的模式——他们把学生的成功而不是失败归因于自己。再说一次，你能明白这种归因模式可能对你的平均绩点（GPA）产生什么影响吗？如果你认为成功不是外部原因所致，例如，你这次考得不错，你认为是你自己学得好，而不是这次考题容易，那么，接下来你可能就不知道应该更加努力学习；如果你认为失败不是你自身特质方面的原因所致，例如，我这次没考好，不是因为我在那个聚会上玩得时间过长，而是考题有问题，你可能照样不会抽出时间努力学习。

上述内容表明，来自互依的自我感文化的人不太可能犯基本归因错误。因为他们会更多地考虑情境而非个体（即使他们就是这些个体），所以东方文化的成员不太可能出现自我服务偏差。请思考这样一项研究：来自美国和日本的学生回忆了他们成功和失败的例子，比如他们取得好于平常成绩的那些时刻（Imada & Ellsworth, 2011）。研究者让他们对回忆的事件进行归因。美国学生表现出自我服务偏差，例如对成功更多地作自我归因，而对失败更多地作情境归因；日本学生则没有表现出这一强烈的模式。学生们还报告了自己所体验到的情绪。对于某些情境，美国学生回忆起的是自豪感，而日本学生回忆起的是幸运感。

你作何种归因为何如此重要呢？回忆一下前面例子里你那个迟到的朋友。假设因为你没有查找情境方面的信息，所以你认定她实际上不愿意与你交朋友。这种错误信念能否真的导致这个人将来对你不友好呢？为了回答这个问题，我们现在转向探讨信念和期望在建构社会现实中的威力。

期望与自我实现预言

信念和期望是否不仅会歪曲你解释经历的方式，还能真正地塑造社会现实？大量研究表明，人们对某些情境所持有的信念和期望，能够显著地改变这些情境的本质。**自我实现预言**（self-fulfilling prophecy，也译作预期的自我实现）指对某一未来行为或事件的预测，这些预测会改变行为互动以致得到预期的结果（Merton, 1957）。例如，假设你去参加一个预期很开心的聚会，同时假设有个朋友预期聚会很无聊。你能够想象一下，在这些预期的前提下，你们两个人的行为举止方式会有多大的差异？这两种不同的行为方式，反过来会改变聚会上的其他人对待你们的方式。这种情形下，实际上谁更可能在聚会上玩得开心呢？

社会期望最有力的一个例证来自波士顿的小学课堂。研究者告诉学校教师，测试结果显示，某些学生"在本学年里将取得非凡的成绩，他们的智力完全成熟"。事实上，这些人的名字是随机挑选出来的。然而，到学年结束时，这些随意挑选的"智力成熟"儿童有30%的人智商分数平均增加了22分！这些孩子在智力上（用标准智力测验测量）的进步显著高于那些作为控制组的同学，而起初他们的平均智商分数是一样的（Rosenthal & Jacobson, 1968）。教师们不实的期望促使他们以迥异的方式对待这些"智力成熟"的学生（Rosenthal, 1974）。例如，教师给那些特别的学生创造了更多的课堂发言和被鼓励的机会，因而给予了这些学生确凿的证据，表明他们确实如教师所认为的那样优秀。

当然，波士顿课堂情境的不寻常之处在于，研究者故意给教师造成不实的预期。不过，在现实世界的大多数情境中，期望都基于相当准确的社会知觉（Jussim & Harber, 2005）。例如，教师期望某些学生会表现不错，因为这些学生来上学的时候就表现出很好的成绩；一般来说，这些学生确实学习成绩优异。然而，研究表明，那些最有力的自我实现预言通常来自父母。

研究特写

一个研究小组追踪了 332 名青少年 6 年的学业成绩，从他们 12 岁时开始。在研究开始阶段，这些孩子的妈妈通过回答“您预期孩子能在学业上走多远？”这类问题，表明了他们对孩子学业成绩的期望（Scherr et al., 2011, p. 591）。研究者还收集了大量与孩子们可能的学业成绩有关的背景信息（如标准化测验的分数）。在 18 岁时，参与者的学业成绩证明了妈妈信念的影响：受妈妈认为他们将来表现或好或坏这一预期的影响，参与者表现得比（基于背景指标的）预测更好或更差。该研究数据表明，这些青少年基于母亲的期望，各自建构了一个自我意象，并使自己的学业成绩与该自我意象相匹配。

很多自我实现预言的研究都集中在学业成绩上。然而，研究者们在其他领域的发现也表明，人们的错误信念和期望能对真正发生的事实造成影响。例如研究表明，当妈妈高估孩子未来的饮酒量时，这种预期就会变成自我实现预言（Madon et al., 2008）。

本节介绍的研究侧重于人们如何用特质和情境来解释行为。在下一节我们提供的证据表明，人们往往会低估情境对自身行为的影响。

STOP 停下来检查一下

❶ 凯利认为影响归因过程的三个维度是什么？

❷ 为什么自我服务偏差对学生的平均绩点可能有负面影响？

❸ 日常课堂教学对自我实现预言有什么限制？

批判性思考：回忆一下关于媒体报道的跨文化差异研究。为什么研究者关注奥运会运动员？

情境的力量

纵观《心理学与生活》全书可以看出，为了理解行为的原因，心理学家致力于从不同的方面寻求答案。有些心理学家关注遗传因素，有些则关注生物化学和脑过程，还有一些则注重环境造成的影响。社会心理学家认为，行为产生的社会情境的性质是决定行为的首要因素。他们认为，社会情境对个体的行为有很大的控制作用，往往主宰着人格和一个人过去的学习历史、价值观和信念。本节我们将回顾经典研究和近些年的实验，它们都考察了微妙但强大的情境变量对人行为的影响。

角色与规则

打开还是不打开？在不同的文化中人们如何学会赠送和接受礼物的礼仪？

你的社会角色有哪些？**社会角色**（social role）指个体在既定的环境或群体中活动时，人们期待他做出的一系列由社会界定的行为模式。不同的社会情境使人们扮演不同的角色。当你在家的时候，你可能扮演着“孩子”或“兄弟姐妹”的角色。当你身处教室的时候，你是“学生”角色。有时候你还是一位“挚友”或“恋人”。你能明白这些不同的角色是如何立即使不同类型的行为变得适宜或不那么适宜的吗？这些角色你可曾扮演过？

情境的特点还表现为特定情境下行为指南和**规则**（rule）的运作。有些规则是外显的，标明在告示牌上（如禁止吸烟、课堂上禁止吃东西），或者明确地传授给孩子（如尊敬老人、不要吃陌生人的糖果）；还有些规则是内隐的——人们通过在特定情境中与他人的交往而习得这些规则。你的音乐能放多大声？你能站得离别人有多近？什么时候你能对你的教师或老板直呼其名？面对赞美或礼物如何应对才合适？所有这些行为都依赖于情境。例如，日本人因为担心自己不能表达出足够的感谢，不会当着送礼人的面打开礼物；而外国人不知道这个不成文的规则，他们会把同样的行为错误地理解为粗鲁而非体贴。下次乘电梯时，你可以试着确定在电梯情境里你学会了什么规则——人们为什么往往小声说话，或者根本不说话？

通常情况下，你可能没有特别意识到角色和规则的影响，但一个经典的社会心理学实验，即斯坦福监狱实验，让人们看到这些力量发挥作用后所带来的令人震惊的后果（Zimbardo, 2007; Lovibond et al., 1979）。

研究特写

美国加州夏季的一个周日，一阵警笛声打破了大学生汤米·怀特洛平静的早晨。一辆警车急促地停在了他家门口。几分钟之内，汤米被指控一种严重的罪行，警察宣读了宪法赋予他的权利，搜了他的身，并给他戴上了手铐。在登记和录入指纹后，汤米被蒙上眼睛，押送至斯坦福的监狱。在监狱里，他被脱光衣服，喷洒了消毒剂，穿上罩衣式的囚服，囚服前后都有一个表示身份的数字。汤米变成了 647 号囚犯。另外 8 名大学生也被捕并分派了不同的号码。

汤米和他同牢房的囚犯都是志愿者，他们看到报纸广告后应征而来，同意参加实验，体验一段为期两周的监狱生活。通过随机掷硬币的方法，有些志愿者被分配担当囚犯的角色，其他人则成为狱警。所有人都是从大量的学生志愿者当中挑选出来的，这些志愿者经过多个心理测验和访谈，被确认为遵纪守法、情绪稳定、身体健康的普通人。囚犯整天待在监狱里，狱警则 8 小时轮班。

这些学生一旦接受了随机分派给他们的角色之后，接下来会发生什么呢？扮演狱警角色时，原本温文尔雅、反对暴力的大学生变得极具攻击性——有时甚至虐待囚犯。狱警们强调囚犯必须无条件遵守所有规则。做不到这一点，就

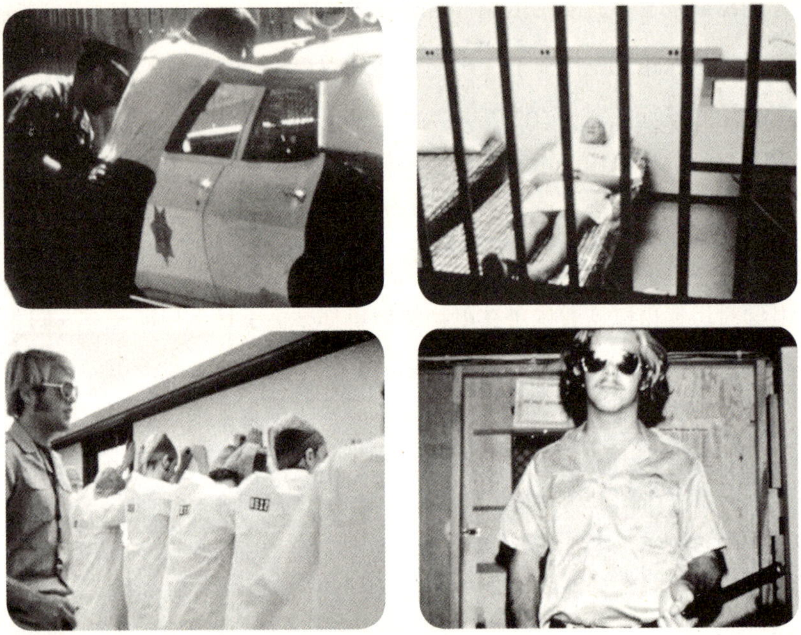

斯坦福监狱实验创造了一个新的“社会现实”，在这一现实中，良好行为的规范被情境的力量彻底击败了。为什么这些学生狱警和囚犯如此强烈地接受了他们的角色？（见彩插）

会失去某种特殊待遇。开始时，特殊待遇包括读书、写作或与其他囚犯交谈的机会。后来，最轻微的抗议也会导致失去诸如吃饭、睡觉和洗漱这样的“特殊待遇”。违背规则还会受罚做一些卑微、机械的工作，如直接用手清洁厕所，被狱警踩着背做俯卧撑，以及关几个小时的禁闭。狱警们总能想出一些新花样折磨囚犯，让他们感到自己毫无价值。

作为囚犯，原本心理稳定的大学生很快就表现出病态行为，被动地屈从于始料未及的命运。这帮人被捕不到 36 小时，早晨的一次反抗行动就失败了，8612 号囚犯是这次行动的小头目，他开始失声痛哭，变得怒不可遏、思维混乱和严重抑郁。接下来几天，又有 3 名囚犯出现了类似的应激症状。假释委员会拒绝了第 5 名囚犯的假释请求，随后这名囚犯全身都起了心因性的皮疹。

到斯坦福监狱实验结束时，狱警和囚犯的行为在几乎每个可观察的方面都差异显著（见图 16.2）。然而这幅图并没有完全揭示出狱警行为的极端性。在很多时候，狱警将囚犯扒光；用黑头套罩住囚犯的头，用镣铐锁住囚犯的手和脚；不让囚犯吃东西，不让他们睡觉。你是否觉得这些虐待行为很熟悉？它们同样出现在 2003 年伊拉克阿布格莱布监狱的狱警所犯的虐囚罪行中。斯坦福监狱实验有助于解释这类丑闻：情境力量能够导致普通人做出极其可怕的行为（Fiske et al., 2004; Zimbardo, 2007）。

斯坦福监狱实验实施之前，进行了如第 2 章所述的那种彻底的人类被试伦理审查。没有人预测到未来面临的风险。尽管研究者意识到了情境的力量，但他们还是为情境的力量如此之强大以及阴暗的心理

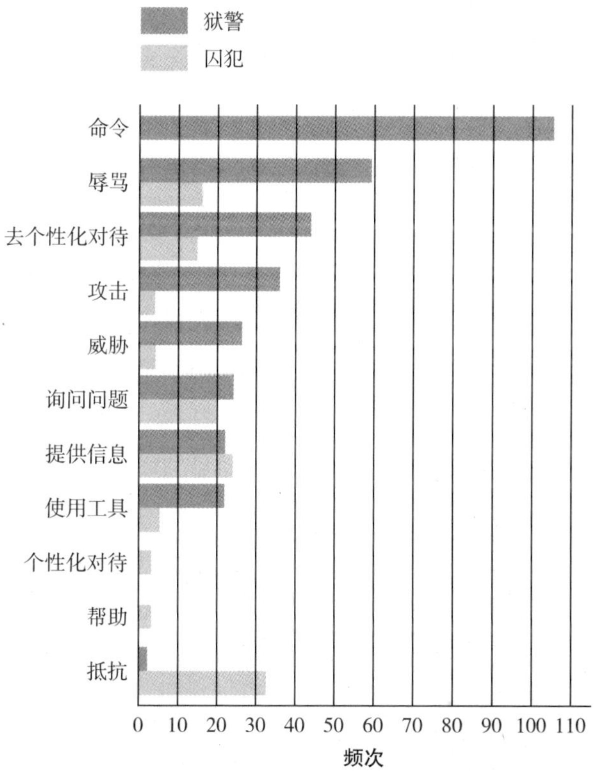

图 16.2　狱警与囚犯的行为

在斯坦福监狱实验中，随机分派的囚犯和狱警角色非常强烈地影响了参与者的行为。6 天的互动观察记录表明，在 25 个观察记录阶段中，囚犯多表现出被动抵抗，而狱警则变得更加专横傲慢，支配一切且充满敌意。

出现如此之迅速所震撼。仅仅在 6 天之后，他们就不得不结束预计两周的实验。他们在反思时承认，应该更早叫停这个实验：伦理考量理应优先于科研计划。研究者对参与者进行了全面的事后解释。实验中止后立即进行了 3 个小时的会谈。事后解释和会谈结束后收集的数据表明，狱警和囚犯的情绪基本恢复到了他们开始参与这项研究前的积极状态。大部分参与者在数周之后还回来听取了更多的事后解释，回顾和讨论研究采集的录像带。数年之后的跟踪调查表明，那些参与者并没有受到持久的负面影响。幸运的是，参与实验的学生们基本上都健康，他们都从这种高压的情境中恢复了过来。

当我们对参与者为实验付出的代价、实验给科学和社会带来的益处作伦理权衡时，还必须考虑参与者的收益。几位参与者都反思了参与该实验对他们的长期影响。比如，因出现极度情绪痛苦而首先被释放的那位学生囚犯后来成为了一名司法临床心理学家，在旧金山监狱系统工作。他明确表示，自己的目标是利用在斯坦福监狱实验获得的经验来改善囚犯和狱警的关系。同样汤米也表示，虽然他不想再经历这样的实验，但他很重视这次的个人体验，他也因此对自己和人性都有了更多的了解。（想更多了解这项研究及相关研究伦理问题的讨论，我建议你阅读津巴多的《路西法效应》[Zimbardo, 2007]。）

社会心理学研究如何对阿布格莱布监狱狱警的行为进行解释?

斯坦福监狱实验的一个关键点是，仅以运气（随机分配的方式）决定参与者的角色是狱警还是囚犯。角色创造了监狱情境中合规的地位和权力差别。没有人告诉参与者如何扮演角色。参加实验的大学生在他们以前的社会交往中就体会过这种权力差别：父母与子女、教师与学生、医生与病人、老板与员工以及男人与女人的互动。他们只是针对这一特定情境修正和强化了他们原先的行为模式。每个学生都可能扮演过其中的一个角色。很多扮演狱警角色的大学生都报告说他们也很纳闷，为什么自己会这么容易把控制别人当作一种享受。只要给他们套上制服，就足以把他们从温顺的大学生变成极具攻击性的狱警。当你扮演或摆脱不同的角色时，你会变成什么样的人呢？你的自我感在哪里结束，社会同一性又从哪里开始？

社会规范

除了对角色行为有所期望外，群体还就群体成员*应该*如何行事形成了很多期望。内隐的或公开表述的群体规则均包含了特定的期望，告诉群体成员哪些态度和行为从社会角度看是适宜的，这类期望就是所谓的**社会规范**（social norm）。社会规范可以是宽泛的指南：如果你是激进组织的成员，那么人们可能期望你持有更为自由的政治主张；而如果你是保守组织的成员，那么人们可能期望你倡导更为保守的观点。社会规范还可以包含具体的行为标准。例如，如果你受聘当一名服务员，那么无论顾客多么苛求和让人讨厌，人们还是认为你待客应该彬彬有礼。

要归属于一个群体，通常需要潜心了解和学习其中的一套社会规范，这套社会规范调节着该群体所渴望的行为。这种调适表现为两种方式：你注意到所有或多数成员的某些行为的一致性，观察到某人违背社会规范的负面后果。

规范性影响对人们的日常行为有什么影响？

规范起着若干重要的作用。意识到在既定群体情境中运作的规范，有助于成员适应情境，并调节他们的社会互动。每名参与者都能预期其他人会如何进入情境，他们如何穿着，他们可能说什么和做什么；以及为了获得他人赞誉，他们应该如何行动。在新情境中你往往会感到手足无措，这是因为你可能没有意识到支配你应如何行事的规范。对偏离标准行为的容忍度也是规范的一部分——有些情形下容忍度大，有些情形下容忍度小。例如，宗教仪式上，穿着短裤和T恤勉强可以接受；而身着浴袍就显然太偏离规范了。群体成员一般能估计出自己可以偏离规范的最大限度，越界后就会体验到群体的强制力量，其形式通常为嘲笑、再教育和排斥。

从　众

当你扮演一个社会角色或屈服于一种社会规范时，你在某种程度上就是在遵从社会期望。**从众**（conformity）指人们采纳群体其他成员的行为和意见的倾向。你为什么从众？是否存在让你忽略社会制约而独立行事的情形？社会心理学家研究了两种可能导致从众的因素：

- **信息性影响**（informational influence）过程——希望准确无误，想了解既定情境下正确的反应方式。
- **规范性影响**（normative influence）过程——希望被别人喜欢、接纳和赞许。

我们将介绍有关这两种影响的经典实验。

信息性影响：谢里夫的自主运动效应　很多生活情境都要求你必须做出行为决策，但情境本身非常模糊。例如，假定你与一大群人在一家高雅的餐厅共进晚餐。每张餐桌上都摆放了一套令人目眩的银餐具。当第一道菜上来时你怎么知道使用哪个餐叉？一般情况下，你会观察聚餐的其他人，以帮助自己做出适当的选择。这就是信息性影响。

谢里夫（Sherif, 1935）做过一个经典实验，说明了信息性影响如何导致**规范具体化**（norm crystallization，又译作“规范共识性”或“常模一致性”)，即规范的形成和固化。

研究特写

要求参与者判断一个光点的移动量，该光点出现在一个全黑的背景上，没有任何参照点，虽然它实际是静止的，但看上去似乎在运动。这是一种知觉错觉，称作自主运动效应 (autokinetic effect)。起初判断的个体差异很大。然而，当参与者被召集到一个由陌生人组成的小组里，大声说出自己的判断时，他们的估计开始趋向一致。他们开始看到光点朝着同样的方向移动，移动的距离也大体相当。谢里夫研究的最后一个部分更有意思——在结束集体观看之后，当这些参与者独自待在同样的暗室时，发现他们继续遵从大家在一起时所形成的群体规范。

群体中的规范一旦形成，一般会永久存在下去。随后的研究发现，自主运动的这些群体规范在一年后的测试中依然存在，即使原先目击判断的小组成员并不在场 (Rohrer et al., 1954)。规范可以在群体成员之间一届届地相传，并且能在最初创立规范的群体成员都离开之后，继续影响人们的行为 (Insko et al., 1980)。我们怎么知道规范能够跨届产生影响呢？在自主运动效应研究中，研究者每做一轮自主运动测试，就更换一名小组成员，直到小组中都是新成员。先后经过几届小组成员的传递，群体的自主运动规范依然完好如初 (Jacobs & Campbell, 1961)。现在你可否明白，这个实验是如何捕捉到现实生活中的规范代代相传的那个过程？

规范性影响：阿施效应 人们有时会因为规范性影响 (希望得到别人的喜欢、接纳和赞许) 而从众，有什么方式可以最好地证明这一点呢？**阿施** (Asch, 1940, 1956) 是早期最重要的社会心理学家之一，他创设了一些情境，在客观事实绝对清楚的条件下要求参与者作判断，不过小组其他人员都报告说他们看到了不同的事实。实验是这样的：引导男大学生，让他们相信自己在参与一项简单的视知觉研究。给他们看的卡片上有三条长短不一的线段，要求他们指出其中哪条线段与标准线段一样长（见图 16.3）。线段的长短差异足够明显，所以极少出现判断错误，它们相对的长短在每个试次中都有变化。

研究特写

参与者与另外 6~8 名学生呈半圆形就座，参与者坐在倒数第二个位置。参与者不知道其余人都是主试的同伙（主试的同谋），他们按事先安排好的情节行事。头三个试次中，一圈人都一致做出了正确的比较。但是在第四个试次时，第一个主试同伙将两条明显不同的线段匹配在一起，小组里的其余同伙也都做出同样的反应。轮到参与者的时候，他不得不考虑是与周围其他人的观点保持一致，还是坚持自己独立的判断。他在 18 次判断中有 12 次面临这样的两难境地。参与者表现出怀疑的神色，而且面对那些看法如此不同的多数人，他明显感到不适：这些人都怎么了？

大约四分之一的参与者保持了完全的独立性——他们一次也没有从众。然而，50%~80% 的参与者（研究项目中不同研究的结果）至少有一次从众，即服从了大多数人的错误估计，三分之一的参与者在半数或更多的关键试次中都屈从了多数人的错误判断。

阿施用“困惑不解”和“充满疑虑”来描述那些多数时候都屈从于多数人的参与者；他说这些人“体验到一种强烈的冲动，不要不同于大多数人”（1952, p. 396）。那些屈从的人低估了社会压力的影响以及自己从众的频次；有的人甚至声称他们真的认为那些线段一样长，尽管线段之间差异显著。

阿施在其他研究中改变了三个因素：意见一致的多数人的规模、出现一位意见与多数人不一致的同伴、多数人所说的刺激与正确的物理比较刺激之间的差异大小。他发现，意见一致的多数人只需 3 人或 4 人，就会引发强烈的从众效应。然而如果真正的参与者有了一位与多数人意见不一致的同盟，那么从众率会急剧下降（如图 16.3 所示）。

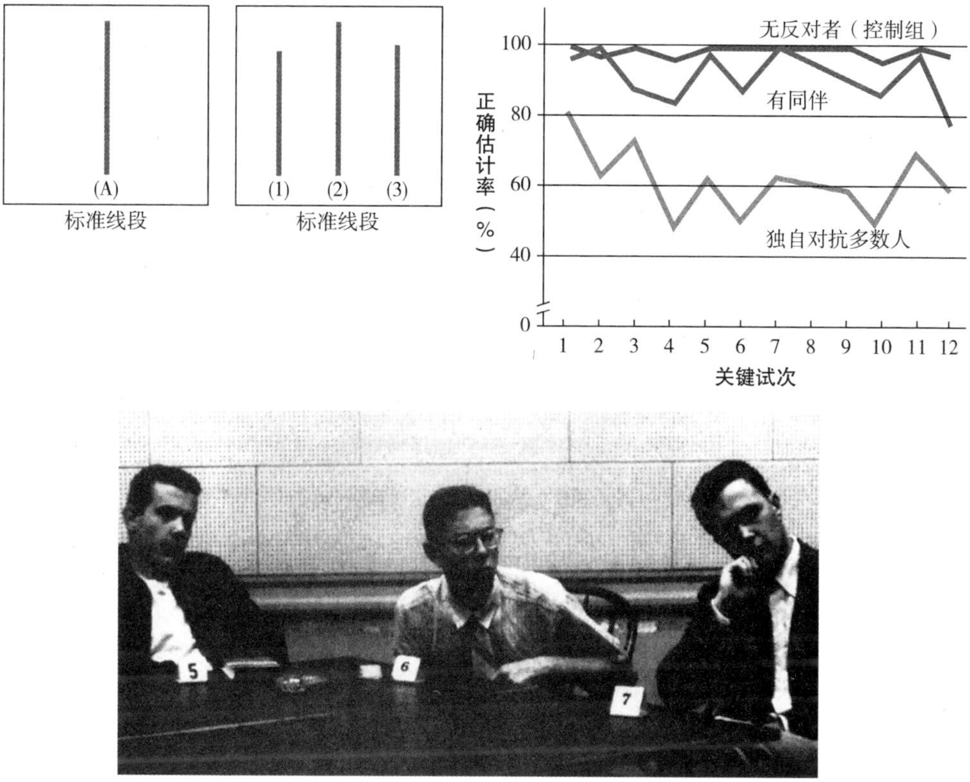

图 16.3　阿施实验中的从众

这张照片引自阿施的研究，它显示了真正的参与者（6 号）对于多数人出奇一致的错误判断大感困惑。图的左上部分显示了典型的刺激材料。图的右上部分显示了参与者单独与错误意见一致的多数人编在一组时在 12 个关键试次上的从众性，以及组里有一名持不同意见的同伴时更大的独立性。正确估计率越低，说明个体从众于群体错误判断的程度越高。

有了同伴，参与者通常能够抗拒从众于多数人的压力（Asch, 1955, 1956）。

我们该如何解释这些结果呢？阿施本人对参与者不从众的比率感到震惊（Friend et al., 1990）。他称这个实验是有关“独立性”的研究。事实上，有三分之二的时候参与者给出了不从众的正确答案。但是，大多数关于阿施实验的描述都在强调那三分之一的从众率。对于这个实验的描述也常常未能注意到，并非所有参与者都一样：从不从众的参与者（约有 25%）与总是或几乎总是从众的人数大体相当。因此，阿施的实验给了我们两个互补的启示：一方面我们发现，人们不完全随着规范性影响而动摇，在大多数情况下他们都能坚持自己的独立性（有些人总是如此）；另一方面我们发现，人们即使处在极其明确的情境中有时也会从众。从众的潜在可能性是人性的一个重要成分。

日常生活中的从众　尽管你可能从未经历过阿施实验中的那种特定情形，但你肯定能发现日常生活中的从众现象。许多从众情境都能很轻易地识别出来。例如，你可能会注意到，你穿了件自己觉得十分难看的衣服，却只是因为一些人宣扬它很时尚（当然对其他人来说也是如此）。此外，正如第 10 章所述，青少年经常会在吸毒等危险行为上与同伴群体保持一致。

当人们了解了阿施实验后，他们往往想知道实验结果在多大程度上可以应用在陪审员的行为上：阿施的实验程序使人联想到，陪审员们围坐在桌子旁，在审议之后断言他人“有罪”或“无罪”。为了考察陪审团决策中的从众行为，研究者收集了近 3 500 名参与重罪判罚的陪审员的数据（Waters & Hans, 2009）。这些陪审员要说出假若自己是“一人陪审团”时会做出什么裁决。研究者关注的是陪审团能够达成多数人裁决的案件（在这些案件中，全部的陪审员最终投票赞成同一判决）。他们发现，这些陪审团成员中有 38% 的人私下的裁决与公开同意的裁决不同！注意，现实生活中的审判常常有很大的模糊性。因此，我们无法将私下的异议者在公开场合的从众仅仅归因于规范性影响。某些从众无疑源自信息性影响。例如，异议者可能依靠其他陪审员来澄清证据中的模糊性。

这项陪审员行为的研究表明，为什么你需要警惕日常行为中的从众。事实上，屈从于规范性影响的强烈倾向可能会导致非常恶劣的后果。比如，历史上有若干邪教自杀的例子：加入邪教的人已经内化了群体规范，这种规范导致他们结束自己的生命。请思考 1997 年 3 月在美国加州圣迭戈发生的事件。有个叫“天堂之门”的邪教组织实施了集体自杀，警方发现了 39 具穿着同样黑色制服的尸体，边上还放着

当个体变得依赖于一个群体(如邪教)来获得基本的自我价值感时，他们很容易极端从众。照片中的两万对男女身着统一的礼服在一起举行了婚礼。1995 年 8 月，位于世界 500 个地方的 36 万对男女通过卫星同时举行了婚礼。为什么人们会在这种大规模的从众行为中感到舒适呢?

塞满行李的旅行包（Balch & Taylor, 2002）。在他们自杀前，邪教成员都接受了这样一条信念，必须抛弃他们世俗的肉体才能登上 UFO，把他们带到天堂。该群体把他们许多的信条都张贴到了其官方网站上。研究者担心互联网会为这类邪教组织提供特别有效的招募成员的途径（Dawson & Hennebry, 2003）。你觉得这样的担心合理吗？有了阿施实验，再加之有诸多证据表明人们很容易从众这样的背景，你应该慎重考虑这个问题。

少数人影响与不从众　鉴于多数派握有控制信息及资源的权力，人们通常在群体中表现出从众行为也就不足为奇了。但是你也知道，有时人们也会坚持自己的观点。这是怎么发生的？人们如何逃脱群体的主宰，（违背规范的）新生事物是如何产生的？是否有一些条件能让少数人扭转多数人的看法，创造新的规范呢？

为回答这类问题，**瑟奇·莫斯科维奇**及其同事开展了一系列关于少数人影响的研究。在一项研究中，他们要求参与者完成颜色命名任务，多数参与者都正确地识别出色块，但有两名主试的同谋一致地将绿色说成蓝色。他们的反对意见一致，但他们是少数人，当时对多数人没有产生什么影响。然而后来单独测试时，有些参与者的判断出现了变化，在从蓝到绿的颜色连续分布中偏向了蓝色这一端（Moscovici, 1976; Moscovici & Faucheux, 1972）。最后，多数人的力量可能会被少数人的坚定信念所削弱（Moscovici, 1980, 1985）。

前文介绍了规范性影响和信息性影响的区别，你可以以此来解释这些效应（Crano & Prislin, 2006; Wood et al., 1994）。少数人的规范性影响较小：多数派成员一般不太关心是否被少数人喜欢或接纳。然而少数人的确具有信息性影响：少数人可以鼓励群体成员从多个角度来认识问题（Sinaceur et al., 2010）。不幸的是，这种潜在的信息性影响很少能让少数派战胜多数派成员对规范性的渴望，即避免让自己离经叛道或沦为低共识者（Wood, 2000）。

群体中的决策

如果你曾经作为小组一员进行决策，你就知道这种决策有时很折磨人。例如，想象一下你刚刚与一帮朋友看了一场电影。虽说你觉得电影还算“不错”，但观影讨论快结束时，你发现你自己也接受了这样的说法：该电影是“难以置信的垃圾”。群体讨论之后的这种变化典型吗？群体的判断是否始终与个人的判断不同？社会心理学研究者论证了在群体决策中起作用的特定力量（Kerr & Tindale, 2004）。本节将集中讨论群体极化和群体思维。

你观影讨论的经历就是**群体极化**（group polarization）的例子：与群体成员单独决策相比，群体决策倾向于更为极端。例如，假定你要求参与观影讨论的每名成员都对电影提交一个态度评分；随后你们作为一个群体给出一个一致同意的评分，以反映你们群体的态度。如果这个群体评分比个人评分的平均值更极端，那么这就是一个群体极化的例子。群体极化往往会使一个群体更加谨慎或更加冒险，这取决于群体起初的倾向是谨慎的还是冒险的。

研究者指出群体极化由两种过程导致：信息影响模型和社会比较模型（Liu & Latané, 1998）。信息影响模型认为群体成员为决策提供着不同的信息。如果你和你的朋友们各因不同的理由但都有点不喜欢某部电影，所有信息汇集在一起，就有足够的证据让你觉得实际上你很不喜欢这部电影。社会比较模型认为，群体成员会将群体的观念表达得比群体真实的基准还要更极端一点，力求获得同伴的关注。因此，如果你得出每个人都不太喜欢某部电影的结论，那么你就可能表达一个更极端的观点，力求显得自己特别机敏。如果群体里的每个人都试图以这种同样的方式来获得群体的尊重，那么极化就不可避免。

有一种被称为*群体思维*的一般思维模式，群体极化只是这种思维模式的一种结果。**欧文·贾尼斯**（Janis, 1982）创造了**群体思维**（groupthink，又译群体盲思）这一术语，用以指称决策群体有这样一种倾向，即过滤掉不中意的信息，从而有可能使观点达成一致，尤其是与领导的观点保持一致。贾尼斯的群体思维理论源自他对 1961 年猪湾事件所做的历史分析。这次灾难性的入侵是肯尼迪总统在内阁会议之后批准的命令。会议上，那些急于发起入侵的总统顾问们轻视或压制住了反对者的声音。贾尼斯根据他对这次事件的分析，总结出群体思维的一系列特征，他认为这些特征使得群体容易掉进群体思维的陷阱：例如，凝聚力高、脱离专家以及受领导直接操纵的群体会做出群体思维式的决策。

为了检验贾尼斯的观点，研究者们开展了进一步的历史分析和实验室研究（Henningsen et al., 2006）。这类研究表明，当群体有一种集体愿望，想保持一种共同的积极群体观的时候，特别容易陷入群体思维（Turner & Pratkanis, 1998）。群体成员必须清楚，有异议往往能改善群体决策的质量，尽管表面上看，不同意见或异议可能削弱群体的积极感受。

我们刚刚回顾了一些影响群体决策的情境力量。接下来我们要关注人们作为个体所做出的最重要的决策：什么时候他们应当服从权威？

服从权威

什么原因使得成千上万的纳粹分子甘愿听命于希特勒，把数百万犹太人送进毒气室？为什么美国士兵会服从上级的命令，屠杀越南广南省美莱村数百名无辜的平民（Hersh, 1971; Opton, 1970, 1973）？难道是性格缺陷导致人们盲目地执行命令？难道他们没有道德价值观？阿施的学生**斯坦利·米尔格拉姆**为此进行了一系列的研究（Milgram, 1965, 1974）。他发现，盲目服从与其说是性格特质的产物，毋宁说是那些能够吞噬每个人的情境力量使然。米尔格拉姆的“服从”研究是最具争议的研究之一，因为它对现实世界的现象有着重大的启示，更何况它还引发了伦理问题。

服从的实验范式　为了分离人格和情境变量，米尔格拉姆做了一系列的实验，整个研究包括 19 个独立的控制严密的实验，超过 1 000 名参与者参加了这些实验。他的第一个实验是在耶鲁大学进行的，纽黑文及其周边社区的男性居民参加了实验并获得了酬劳。后来，米尔格拉姆将他的服从实验室搬离了耶鲁大学，在康涅狄格州的布里奇波特成立了一个研究室，通过报纸广告征募了来自不同领域的参与者，涵盖了不同的年龄、职业和学历，包括男性和女性。

米尔格拉姆的基本实验范式是：让参与者对另一个人实施一系列他们认为是异常痛苦的电击，使这些志愿者相信他们参加的是一个关于记忆与学习的科学研究。他们被告知，此项研究的目的是探索惩罚如何影响记忆，以便能够通过合理的奖惩来改善学习效果。参与者的社会角色是“教师”，要对那些扮演“学生”的人所犯的每一个错误都进行惩罚。实验者告诉他们应遵循的主要规则是：学生每犯一次错误，就要加大电击的强度，直到学习中不再出现错误。身穿白色制服的实验者则扮演合法的权威形象——他宣布规则、安排角色分配（以事先做了手脚的抓阄产生），并且无论“教师”出现犹豫还是有异议，都要

米尔格拉姆的服从实验："教师"（参与者）与实验者（权威人物）、电击发生器以及"学生"（实验者的助手）。实验情境的哪些方面会影响教师实施最强电击的可能性?

命令他们恪尽职守。这里的因变量是"教师"在拒绝继续服从权威之前所给出电击的最高强度（通过一台机器，每挡有 15 伏，直至 450 伏）。

实验情境　研究的程序安排让参与者相信，通过执行命令，他们在制造痛苦和煎熬，甚至在杀害无辜的人。每一位"教师"都被施予 45 伏的电击以了解电击造成的痛苦。"学生"则是位和善的人，风度翩翩，50 岁左右，他提及自己的心脏有问题，但表示愿意继续下面的实验程序。他被绑在隔壁房间的一把电椅上，同"教师"通过内线电话交流。他的任务是记住成对的单词，并在听到词对的第一个词时说出第二个。学生很快开始犯错误（根据事先的安排），教师开始实施电击。受害者的抗议随着电击强度的上升而增加。75 伏的时候，他有点哼哼和嘟囔；150 伏，他要求离开实验；180 伏时，他大声呼喊说自己无法再忍耐这种痛苦。到了 300 伏，他坚决地说不会再参与这个实验并要求被释放。他大声嚷嚷自己有心脏病，并且尖叫。倘若教师迟疑或是反对继续给予电击，实验者会说，"实验要求你继续"或"没有选择，你必须继续"。

正如你可能想到的，这样的情境对参与者来说有很大的压力。大多数参与者都抱怨、抗议，反复强调说不能继续下去了。然而，即使有着明显的内心冲突，许多参与者仍持续电击"学生"，直至按下标有"危险：强电击 ×××（450 伏）"的按钮。为了达成服从，实验者只需提醒参与者（"教师"）实验要求他们继续。

人们为什么会服从权威　当米尔格拉姆请 40 名精神科医生预测参与

者在实验中的表现时，他们（基于实验描述）估计大部分人不会超过150伏。在他们的专业眼光看来，到300伏时仍然保持服从的参与者不会超过4%，而只有约0.1%的参与者会坚持到450伏。精神科医生们推测，只有在某些方面异常的少数个体，即那些喜欢给他人施加痛苦的虐待狂，才会盲目服从命令，直到电击达到最大强度。

精神科医生的评价是基于他们假定这些做出异常行为之人具有某些人格特质。然而，他们忽视了这种特殊的情境对大多数人的思维和行为影响的威力。这个引人注目且令人不安的研究结果证明这些专家们大错特错了：大部分的参与者完全地服从了权威，没有参与者在300伏以下退出实验。65%的参与者对学生施加了最高达450伏的电击。请注意，大多数人口头抗拒，但在行动上并未反抗。从受害者的角度看来，这种言行的不一致没有多大差别。假如你是受害者，如果参与者反复地电击你（他们服从了），但嘴上却说自己并不想继续伤害你（他们也抗拒了），你认为这有意义吗？

米尔格拉姆的研究表明，要理解人们为什么服从权威，你需要仔细观察在这些情境中起作用的那些心理力量。在前面我们看到了情境因素经常约束行为。在米尔格拉姆的研究中，我们看到了关于这一普遍原理的尤为生动的例子。米尔格拉姆和其他研究者通过操纵一些实验条件，证明服从效应主要取决于情境变量而非人格变量。例如，**图 16.4** 显示了学生的临近性如何改变参与者（教师）将电击一直加到450伏的可能性。当学生与教师之间的距离缩小时，服从率也在下降。所有这些发现都指向这样一个观点，即在很大程度上控制行为的是情境，而非单个参与者之间的差异。

如今的学生在学习米尔格拉姆的研究时，往往确信一点：自20世纪60年代早期以来，由于文化的不断变迁，人们不会再服从了。为了检验这一主张，社会心理学家**杰里·伯格**（Burger, 2009）部分重复了米尔格拉姆的一个实验。伯格修改了米尔格拉姆原来的实验程序以解决伦理方面的问题。具体做法是：如果参与者认为自己在施加了150伏的电击之后仍会继续服从，伯格就会让参与者停止。如前所述，150

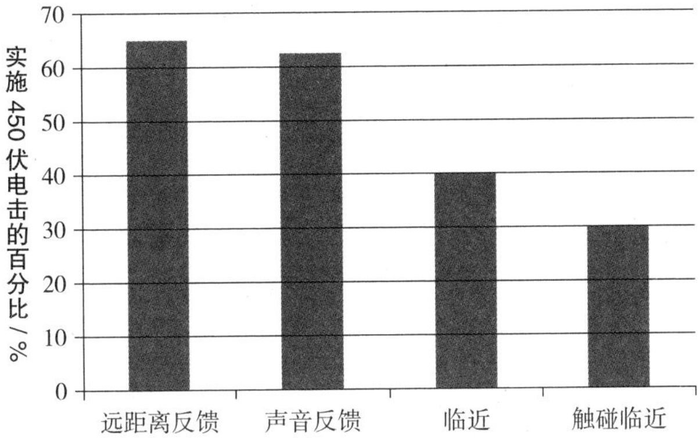

图 16.4　米尔格拉姆实验中的服从

该图显示了临近性这一情境变量对参与者服从权威的影响。在远距离反馈条件下，参与者只听到学生在隔壁房间敲墙的声音；在声音反馈条件下，参与者还听到学生透过墙的言语抗议；在临近条件下，学生和参与者在同一个房间；在触碰临近条件下，参与者必须将学生的手放在电击板上。

资料来源：*Obedience to Authority* by S. Milgram, copyright © 1974 Harper & Row.

伏是学生要求退出实验的电压点。根据米尔格拉姆实验的数据，伯格推断：那些持续到 150 伏之后的参与者极有可能服从至最高电压。在米尔格拉姆原来的实验中，有 82.5% 的参与者在超出 150 伏特之后仍继续服从；而在伯格的重复实验中，仍有 70% 的人这样做。因此，在这个重复实验中，绝大多数的参与者仍继续服从实验者的命令。伯格总结道："在米尔格拉姆实验中影响参与者服从的那些情境因素在今天依然起作用"（p. 9）。

在这些情境下，人们服从权威可追溯至两个原因，即规范性影响和信息性影响：人们希望别人喜欢自己（规范性影响），并且希望自己是对的（信息性影响）。人们倾向于做别人做的事或者别人要求自己做的事情，以使自己能得到社会的接纳和赞许。此外，如果人们处在模糊的新异情境（如实验情境），会依赖他人来获得适当和正确的行为方式的线索。当专家或可靠的消息传达者告诉他们做什么时，他们更可能这样做。米尔格拉姆的范式中的第三个因素是，参与者对如何不服从可能感到困惑：他们所提出的异议均没能说服权威停止实验。如果他们可以简单而直接地退出这一情境，比如按下“退出”键，可能就会有更多的人不服从（Ross, 1988）。最后，在这种实验情境下对权威的服从，实际上是人们从小在不同环境中习得的一种固有习惯——绝对服从权威（Brown, 1986）。当权威的要求合理且值得服从时，那么这一直觉式的习惯往往有利于社会。问题在于这一规则被过度运用了。盲目服从权威，意味着仅仅因为权威的地位而服从他们，而不管他们的要求和命令是否正当。

米尔格拉姆的服从研究对你个人有什么意义？当你在生活中遇到了两难的道德困境时，你会做出怎样的选择？请花点儿时间，思考一下在你日常生活中可能出现的服从权威的情境。设想你是一位售货员，如果你的老板鼓励欺骗，你是否会欺骗顾客？设想你是议会里的一名议员，你会遵循党派的观点投票，还是本着自己的良心投票？

米尔格拉姆的服从研究驳斥了下面的错误说法：邪恶潜伏在坏人的心中，即“坏蛋们”与善良的“我们”截然不同，“我们”绝不会做这种坏事。我们叙述这些研究结果的目的并非是要贬低人性，而是要说清楚，即便是正常的善良的个体，在面对强大的情境和社会力量时，也有可能会变得脆弱。

本节我们提出，人们由他们共有的规则、规范和情境相互联系在一起。接下来我们要思考人们如何从他们的日常经历中收集和运用信息。我们还要考察态度是如何形成和改变的，以及信念、态度与行为三者之间的关联。

STOP 停下来检查一下

❶ 关于社会角色，斯坦福监狱实验证明了什么？

❷ 为什么群体会产生规范性影响？

❸ 少数派能在群体中产生何种影响？

❹ 如何辨识出现群体极化的环境？

❺ 在米尔格拉姆的实验中，精神科医生的预测较之参与者的实际行为如何？

批判性思考：请思考通过线段判断考察从众的经典研究。为什么在最初几个试次中群体成员全都给出正确回答如此重要？

态度、态度改变与行动

你今天可曾有机会表达一种态度？是否有人问你，“你觉得我的衬衫怎样”或者“鸡块好吃吗”。**态度**（attitude）是我们对人、事、物和观念的积极或消极的评价。如此界定态度有助于我们表达这样的事实，即你所拥有的很多态度并不是公开的；你可能并没有意识到自己持有某些态度。态度很重要，因为它们会影响你的行为，也会影响你建构社会现实的方式。回顾一下前文冬奥会双人滑比赛的例子。那些支持某对组合的人“看到”的比赛表现与那些支持另一对组合的人并不相同；人们对于事件的归因是按照他们的态度进行的。你的态度来源于什么，它们怎样影响你的行为？

态度与行为

你已经看到态度是积极或消极的评价。这一节我们首先给你一个做评价的机会。你在多大程度上同意这一表述？（圈出一个数字。）

我喜欢安吉丽娜·朱莉主演的电影

1——2——3——4——5——6——7——8——9

非常不同意　　　　无所谓　　　　非常同意

我们假定你给出评价“3”——你有点儿不同意。你判断的依据是什么呢？有三类信息引发你的态度：

- 认知。关于“安吉丽娜·朱莉”你有什么想法？
- 情感。提到“安吉丽娜·朱莉”会引发什么感受？
- 行为。例如，当你有机会观看安吉丽娜·朱莉的电影时你会怎样做？

当你圈数字“3”（或其他数字）的时候，可能是这三类信息以某种方式综合在一起影响着你的评价。你的态度还生成了同样三类反应。如果你认为自己对安吉丽娜·朱莉有一些负面的态度，你可能

你对安吉丽娜·朱莉的态度，是如何影响你观看她演的电影的意愿的？

会说，“她不是一个认真的演员”（认知），“她不如出道时好看”（情感），或者“在看了《致命伴旅》之后，我要等着看她的评论”（行为）。

测量态度并不太难，但是态度总能准确反映人们实际的行为吗？你从自己的生活经验可知，答案是否定的。人们会说他们不喜欢安吉丽娜·朱莉，但还是花了不少钱去看她的电影。不过，人们的行为有时确实与态度一致：他们说他们不会花钱看安吉丽娜·朱莉的电影，于是他们真的不去看。你怎样才能确定态度什么时候能预测行为，什么时候不能预测行为？为了确定什么情形下人们的态度与行为之间存在最为紧密的联系，研究者做了大量的工作（Bohner & Dickel, 2011; Glasman & Albarracín, 2006）。

在预测行为方面，态度有一个属性：可获得性（accessibility，也译作可及性）——态度对象与个体对该对象评价之间的联系强度（Fazio & Roskos-Ewoldsen, 2005）。当我就安吉丽娜·朱莉向你提问时，你是脱口而出还是考虑了一会儿？当态度更易于获得时，行为更可能与态度保持一致。但态度怎样才能变得更易于获得呢？研究表明，当态度是基于直接经验的时候，它们就更易于获得。如果你看过安吉丽娜·朱莉的几部电影，而不是间接地道听途说，那么你对安吉丽娜·朱莉电影的态度就更易于获得。

当态度更经常地被提及或复述时，也会更易于获得。正如你所预料的，你越是频繁地对某物（考虑“巧克力”与“猕猴桃”）形成一种态度，你对它的态度就越容易获得。我们来看一项证明态度复述影响行为的研究。

研究特写

研究人员想了解导致人们重复献血的因素（Godin et al., 2008）。该研究关注先前献过血的 4 672 名参与者。这些献血者对献血的重要性很可能持积极态度。研究者推断，如果使这些态度更可及，人们献血的可能性就会增加。为了增加态度的可及性，研究者随机选择了 2 900 名参与者作为实验组，并邮寄了一份问卷，要求他们报告自己对献血的态度。结果有 2 389 人完成了问卷。而随机分入控制组的 1 772 人则不会收到问卷。在问卷寄出之后的 6 个月和 12 个月，研究者核查有多少人献了血。问卷的作用非常明显：实验组的成员有更多的人献血。6 个月之后核查的结果是，实验组比控制组多出 8.6% 的人登记献血。

在 6 个月或 1 年里影响人们是否献血的原因有很多。但是，只是要求在一张简单的问卷上复述和报告自己的态度就对人们随后的行为产生了重大影响。

如果态度随时间保持稳定，也能较好地预测行为。比如我们问你是否同意“我信任政治家”这一陈述，你的判断取决于心中想起的政治人物是华盛顿、丘吉尔、小布什还是奥巴马？假设一周之后我们问你同样的问题。如果你想起不同的政治人物，你对政治家的整体态度就可能发生变化（Lord et al., 2004; Sia et al., 1997）。只有当支持你态度的“证据”随时间保持稳定时，我们才能预期你的评价（想法）和行为有紧密的关联。

提高态度与行为一致性的另一种方法是改进态度的测量方法。近年来，研究者创造了许多新的态度测量方法，试图捕捉人们自动或内隐的态度，即通常处于意识觉知之外的对人、事物或观念的态度（Bohner & Dickel, 2011; Stanley et al., 2008）。有学者声称，这些内隐的态度有时能更准确地预测行为。许多关于内隐态度的研究侧重于人们没有觉察到自己持有偏见的情况。我们后文讨论内隐偏见时，你将看到内隐态度常常能预测人们的行为。

说服过程

我们刚刚看到，在恰当的情况下，态度能预测行为。对于那些花了时间和金钱来影响你态度的人来说，这可是好消息。然而通常的情况是，别人想影响你的态度，但他们做不到。当你看到一个新广告片的主角满口珍珠般洁白的牙齿时，你并不会每次都更换牙膏品牌；当某个候选人对着镜头真诚地宣称他应该获得你的选票时，你也不是每次都改变政治倾向。生活中很多人都在对你进行**说服**（persuasion）——刻意地努力来改变你的态度。说服要奏效，必须满足某些条件。让我们探讨其中的一些条件。

作为开端，我们先介绍**精细可能性模型**（elaboration likelihood model），这是一种说服理论，它界定了人们有多大可能将他们的认知加工集中于仔细思索有说服力的信息上（Petty & Briñol, 2008; Petty et al., 2005）。这一模型对说服路径做了重要的区分：中心路径和外周路径。中心路径指的是这样的情形：人们仔细思考有说服力的沟通，因此态度改变与否取决于论据的强弱。这种仔细思考称为高精细化。当有人试图让你相信每加仑汽油应该卖 8 美元时，你可能会以这种仔细审慎的方式来加工信息。外周路径指的是这样一些情形：人们不怎么审慎地关注信息本身，而是对情境中的表面线索做出反应。当有人想让你购买某种产品，产品前站着一位性感的模特，那么卖方正是希望你不做审慎思考。审慎思考的缺失称为低精细化。人们采用中心路径还是外周路径，很大程度上取决于他们与说服信息有关的动机：他们是否愿意并且有能力仔细思考说服的内容？他们会做高精细化还是低精细化？

为什么广告主付费请名人代言他们的商品？

如果你仔细看看自己周围的信息，你将很快得出结论：例如，广告主或厂商往往指望你采取外周路径。广告主为什么花钱请名人来推销他们的产品？你真的相信好莱坞演员无比关心哪一种长途电话服务更省钱？广告主大概不希望你过于仔细地评估各种论据——相反，他们希望你被那个正在兜售产品的演员的热情所说服。

现在问你自己这样一个问题：在什么情形下，你可能有足够强的动机采取说服的中心路径？研究者已经做了大量的研究来探讨这一问题（Petty et al., 2005）。让我们来看一项考察网络钓鱼（phishing，也译作网络诈骗）背景下精细可能性的研究。

研究特写

如果你有电子邮箱，你很可能曾被网络钓鱼过：你收到过试图骗取你个人信息的邮件。网络钓鱼也是一种说服。钓鱼者希望让你相信，要求你提供信息是真实可信的。一个研究者团队从本科生中收集了数据，这些本科生所在的整个学校都收到了钓鱼邮件，邮件采用“请立即校验你的校园电子邮箱账户”这类危言耸听的标题（Vishwanath et al., 2011）。研究者向本科生询问了一系列问题，以确定什么因素会促使学生对该邮件进行更多的精细加工。例如分析表明，那些认为邮件与自身更相关的学生可能进行更多的精细加工。另外，关注表面线索（比如传递紧迫性的大写字母）的学生更可能被钓鱼信息说服。

上述结果说明了网络钓鱼为什么能成功：当人们关注表面特征（这是一封紧急邮件），而不是对某一要求进行审慎思考时，他们就可能不知不觉地泄露其个人信息。下次你收到钓鱼邮件时，请仔细分析邮件，看看钓鱼者为了让你的注意力紧紧集中在表面线索上都做了些什么。

在现实生活的很多情况下，你都可能想抗拒态度变化。精细可能性模型表明，要避免被他人说服，你往往要付出一定的努力。一项研究要求学生阅读一篇短文，该文辩称大学假期应缩短到仅一个月的时间（Burkley, 2008）。比如该短文提到这种变化能让学生更快毕业。在阅读这篇短文之前，有些参与者要完成一项不同的任务，用 5 分钟的时间列出心中的想法，但明确要求他们不要想到白熊。在完成这项任务之后，参与者的态度比控制组更支持一个月假期的观点。如此看来，他们为了不想到白熊所付出的努力已经消耗了心理资源，而这些资源是反驳短文论据所必需的。在生活中，如果你知道自己即将面临一场说服战，就应该尽力保证你能投入所有的心理努力。

被自己的行为说服

上节描述了影响人们改变他人态度的能力的因素。但是在若干情形下，有一些力量会起作用，导致人们改变自己的态度。想象一个情境：你曾经发誓不会吃任何高热量的食物。你到了上班的地方，那里放着祝贺老板生日的蛋糕。于是你吃了一块蛋糕。你违背了你的誓言了吗？也就是说，你是否应该对自己的行为心生负面态度？你是否认为自己的行为尚可接受？为什么？我们将要介绍两种有关自我说服的理论，即认知失调理论和自我知觉理论。

认知失调理论　在态度研究中，最常见的一个假设是，人们愿意相信自己的态度是前后一致的。人们这种努力追求前后一致的倾向，在社会心理学的认知失调理论中得到了探索。认知失调理论由**利昂·费斯廷格**（Festinger, 1957）提出。**认知失调**（cognitive dissonance）是指一个人做出的决定、采取的行动或接触到的信息有违原先的信念、情感或价值观之后所体验到的那种冲突状态。譬如，你不听朋友的劝告，执意购买了某款轿车。为什么你要拼命为这款轿车辩解？我们假定，当个体认识到自身行为与相应的态度存在不协调（即它们之间产生不一致）时，就会出现一种令人厌恶的状态，从而促使人们去降低这种失调。降低失调的活动能缓和这种不愉快的状态。就你买车的例子而言，你显得防御性十足（即拼命强调这种车的价值），也许这样才能使你在想到自己未采纳朋友的劝告时感觉好一些。（失调也可能导致你认为你的朋友不怎么样。）

失调具有动机作用——它推动你采取行动以缓解不愉快的感受（Wood, 2000）。降低失调的动机随着认知不一致所产生的失调程度变大而增强。换言之，失调程度越大，降低失调的动机就越强。在一个经典的失调实验中，要求大学生向其他学生撒一个谎。当他们说谎之后获得一个较小而非较大的奖赏时，他们开始相信他们的谎言。

如果你意识到吸烟的不利后果但仍旧吸烟，你会如何说服自己以减少认知失调？

研究特写

斯坦福大学的学生参加了一个非常无聊的活动，然后被要求（实验者请求他们帮忙，因为他的助手还没到）向另一名参与者撒谎，说这个活动挺好玩，有趣。实验者付给一半参与者 20 美元让他们撒谎，而另一半参与者只获得 1 美元的报酬。为 20 美元报酬撒一次谎的外部理由比较充分，但是为 1 美元报酬撒谎显然说不过去。因此，只得到 1 美元报酬的人出现认知失调："活动很无聊"，但"我却撒了谎，告诉别人活动挺好玩，有趣，我这么做没什么像样的理由"。

为了减少他们的不协调，那些只获得 1 美元的参与者改变了他们对活动的评价。他们随后表达的看法是，他们发现"这活动真的挺好玩，有趣——我愿意再做一次"。相形之下，那些为 20 美元撒谎的参与者并未改变他们的评价——活动依旧无聊；他们只是"为了钱"撒谎（Festinger & Carlsmith, 1959）。

正如这个实验所揭示的，在认知高度失调的条件下，个体在事后会竭力证明自己的行为合理，并且会进行自我说服。

成百上千的实验研究和田野研究都已表明，认知失调具有改变态度和行为的威力（Cooper, 2007）。然而，近年来研究者开始质疑失调效应是否普遍适用于其他文化。回头再看一下自我这一概念在不同文化间的差异。如前所述，北美人一般都把自己视为独立的，不同于环境中的其他人；亚洲文化的成员一般把自己视为相互依赖的，根上是与他人相互联系的。自我的文化概念是否会影响认知失调的体验呢？

研究特写

一群由加拿大人和日本人组成的参与者被安排浏览一份中国餐馆的菜单（Hoshino-Brown et al., 2005）。实验要求他们从 25 道菜中挑选 10 道他们最喜欢的（一种条件），或者他们认为一个朋友会最喜欢的（另一种条件）。接下来请他们按照自己或朋友的偏好，从“最想要”到“最不想要”排列这 10 道菜的顺序。随后，研究者让参与者在两张免费食品的优惠券中挑选一张（为自己或为朋友）。这两张优惠券是他们刚才评为（自己或朋友）第五和第六喜欢的菜。最后，再要求参与者检查一下，再次评定他们（或朋友）最喜欢的 10 道菜的顺序。第一次和第二次评定会有什么变化吗？根据认知失调理论，当你要做出困难抉择时，就像这里在第五名和第六名中选择一道菜，你应该会调整你的态度，以对选定的结果感觉更好一些：“如果我选择了宫保鸡丁（原来排名第五），那它一定是比木樨肉更好的选择（原来排名第六）”。然而，关于自我的跨文化研究表明，加拿大的参与者（因为他们的独立型自我感）应该在他们自己的选择上体验到更多的认知失调，而日本参与者（因为他们的互依型自我感）应该在给朋友的选择上体验到更多的认知失调。研究数据证实了这些预期：加拿大参与者在自我判断上态度有了更大的改变；日本人在为朋友做判断上显示了更大的态度改变。

这一研究说明，人们会在与特定自我感有关的方面体验到认知失调（他们试图在自我概念上维持一致性）。如果你曾经历过必须与其他文化的人共同做决策的情形，那么等决策做出之后，你可以反思一下：

文化对你们所有人的思维和行为方式有着怎样的影响。

自我知觉理论　认知失调理论描述了一种影响方式，即人们（至少是西方文化中的人）的行为（“我挑选了这张 CD”）对他们的态度有影响（“我喜欢它的程度一定远胜于其他选项”）。自我知觉理论由**贝姆**（Bem, 1972）提出，它识别了行为影响态度的其他情形。根据**自我知觉理论**（self-perception theory），你通过觉察你现在正在怎么做，以及回忆你过去在既定情境中是如何作为的，从而推测自己的内部状态（信念、态度、动机和情感）是怎样的或应该是怎样的。你利用这些对自我的了解，反过来推测你行为最可能的原因或决定因素。例如，对于“你喜欢心理学吗？”这个问题，自我知觉者会回答：“当然喜欢，我正在听它的基础课，虽然它不是必修课。我阅读所有指定的文献材料，课上我专心听讲，我这门课的分数也不会低。”换言之，你在回答一个有关个人偏好的问题时，是依据对相关行动和情境因素的行为描述来作答的，而不是深入地探索你的思想和情感。

通过自我知觉获取自我知识的过程有一个缺点，即人们对情境力量影响他们行为的程度并不敏感。如果你回顾前面的“大学碗”实验，你就会明白这一点。回想一下，那些答题不成功的竞猜者对自己的一般知识水平的评价较低。想象一下你处在他们的位置会出现什么情况。你会一次又一次地听见自己说：“我不知道问题的答案。”你能否明白对这种行为的观察（自我知觉过程）是如何导致负面自我评价的？

让我们回到前面说过的例子，假如你在老板的生日聚会上吃了一块蛋糕，你可能对自己的行为持什么态度。按照认知失调理论，你需要解决你发过的誓言（“我不会吃任何高热量的食物”）与你的行为（吃了一块蛋糕）的不一致性。你可以做很多事情来避免感觉糟糕，或许你会想：“为了拒绝一块蛋糕而让老板不高兴，我可负担不起。”类似地，按照自我知觉理论，你审视着自己的行为来“计算”你的态度。“因为我吃了蛋糕，所以我老板的生日必然非常重要。”如果你这么想，那么你同样也可以避免自尊受到任何负面影响。自我说服有时候非常管用!

顺　从

迄今为止，本节已经讨论了什么是态度，态度如何被改变。但是你应该明白，人们想让你做的事情，最常见的还是改变你的行为：人们希望引发**顺从**（compliance），即行为变化与他们的直接要求一致。当广告主为电视广告投入大量金钱时，他们不希望你只是觉得他们的产品不错——他们更想让你走进商场或下单购买这些产品。医生想让你遵从他们的医嘱，道理也是类似的。社会心理学家做了广泛的研究，探讨个体以什么方式引发与他们的要求一致的顺从（Cialdini, 2009; Cialdini & Goldstein, 2004）。我们将介绍其中一些技巧，提醒你那些狡猾的推销人员如何经常利用这些伎俩让你做一些本来可能不会做的事情。

互惠　支配人们行为的规则之一就是：当某人为你做了些事情，你也应该为他做些事情，这被称为**互惠规范**（reciprocity norm）。实验室研究表明，即使是非常小的恩惠也能导致参与者回报大得多的恩惠（Regan, 1971）。推销人员表现得好像在帮你忙，正是利用互惠性来影响你："这样吧，我给你降 5 美元。"或"就冲你今天同意和我说话，我送你一份免费样品。"如果你没有回报相应的善意，购买那个产品，这种策略会让你感到内心很不舒服。

从互惠规范衍生出另一种顺从技巧，人们通常称为"*以退为进*"*技巧*（door-in-the-face technique，又译作"留面子"技巧）：当人们拒绝一个较大的请求后，往往会应允一个比较适度的请求。例如在一个实验中，请求大学生在两年时间内每周花两个小时担当少年犯的辅导员。所有大学生都拒绝了。接下来，又请求大学生充当一些少年犯的陪伴，陪少年犯逛一次动物园。前面拒绝较大请求的大学生中有 50% 的人同意这一较小的请求。而当找到另外一组大学生，之前并未向他们提出过大请求，其中只有 17% 的人同意担任旅游陪伴（Cialdini et al., 1975)。这种技巧是如何唤起互惠规范的呢？当人们从大请求降到适度的小请求时，他们已经为你做了些事情，现在你必须为他们做些事情了，否则就有违背这种规范的风险。于是，你接受了较小的请求！

一致性与承诺　"以退为进"技巧是先向你要个大请求，然后再转向小请求。推销人员还很清楚，人们喜欢让自己的行为看起来是**一致的**：也就是，如果他们能让你**承诺**做一些小让步，他们就还可能让你承诺做一些较大的事情。在一些研究中，那些同意接受小请求（例如在倡议书上签名）的人，接下来更可能同意较大的请求（例如在自家草坪上插上大的标志牌）(Freedman & Fraser,1966)。这通常被称为"**登门槛**"**技巧**(foot-in-the-door technique)：一旦人们有一只脚跨入了门槛，他们就能利用你的承诺感来增加你随后的顺从性。这种方法起作用的原因是，你起初的行为会让你以一种特定的方式看待自己。你希望随后的行为能与这种自我意象保持一致。

我们来考察另一种顺从技巧，该技巧也利用了人们有保持一致感的需要。它被称为"**借失言**"**技巧**(foot-in-the-mouth technique)：通过让人们先回答一个起初简单的问题，你就可以增加他们随后顺从请求的可能性。

研究特写

你可能曾经接到过这样的电话，对方想让你回答一些调查问题。你是否顺从了这种请求？两位研究者探究了"借失言"技巧在这种情境下的影响(Meineri & Guéguen, 2011)。他们给约 1 800 名参与者打了电话。一种条件下，电话沟通从这个起初问题开始："您好，我是瓦讷科技学院的一名学生，不知您现在是否方便接电话？"研究者在等到"是"或"否"的答复后，开始询问参与者是否愿意接受电话问卷调查。该条件下 25.2% 的参与者同意接受问卷调查。另一种条件下，研究者没有问那个起初问题，而是直接询问参与者是否愿意接受电话问卷调查，此种条件下顺从率仅为 17.3%。

如果你想提高邻居们将废弃物品送到回收站的可能性，你能做些什么？

如果你的工作是让人们完成问卷调查，那你可能乐于仅在开始时增加一个问题，就可以提高8%的顺从率。

在解释这些顺从技巧的过程中，我们例举了两个你可能愿意去做的事情：你可能为了美好的公益活动愿意奉献一些时间，或在倡议书上签字。但是你能看到，很多时候人们会利用这些技巧让你做你可能本不愿意做的事情。你怎样才能保护自己不受狡猾的推销人员以及类似人员的误导呢？请努力识别使用这些技巧的人，抵制住他们的企图。你的社会心理学知识能让你成为一个明智的消费者。

本节我们介绍了态度和行为以及它们之间的关系。然而我们还没有涉及这样一种情形，即表现为偏见的态度可能导致破坏性的行为。现在我们就来探讨偏见这个话题，用研究来说明偏见怎样产生以及如何有效地减少或消除偏见。

STOP 停下来检查一下

❶ 定义态度的三个成分是什么？

❷ 区分说服的中心路径和外周路径的认知加工是什么？

❸ 为什么文化对认知失调的过程有影响？

❹ 为什么“以退为进”技巧涉及互惠规范？

批判性思考：请回忆参与者填写献血态度问卷的研究。为什么把参与者随机分配到实验组和控制组很重要？

偏　见

在人性所有的弱点中，没有什么比偏见对个体的尊严以及人与人的社会关系更有破坏性了。偏见是社会现实出现偏差的典型例证，它起于人心，会贬低他人的人格和破坏他人的生活。**偏见**（prejudice）是对特定目标群体的一种习得性的态度，包括支持这种态度的消极情感（厌恶或恐惧）和消极信念（刻板印象），以及逃避、控制、征服或消灭目标群体成员的行为意向。例如纳粹头目颁布法律来实施其带有偏见的信念，即犹太人是劣等人，他们企图毁灭雅利安文化。如果一个人即使面对证明其信念错误的证据，也不愿改变自己的信念，那么此人的信念便是偏见。比如人们断言美国黑人都很懒惰，尽管他们身边的黑人工作非常卖力，此时人们就表现出对黑人有偏见。有偏见的态度起着过滤器的作用，个体一旦被归类为目标群体成员，就会影响人们看待和对待他们的方式。

社会心理学一直很重视偏见的研究，力求理解偏见的复杂性和持久性，开发一些改变偏见态度和歧视行为的策略（Allport, 1954; Nelson, 2006）。事实上，1954 年美国最高法院做出废除公共教育种族隔离的决定，部分原因就是基于社会心理学家**肯尼思·克拉克**在联邦法院的陈述。克拉克说明了隔离和不平等教育对黑人儿童产生的负面影响（Clark & Clark, 1947）。在这一节中，我们将描述社会心理学家在努力了解偏见产生的根源、影响以及消除这些影响的过程中所取得的进步。

偏见的起源

从偏见研究中得到的一个令人悲伤的事实是：很容易让人们对那些不属于他们同一“群体”的人表现出负面态度。**社会分类**（social categorization）是指人们把自己和他人归入若干群体来组织社会环境的过程。最简单和最普遍的分类形式包括个体判断他人是否与自己相像。

这种分类从“我与非我”导向发展至“我们与他们”导向：人们把世界分成**内群体**（in-group）——他们认同是其成员的群体，以及**外群体**（out-group）——他们不认同的群体。

最细微的差别线索都足以让人们产生强烈的内群体和外群体情感。**亨利·塔杰菲尔**及其同事（Tajfel et al., 1971）发明了一个范式，证明了他们称之为最简群体的影响。在一项研究中，学生要估计电影屏幕上一系列图案中小点的数量。研究者告诉学生，根据他们的成绩，他们是“点数高估者”或“点数低估者”。事实上，研究者把学生随机地分配到这两个组。接下来，每个学生都有机会给这两组的成员分配金钱奖励。结果发现，学生们一致地给予他们认为与自己估计趋势一样的人更多的奖励。

这类研究表明，要制造**内群体偏向**（in-group bias）是多么容易：只要有群体认同的细微线索，人们就开始偏袒他们自己群体的成员，而不是其他群体的成员（Nelson, 2006）。许多实验考察了这种内群体与外群体状况的影响（Brewer, 2007; Hewstone et al., 2002）。这类研究指向以下结论，在大多数情况下，人们对于自己群体的人表现出偏爱，但并不会对其他群体的人表现出偏向。例如，人们通常对内群体的成员的评价比外群体成员更高（更友善、更勤奋等）。不过这是因为他们对内群体有积极情感，而对外群体有中性情感。因此，个体可以在不持有构成偏见的负面情感的基础上具有某种内群体偏向。

偏见如何产生？为什么根除偏见如此困难？

不幸的是，某些情况下人们对外群体的情感会被一些习得的偏见误导。在这些情况下，内群体偏向可能会变得更有目的性。偏见很容易导致**种族歧视**（racism，也译作种族主义），即根据人的肤色或种族所产生的一种歧视；偏见也很容易导致**性别歧视**（sexism），即根据性别所产生的一种歧视。当今时代，人们通常不愿意承认自己持有种族歧视或性别歧视的态度。相反，人们可能会表现出所谓的*现代种族歧视*和*现代性别歧视*。比如，现代种族歧视的量表包含诸如“黑人对其他人索求过多”和“过去数年来黑人在经济上的收益超过他们应得的”之类的说辞（Henry & Sears, 2002）。

我们已经看到，人们对“他们”和“我们”的这种分类能很快地导致偏见，现在让我们来看看偏见是如何通过刻板印象起作用的。

刻板印象的影响

我们可以用社会分类的力量来解释许多种偏见的起源。为了解释偏见是怎样影响日常交往的，我们必须考察为偏见提供重要支持的记忆结构——刻板印象。**刻板印象**（stereotype）是对一群人的概括性描述，该群体的所有成员都被赋予了同样的特征。毫无疑问，你可能对许多刻板印象都非常熟悉。你对男人和女人有什么信念？犹太人、穆斯林和基督徒呢？亚裔、非裔、美国土著、西班牙裔和白人呢？这些信念是怎么影响你与这些群体成员的日常交流的？你是否因为你的信念而避免与某些群体的成员接触？

因为刻板印象如此强烈地编码了人们的期望，所以它们常常导致了本章前述的几种情形，在这些情形中，人们建构了他们自己的社会现实。请思考在判断环境中“存在”什么时，刻板印象所起的潜在作用。人们倾向于用刻板印象中的信息来填补“缺失的数据”：“我不会坐藤野开的车，因为所有亚洲人都是很糟糕的司机。”同样，这些强烈的预期可能会导致人们出现*行为确证*：他们对待外群体个体的行为营造出一种背景，处于此背景下的外群体个体将做出与刻板印象一致的行为（Klein & Snyder, 2003）。譬如，如果一个人坐亚裔朋友开的车时明显焦虑，那么那位朋友也就很难把车开好。此外，为了维持一致性，人们可能贬低与他们刻板印象不一致的信息。例如在一项研究中，要求学生们阅读心理学导论教材中一段讲述性取向的生理根源的节选

（Boysen & Vogel, 2007）。原先对同性恋持负面态度的参与者认为这段文字对于同性恋的正当性没有说服力。这个实验说明了为什么单凭信息通常并不能减少偏见：人们往往会贬低那些与他们以前刻板印象不一致的信息。（下一节将讨论克服偏见更成功的方法。）

你可能还会想到刻板印象在智力测验情境中的影响。请回忆第 9 章讨论 IQ 分数种族差异的内容。在那里我们看到了一些证据，刻板群体的成员如果置身于与负面刻板印象有关的情境，就会体验到*刻板印象威胁*。受此威胁影响的人不能有效利用其心理资源（Schmader et al., 2008）。虽然研究者最初是在智力表现的情境中考察这一概念，但他们现在证明，无论刻板印象出现在哪种情境，它都可能产生负面影响。比如有研究考察了一群女性打高尔夫球的表现，她们都认为自己的水平要高于一般运动员（Stone & McWhinnie, 2008）。一些女性得到的信息只是：该任务要测试她们的"天生能力"。另一些女性还被告知，该任务先前被证明存在男女差异，"所以，尽管这次测试可能存在性别差异，但我们仍要求你付出 100% 的努力，以便我们能准确地测量你的天生能力"（p. 448）。尽管研究者要求她们付出 100% 的努力，但曾被提醒存在性别差异的女性打进 8 个高尔夫球洞却需要更多的击球杆数。这一结果说明了刻板印象威胁是如何在多个生活领域损害人们的表现的。

上述讨论侧重于人们可能意识到自己心怀偏见或持有刻板印象的情形。现在，我们将转而证明人们通常有着自己意识不到的偏见。

内隐偏见

请花点时间检查一下你对自己认为的"外群体"成员的感受。我们如何确定你是否对这些群体有偏见？外显的偏见测量可以直接问"你对这个群体有什么看法？"然而，社会心理学家认为，负面态度通常以**内隐偏见**（implicit prejudice）的形式存在（在意识觉知之外）。研究者已经开发了测量内隐偏见的方法，并且证明了它是如何改变人们的行为的。

内隐联想测验（implicit association test, IAT）是 1998 年引入的，迄今仍是内隐偏见的重要测量工具（Greenwald et al., 1998）。内隐联想测验能够确定人们将不同概念放入同一类别的速度。例如想象一下，你坐在电脑前观看胖人或瘦人的照片以及积极词语或消极词语。在一个试次中，如果你看到一个瘦人或一个积极词语，你需要按某个键；如果你看到一个胖人或一个消极词语，则按另一个键。在另一个试次中，如果你看到一个胖人或一个积极词语，你需要按某个键；如果你看到一个瘦人或一个消极词语，则按另一个键。假设你在胖人照片和消极词语匹配时反应更快。这种模式就表明你对胖人群存在内隐偏见（因为你发现将他们与负面概念联系起来更容易）。研究者在很多领域使用了内隐联想测验，包括种族、性别和宗教。内隐联想测验可经常揭示出不被社会所接受的偏见。例如有学生参加了关于失能的 IAT 测验，结果显示他们对四类失能者——酗酒者、精神病人、癌症患者和截瘫者——存在内隐偏见（Vaughn et al., 2011）。

使用内隐联想测验经常能发现这类人：他们的外显态度没有表现出偏见，但其自动反应却表明他们对外群体持有消极态度（Greenwald et al., 2002）。内隐态度往往比外显态度能更好地预测人们的行为（Greenwald et al., 2009）。我们来看一项研究，经理的内隐偏见影响了他们的面试决策。

研究特写

本研究聚焦于 153 名经理，他们参与对一批求职申请进行评估，决定邀请哪些求职者前来面试（Agerström & Rooth, 2011）。这些经理并不知道他们正在参加一项研究。当他们履行日常职责审查求职申请时，看到了两份同样满足职位要求的申请表。然而，其中一份申请表上有一张胖人的照片，而另一份申请表上有一张正常体重者的照片。几个月后，所有经理都完成了他们对聘用胖人的外显态度的测验以及同一领域的 IAT 测验。总的情况是，经理们邀请的胖人求职者要比邀请的正常体重求职者少 7% 。此外，（由 IAT 揭示出的）内隐偏见越强的经理越不可能邀请胖人求职者前来面试。然而，外显偏见的测量结果与经理的行为不相关。

我们再来看一项使用 IAT 测量种族偏见的研究（Stanley et al., 2011）。要求参与者玩一个表达自己对同伴信任感的游戏。IAT 测验显示最偏爱白人的参与者对黑人同伴也最不信任。参与者的外显态度不能预测他们的信任模式。

上述两个例子表明，那些外显信念没有偏见的人，可能会因其内隐态度而出现自动的偏见行为。证据表明偏见很容易产生并有着广泛的影响。即使这样，从早期的社会心理学开始，研究者们就试图逆转偏见。下面列举一些在这方面所做努力的例子。

逆转偏见

一项经典的社会心理学研究率先证明：随意的"我们"与"他们"之分就可以导致很大的敌意。1954 年夏天，**谢里夫**及其同事（Sherif et al., 1961/1988）带着两队男孩，来到了位于俄克拉荷马的罗伯斯洞穴公园举办夏令营活动。两队男孩分别被命名为"老鹰队"和"响尾蛇队"。每队各自在自己的营地里开展一些活动，例如徒步旅行、游泳、共同做饭，此时，他们并不知道另一个队的存在。这样过了大约一个星期。然后让两队孩子汇合一处，并完成一系列竞争性的活动，像棒球、橄榄球和拔河等比赛。结果发现，从一开始两个队的竞争就变得激烈起来，他们烧毁对方的队旗，洗劫对方营地，还爆发了一场近似骚乱的抢夺食物的战争。怎样才能减少他们之间的敌意呢？

研究者们尝试了一种宣传方法，向每队成员夸赞另一队，结果并没有什么作用。研究者们试着在无竞争的条件下把他们组织在一起，也没有效果。甚至当两队一起看电影时，相互也充满敌意。最后，研究者猛然间想到了一个解决方案，那就是故意给孩子们设计一些难题和困境。针对共同的目标，孩子们只有通过合作行动才能解决难题，摆脱困境。例如，研究者故意制造野营卡车故障，两队男孩不得不共同把车推上陡峭的山坡。在相互依赖的过程中，敌意消失了。事实上，孩子们开始跨越群体的界限交朋友了。

罗伯斯洞穴实验证明了以下观点是错误的：敌对群体仅凭简单接触就能减少偏见（Allport, 1954）。这些男孩并没有仅仅因为待在一起就对彼此多了些好感。相反，该实验为**接触假说**（contact hypothesis）提供了证据，要克服偏见必须促进人与人之间的互动（Pettigrew, 2008）。

研究者们还在世界各地进行了研究，以确定人与人之间什么样的接触才能减少偏见。一篇综述回顾了 515 项有关接触假说的研究，有力地支持了人们与外群体成员接触能减少偏见的结论（Pettigrew et al., 2011）。近年来的研究试图确定人际接触是否会对那些人格特别容易表现出偏见的个体产生影响（Hodson, 2011）。我们来看看下面一项让人乐观的研究。

在罗伯斯洞穴实验中的小队竞争阶段，“老鹰队”和“响尾蛇队”开始并不团结，到最后他们又齐心协力了。我们能从这项研究中得出哪些关于接触和偏见的一般结论？

研究特写

高权威主义者往往对权威不加批判，而对违反规范的人颇具攻击性。他们还常表现出高水平的偏见。研究者想要确定，即便如此，群体间的接触能否减少权威主义者的偏见（Dhont & Van Hiel, 2009）。在这项研究中，215 名比利时成年人对他们的权威主义、与移民接触的次数以及他们的种族歧视程度进行了自我评估。研究者的分析表明，权威主义与种族歧视总体上呈正相关：权威主义水平越高，种族歧视就越严重。然而，即使在这种情况下，研究结果也支持了接触假说。具体而言，在那些高权威主义者中，有了最多群体间接触的人，其表达的种族歧视也较低。

这项研究表明，即使是高权威主义者，群体间的接触也能使他们受益。

关于接触假说的研究强调指出，群体间的友谊对于减少偏见尤其重要（Davies et al., 2011）。事实上，即使是间接接触（即人们的内群体朋友有着外群体朋友）也能减少人们的偏见（Pettigrew et al., 2007）。为什么直接和间接的友谊都如此有效呢？友谊能让人们学会从外群体成员的角度来考虑问题，与他们保持同理心。友谊还可减少与外群体接触有关的焦虑，使外群体看起来不太有威胁（Pettigrew, 2008）。

让我们花点时间考虑一下这类研究在学校情境中的应用。社会心理学家**阿伦森**及其同事（Aronson et al., 1978）依据接触假说设计了一门课程，来解决得克萨斯州和加利福尼亚州刚废除种族隔离的教室中的偏见。研究团队设置了条件，让五年级的学生不得不相互依靠来学习所需的材料，而不是彼此竞争。在所谓的拼图教学法中，每名学生都要掌握整个学习材料的一部分，然后与其他组员分享。学习成绩则基于整个小组的表现来评估。因此每个成员的贡献都是必不可少且有价值的。阿伦森及其同事发现，拼图教学法将以前充满敌意的白人、拉丁裔和非裔美国学生组成了共同命运的团队，教室里的跨种族冲突减少了（Aronson, 2002; Aronson & Gonzalez, 1988）。

社会心理学还没有好方法来立即消除偏见，然而它确实提供了一套理念，使人们能够在小范围内缓慢但有效地消除偏见的最坏影响。你值得花一番工夫仔细思考那些你持有或承受的偏见，然后看看应该怎样在你身边的小范围内做些调整。

我们已经考察了心理力量将人们隔离开来的情境。现在我们要考察一下相反的情境，即人们在喜欢和爱的关系中走到一起。

STOP 停下来检查一下

❶ 内群体偏向如何影响人们对内外群体成员的评价？

❷ 行为确证过程如何支持刻板印象？

❸ 研究者证明了不同群体成员间的接触有什么影响？

批判性思考：回忆一下考察人们对胖人的内隐偏见的研究。为什么参与者没有意识到自己正在参与研究很重要？

社会关系

你如何选择与你共享人生的人？为什么你要寻求朋友做伴？为什么你对某些人的情感会超越友谊进入浪漫的爱情？对于这些人际吸引的问题，社会心理学家给出了各种各样的回答。（然而，尚无一种理论能够解释所有关于爱情的谜团！）

喜　欢

你是否静下来仔细琢磨过你是怎么结识每一位朋友的？为什么结识他们？第一个问题的答案很简单：人们往往会被邻近的人吸引——因为生活或工作中他们离你很近，所以常能见到他们，与他们相识。这方面可能无须多做解释，但值得注意的是，人存在这样一种一般性倾向，仅仅由于接触或曝光就会喜欢某人或某物：正如第 12 章所解释的，你对某物或某人接触越多，就越喜欢它（Zajonc, 1968）。曝光效应意味着，一般情况下，你会越来越喜欢邻近你的人。如今，有很多人通过互联网维系关系。尽管从地理位置上讲某位朋友离你很遥远，但电脑屏幕上显现的日常讯息却能让他在心理上与你似乎很贴近。现在让我们看看其他能引发吸引和喜欢的因素。

外表吸引力 无论是好是坏，外表吸引力在激发友谊方面常常起着一定的作用。让我们来看一项证明这一力量起作用的实验室研究。

研究特写

参与者观看了 60 张有吸引力和无吸引力的人物照片，参与者并不认识这些人（Lemay et al., 2010）。参与者要根据每张照片，对人物的人格特质（比如友善、慷慨和热情）做出判断。参与者还要回答诸如“基于第一印象，你在多大程度上喜欢或不喜欢这个人”之类的问题，以表明他们有多想去结识照片中的人（p. 342）。在仅以照片作为判断依据的情况下，参与者认为有吸引力的人拥有更积极的人格特质。他们也对结识有吸引力的人表现出更强的动机。

西方文化有一种强烈的刻板印象：外表有吸引力的人在其他方面也很优秀。有综述回顾了大量的研究，证明外表吸引力会影响各种各样的判断（Langlois et al., 2000）。例如无论儿童还是成人，当他们的外表更有吸引力时，人们都会认为他们更有社交能力。另外，有吸引力的孩子在学校会得到更高的能力评价，而有吸引力的成人在职场也会得到更高的能力评价。

为什么外表吸引力会导致喜欢？进化理论家认为，吸引力的判断源自人类进化而来的择偶心理机制（Gallup & Frederick, 2010）。根据这个观点，“吸引力判断是接受者对与适合度（fitness）——比如健康、生殖价值以及遗传基因的质量——稳定相关的各种特质的回应”（Penton-Voak, 2011, p. 177）。持进化视角的研究经常关注面孔吸引力（Little et al., 2011）。看一下**图 16.5**，你觉得哪张面孔更有吸引力？大

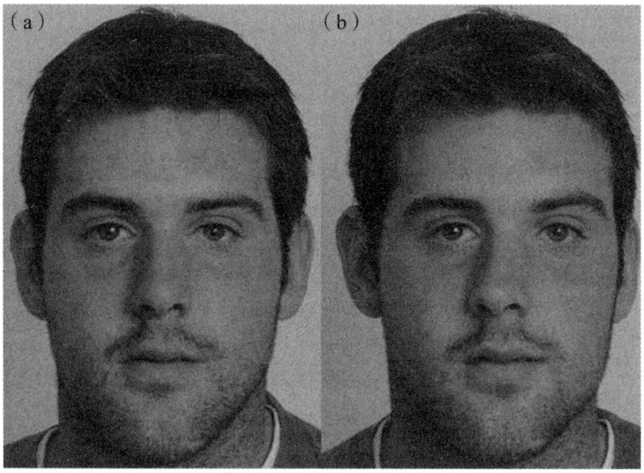

图 16.5　哪张面孔更有吸引力?

(a) 面孔对称;(b) 面孔不对称。

资料来源:Little, A. C., Jones, B. C., & DeBruine, L. M. (2011). Facial attractiveness: Evolutionary based research. *Philosohical Transactions of the Royal Society B, 366*, 1638–1659.

多数人更喜欢对称的面孔。进化心理学家认为,对称是成功发育的产物,偏离对称则表明发育过程中遇到了困难。因此,"不对称"意味着缺乏遗传适合度。人们通常还认为平均化的面孔(代表着某一人群数学均值的面孔)要比偏离均值的面孔更有吸引力(Rhodes, 2006)。从进化的视角来看,不寻常的特征可能表示发育过程中的困难历史,因此也缺乏遗传适合度。这一分析表明,某些喜欢的判断是成功择偶必不可少的进化结果。

即使进化可以解释人们对外表吸引力的反应,但不同文化在吸引力影响日常判断的程度上仍然存在差异。例如,让加纳和美国的大学生看同样一组有吸引力和无吸引力的人物照片(Anderson et al., 2008)。他们要给每张照片在 10 种积极人格特质(比如可靠、持重、体贴和坚强)上打分。如**图 16.6** 所示,加纳学生对有吸引力和无吸引力的照片的特质评价基本相同,而美国学生则对无吸引力的照片给出了不太积极的评价。这一发现回应了我们之前描述的其他结果:具有不同自我文化构念(美国人独立而加纳人相互依赖)的人会给出不同的人际判断。

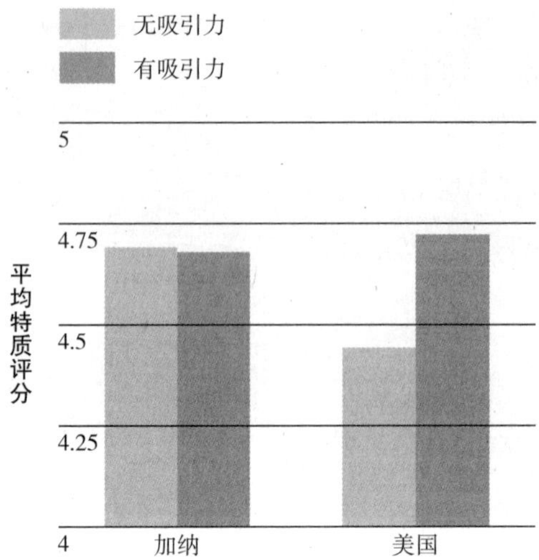

图 16.6 对有吸引力和无吸引力个体的跨文化特质判断

加纳和美国的参与者要根据有吸引力和无吸引力个体的照片做出特质判断。加纳学生对有吸引力和无吸引力的照片的特质评价基本相同，而美国学生则对无吸引力的照片给出了不太积极的评价。

资料来源：Anderson, S. L., Adams, G., & Plaut, V. C. (2008). The cultural grounding of personal relationship: The importance of attractiveness in everyday life. *Journal of personality and social psychology*, 95(2), 352–368. Copyright © 2008 American Psychological Association. Reprinted with permission.

相似性 “物以类聚”这一俗语说的正是相似性。这句话对吗？研究证据表明，在很多情形下这句话都是正确的。在诸如信念、态度和价值观等维度上的相似性能促进友谊。为什么会这样？与你相似的人能够给你带来一种个人获得肯定的感觉，因为一个与你相似的人会让你觉得自己所珍视的态度实际上是正确的（Byrne & Clore, 1970）。不仅如此，差异往往导致强烈的反感（Chen & Kenrick, 2002）。当你发现某人的意见与你不同时，你可能会想起过去的人际冲突，这就会促使你离开他。如果你远离不同于自己的人，那么你的朋友圈子将只剩下那些相似的人。甚至 3 岁的儿童也会显现出相似性对喜欢的影响，这说明我们在很小的时候就开始识别那些与我们相似的人了（Fawcett & Markson, 2010）。

相似性似乎还能让友谊历久弥坚。始于 1983 年的一项研究评估了 45 对朋友之间的相似性（Ledbetter et al., 2007）。2002 年，90 名最初的参与者中有 58 人报告了经过 19 年之后他们的友谊状况。比如参与者指出了他们彼此仍保持联系的程度。结果表明，那些在 1983 年更相似的朋友，在 2002 年也更可能保持联系。还有一点值得注意，正如相似会导致吸引一样，吸引也会引起相似的知觉：与事实相比，人们往往会认为他们喜欢的人与自己更相似。在一项研究中，学生们要在一系列相同的人格特质上评估自己和异性朋友（Morry, 2007）。结果发现，与朋友的自我报告相比，学生们对朋友的评估与自己更相似。

互惠　最后一点，你倾向于喜欢那些你认为喜欢你的人。你还记得我们对推销人员利用互惠性的讨论吗？你得到什么，就应该回馈什么，这个规则同样适用于友谊。人们对于那些他们认为“喜欢”自己的人，通常也回报“喜欢”（Whitchurch et al., 2011）。人们假定，那些向他们表达喜欢的人在未来的互动中会以值得信赖的方式行事，而这些对信任的预期为喜欢的互惠奠定了基础（Montoya & Insko, 2008）。此外，因为你的信念会影响你的行为，所以你认为某人喜欢或者不喜欢你本身就能促使这种关系成为现实（Curtis & Miller, 1986）。针对某个你认为喜欢你的人，你能预测你会如何行动吗？针对某个你认为不喜欢你的人呢？假设你针对某个你认为不喜欢你的人采取敌对行为。你能明白你的信念是怎样变成一种自我实现预言的吗？

本节回顾的证据表明，你的朋友大多数是那些你经常遇到的人，是那些与你共享很多相似性和互惠的人。不过，对于那种人们称之为“爱”的更为热烈的关系，研究人员有何发现呢？

爱

很多导致喜欢的力量同样也会令人踏上爱的旅程——多数情况下，你会首先喜欢那些你最终爱上的人。（可是也有人说，他们爱着某些作为个人来说并不特别喜欢的亲属。）关于爱的关系，社会心理学家了解什么特别的因素吗？

爱的体验　体验到爱是什么意思？请花点时间思考你会怎样定义这个重要的概念。你认为你对爱的定义与朋友的定义一致吗？研究人员一直在努力想尽各种方法来回答这个问题，确实发现了一些一致的结果（Reis & Aron, 2008）。人们对爱的概念化聚集在三个维度上（Aron & Westbay, 1996）：

- 激情（passion）——性激情和欲望
- 亲密（intimacy）——坦诚和理解
- 承诺（commitment）——投入和奉献

你对曾经感到激情澎湃的人有了一种伴侣的感觉，这并不意味着“爱情结束”。相反，伴侣感是浪漫的爱情自然发展的结果，以及大多数长期伴侣关系的重要因素。

你所有爱的关系是否都包括这三个维度？你可能会想：“并不包括全部。”事实上，我们要将“爱”（loving）某个人同与某个人“恋爱”（in love）区分开，这点非常重要（Meyers & Berscheid, 1997）。多数人都报告说，他们“爱”的人要比他们“恋爱”的人多。“我爱你，但是我并不是在与你恋爱。”听到这样的话语，又有谁不会心碎？与人“恋爱”，意味着某种更强烈、更特殊的东西——这是一种包含性激情的体验。

我们再做一个区分。很多爱情关系开始时都有一个极其强烈的着迷阶段，被称为激情之爱（passionate love）。随着时间的推移，爱情关系倾向于转变成一种强度降低但亲密加深的状态，这被称为伴侣之爱（companionate love）（Berscheid

& Walster, 1978）。当你处在恋爱关系时，你最好能预见这种转变，从而不至于将这种自然的变化视为“爱情结束”。事实上，报告更高水平的伴侣之爱的人们通常也对生活更为满意（Kim & Hatfield, 2004）。尽管如此，激情之爱可能并不像那些长期伴侣的刻板印象所暗示的那般急剧地下降。研究人员发现，有些伴侣在相处 30 年后依然保有相当水平的激情之爱（Aron & Aron, 1994）。当你进入爱情关系的时候，你可以满怀信心地期待，即使关系越来越多地包含了其他需要，激情仍会以某种形式存在。

要注意，浪漫关系的体验也受文化期望的影响（Wang & Mallinckrodt, 2006）。本章很多地方都提及独立与互依这一文化维度：具有独立自我建构的文化更重视个体而非集体；而相互依赖的文化则更重视共同的文化目标而非个人目标。这对你的爱情生活有何影响？如果你选择生活伴侣时依据自己对爱的感受，那么你表现出的是对个人目标的偏好；如果你选伴侣时着眼于对方会如何融入你的家庭结构和关系之中，那么你更倾向于集体目标。事实上，当美国人和中国人被问及什么因素对自己的恋爱体验最重要时，两者认为的最重要的因素往往不同（Riela et al., 2010）。例如，美国人更可能强调外貌和相似性，中国人则更可能强调家人和朋友对自己潜在恋人的反应。跨文化研究还表明，互依文化的成员不太强调爱是一段亲密关系的定义性特征（Dion & Dion, 1996）。考虑这样一个问题：“如果一位先生（女士）拥有所有你期望的这样或那样的品质，假如你不爱他（她），你会同这个人结婚吗？”在一个美国男女大学生样本中，只有 3.5% 的人回答说“会”；而作为比较组的印度大学生中，则有 49% 的人说“会”（Levine et al.,1995）。

哪些因素能让关系持久？　每一个阅读本书的人，当然也包括撰写这本书的人，似乎都可能经历过未曾持续下来的关系。这中间出了什么状况？或者从比较积极的角度来问这个问题：关于更可能让爱情关系持久的爱人和情境类型，研究者有什么发现吗？

有一种理论认为亲密关系中的人有一种“自我”容纳了“他人”的感觉（Aron et al., 2004）。看看**图 16.7** 中给出的若干个小图，每个小图都代表一种你可以用来概括亲密关系的方式。如果你正处于恋爱关系当中，你能指出哪个小图能最有效地表达你与伴侣之间的相互依赖程度吗？研究表明，那些认为自我和他人重叠最多的人（即那些把他人视为包括在自我之内的人），最可能长期保持对关系的承诺（Aron et al., 1992; Aron & Fraley, 1999）。

研究人员也一直对理解人们持久保持爱情关系能力的个体差异感兴趣。近年来，他们的注意力更多地集中在成人的依恋风格或依恋方式上（Fraley et al., 2005; Fraley & Shaver, 2000）。回顾第 10 章的内容，儿童对父母依恋关系的质量对其社会性的顺利发展非常重要。研究人员开始想知道，随着儿童慢慢长大，进入有承诺的亲密关系，可能还要养育自己的孩子，其早期的依恋对这些方面到底有多大的影响。

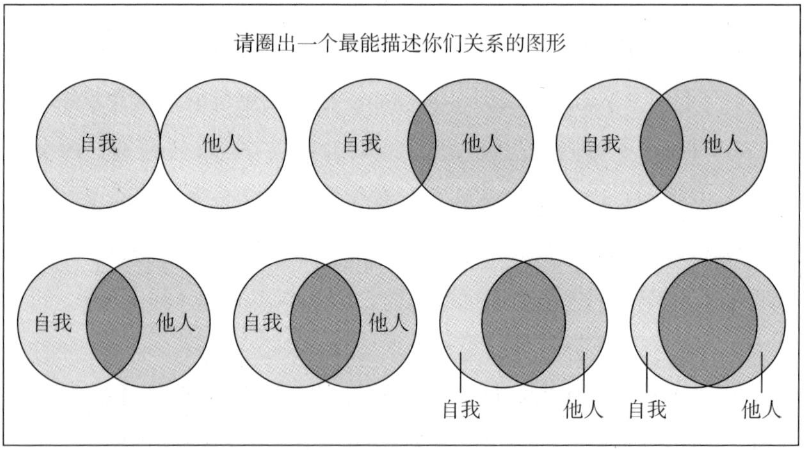

图 16.7　自我包含他人（IOS）量表

如果你处于恋爱关系当中，哪个小图最能表达你与伴侣之间的相互依赖性？采用自我包含他人（IOS）量表的研究发现，那些认为他人包含在自我之中最多的人，最可能保持对关系的承诺。

资料来源：Aron, A., Aron, E. N., & Smollan, D., IOS Scale, *Journal of Personality and Social Psychology*. Vol 63(4), Oct 1992, 596–612. Copyright © 1992 by the American Psychological Association. Reproduced with permission.

表 16.1　亲密关系中成人的依恋风格

陈述 1：
我感到亲近其他人是件容易的事情，依赖他们我觉得很自在。我不经常担心被抛弃或者有人跟我太过亲近。
陈述 2：
亲近其他人我觉得有些不自在；我感到很难完全信任他们，很难让我自己去依赖他们。任何人过于亲近我都会让我变得紧张；爱侣经常让我更亲近一些，但这种亲近让我感到不舒服。
陈述 3：
我感到其他人不愿像我期望的那样亲近我。我经常担心我的伴侣并非真的爱我，或者不愿意和我在一起。我想与我的伴侣非常亲近，但有时这会把伴侣吓跑。

依恋风格有哪些类型？**表 16.1** 提供了三种关于亲密关系的陈述（Hazan & Shaver, 1987; Shaver & Hazan, 1994）。请花点时间来指出哪种陈述最适合你。当要求人们指出最能描述他们的说法时，多数人（55%）选择了第一种说法，这是一种*安全型依恋风格*。相当一部分人选择了第二种说法（25%，*回避型依恋风格*）和第三种说法（20%，*焦虑矛盾型依恋风格*）。研究证明，依恋风格能准确地预测亲密关系的质量（Mikulincer et al., 2002; Nosko et al., 2011）。与选择其他两种风格的人相比，安全型依恋的成人的恋爱关系最为持久。

本节我们思考了影响人们是否彼此建立关系的一些因素。接下来，我们将考察在这些关系背景下发生的其他行为类型。

STOP 停下来检查一下

❶ 相似性对喜欢有什么影响？

❷ 定义爱的三个维度是什么？

❸ 哪种成人依恋风格通常与最高质量的亲密关系有关联？

批判性思考：请回忆考察参与者对有吸引力和无吸引力个体做判断的那项研究。为什么参与者不认识照片中的人物很重要？

生活中的心理学

在哪些方面你像变色龙

你或许已经注意到：当你与他人互动时，你很可能会发现自己以某种方式在模仿他们。比如，你可能无意识地与朋友的口音和言语模式保持一致。社会心理学家把这种模仿行为称为变色龙效应（chameleon effect）（Chartrand & Bargh, 1999）。自然界中的变色龙可以自动地改变它们的颜色以融入环境。社会心理学家认为，人类也能自动地调整他们的行为以与身边的人保持一致。

在最初证明变色龙效应的实验中（Chartrand & Bargh, 1999），研究者让参与者两人一组进行互动来描述照片。不过每组都有一个人实际上是研究者的助手。研究者要求助手在描述照片的同时做某种动作：要么用手揉自己的脸，要么晃动自己的一只脚。如果人们像变色龙一样行动，我们就可以预期参与者也会模仿这些动作。后来的确发生了这样的事。当助手做出这些动作时，参与者也更有可能跟着揉脸或晃脚。

研究者推测这种模仿行为起着“社交黏合剂”的作用。通过做出相同的动作，人们让自己与身边的其他个体看上去更相似。请回忆我们讨论社会关系时曾谈到，相似性会增加喜欢程度。因此两位研究者提出假设：人们的姿势一旦为某个伙伴模仿，就会更加喜欢这位伙伴。为检验这一假设，研究者进行了第二项研究，要求助手微妙地模仿参与者的举动。与控制组的参与者（助手没有模仿他们的姿势）相比，被模仿的参与者一致报告更喜欢那些助手们。重要的一点是，37 位参与者中只有 1 位意识到被人模仿。这一结果有力地证明，变色龙效应发生在意识觉知之外。

尽管如此，这些结果或许还是让你想知道：在某些社交场合中，通过有意识地模仿他人的行为，是否能让你表现更好？为解答这个问题，研究者给一部分将要去谈判的学生明确的指导语：“为得到更好的谈判结果，谈判专家建议你去模仿谈判对手的行为举止。比如，当对方摸自己的脸时，你也应该这样做。如果对方坐在椅子上后仰或前倾，你也应该这样做。不过，他们还强调了一个重点，即你模仿时要非常微妙，不要让对方注意你的行动，否则这种做法完全适得其反”（Maddux et al., 2008, p. 464）。听到这些指导语的学生总是比没有被鼓励模仿的学生在谈判上得分更高。

既然你了解了变色龙效应，你能否更清醒地认识模仿对你的社会关系的影响？

攻击、利他行为和亲社会行为

如果你花几分钟浏览每天的新闻，你几乎肯定能看到关于人类极端行为的报道：你会看到人类彼此伤害的场景，也会看到人类彼此帮助的场景。本节我们要思考导致这两类行为的因素。我们从攻击说起，**攻击**（aggression）是指给其他个体造成心理或生理伤害的行为。心理学家试图理解攻击产生的原因，目的是减少整个人类社会的攻击行为。接着我们要转向正面的极端行为：**亲社会行为**（prosocial behavior）是人们旨在帮助他人的行为。其中我们将着重关注**利他行为**（altruism）——人们在没有考虑自身安全或利益的情况下进行的亲社会行为。我们会讨论一些影响这些帮助行为发生可能性的个人和情境因素。

攻击的个体差异

攻击研究的一个重大事实是，有些人总是更有攻击性。为什么会这样？一类研究考察了遗传因素对攻击频率个体差异的影响。这些研究通常都证明了遗传因素在攻击行为上的强大作用（Yeh et al., 2010）。例如，同卵双生子总是比异卵双生子在攻击性上表现出更高的相关（Haberstick et al., 2006）。

研究者还关注了可能标记有攻击行为倾向性的脑功能的差异。正如第 12 章所述，一些脑结构（如杏仁核和某些皮层区域）在情绪表达和调节上起着一定的作用。就攻击而言，脑通路的有效运转十分重要，这样个体才能控制消极情绪的表达。比如杏仁核若出现不适当的激活水平，人们就可能抑制不住消极情绪而导致攻击行为（Siever, 2008）。

研究者还关注了神经递质 5- 羟色胺。研究表明，人体 5- 羟色胺的水平如果出现问题，就有可能削弱脑部对消极情绪和冲动行为的控制能力（Siever, 2008）。例如一项研究发现，有高攻击行为历史的男性的 5- 羟色胺系统对一种药物（芬氟拉明）的反应变弱，而这种药

为什么生活中某些类型的日常经历会使即便最冷静的人也想做出攻击行为?

物对该系统通常具有很大的影响（Manuck et al., 2002）。请回忆第3章和第14章，研究者们已着手探索5-羟色胺功能背后实际基因变异的影响。在这个研究中，研究者们同样证明：某种特定的基因变异可能影响5-羟色胺的功能，进而使人们更易做出高危的攻击行为。

关于攻击行为的人格研究表明，区分不同类型的攻击行为也十分重要，即不同人格的人可能会做出不同类型的攻击行为。一个重要的区分是把冲动性攻击与工具性攻击分开（Little et al., 2003; Ramírez & Andreu, 2006）。**冲动性攻击**（impulsive aggression）是个体对情境的反应，由情绪驱动：盛怒之下人们以攻击行为做出反应。如果你看见一起交通事故后当事人在互殴，那便是冲动性攻击。**工具性攻击**（instrumental aggression）是目标指引（把攻击当作达到目标的工具）和基于认知的攻击：人们根据预谋发起攻击行为，以达到特定的目的。如果你看见某人为了抢一位老妪的钱包而把她推倒在地，那就是工具性攻击。研究已经证实，这两种攻击倾向高的不同个体分别有着不同的人格特质（Caprara et al., 1996）。例如，冲动性攻击倾向高的个体一般有较高的情绪反应性，即对一系列情境有很强的情绪反应。相形之下，工具性攻击倾向高的个体，往往在暴力的积极评价因素上得分较高。这些个体认为很多形式的暴力都是正当的，他们也不认可攻击行为要承担道德责任。由此可见，不是所有类型的攻击行为都来自同样潜在的人格因素。

大多数人并不处于极端的攻击状态。他们遇到轻微的冒犯时并不恼火，也不会故意做出暴力行为。尽管如此，在某些情境中，即使最温和的个体也会表现出攻击行为。我们现在来考察几种通常可能引发攻击行为的情境。

情境对攻击的影响

现在花几分钟回想一下你最近一次的攻击行为。它可能不是身体攻击：你可能只是口头辱骂了某人，想使其心理上痛苦。你怎么解释为何那种特定的情境会引起攻击行为？

假设有人打扰你，让你无法完成某个重要的任务。你是否到了忍无可忍的地步？**挫折—攻击假说**（frustration-aggression hypothesis）描述了这种基本关系（Dollard et al., 1939）。根据该假说，挫折通常出现于人们实现目标受到妨碍的情境之下，挫折的增加随后会导致更可能做出攻击行为。挫折与攻击行为之间的这种关联已经获得了较多的实证支持（Berkowitz, 1993, 1998）。比如孩子们想玩更好玩的玩具的愿望受挫，当最终有机会玩这些玩具时，他们会对这些玩具表现出攻击行为（Barker et al., 1941）。

研究者们利用这种关联来解释个人和社会层面的攻击行为。一项研究考察了旧金山的失业率与这个城市中因“危及他人”而被诉讼的人所占比例的关系（Catalano et al., 1997, 2002）。研究者发现，暴力随着失业率的增加而增加，但此关系只在一定的范围内成立。当失业率太高时，暴力又开始下降。为什么会这样呢？研究者推测，人们对自己也可能失业的恐惧抑制了由挫折驱动的暴力倾向。这项研究表明，个体和社会力量是如何相互作用产生净暴力水平的。我们能够根据个体因失业率上升而体验到的挫折来预测某种程度的攻击，然而，当人们认识到表现出攻击行为可能会使他们的工作不保时，暴力就受到了抑制。日常生活经验可能会使你认识到这些力量：在很多情境中，你可能感到非常受挫，以至于想表现出攻击行为。但是你也知道，表现出攻击行为将对你的长期利益产生不良影响。

无疑，直接的挑衅也会导致攻击行为。也就是说，当某个人的行为使你生气或难受，而且你认为他是有意为之，这个时候，你更可能以身体或口头的攻击作出回应（Johnson & Rule, 1986）。直接挑衅的影响与我们对攻击的一般看法是一致的，即导致消极情感的情境会引发攻击。行为的意图很重要，因为你不太可能以一种消极的方式去解读和回应一种无意的行为。有项研究关注四年级的儿童（Nelson et al., 2008）。研究者要求儿童阅读一些剧本，并判断主角的意图。比如在一个剧本里，儿童要想象小伙伴的篮球从他们脚下滚过，致使他们在比赛时摔倒。儿童要说明，他们认为小伙伴的这一行为是否有意为之。研究者还收集了教室里这些儿童实际身体攻击水平的信息。这两种数据都揭示了有趣的关系。比如，在那个篮球剧本中，感知到最强敌意的男孩也最具身体攻击性。这些数据提醒你，为什么人们建构社会现实的方式如此重要：当人们把模糊的情境解释为挑衅时，就更可能以攻击回应。

我们刚才一直在关注导致攻击的特定情境内容。此外，更宽泛的社会规范同样会影响人们攻击的可能性（Leung & Cohen, 2011）。请回忆一下第 6 章我们讨论过的研究，该研究表明，儿童通过观察成人榜样非常容易习得攻击行为。例如，当儿童看见成人榜样击打和踢踹一个大的塑料娃娃后，做出同样行为的频率要明显高于在控制组中没有目睹攻击榜样的儿童（Bandura et al., 1963）。我们在第 6 章也提到过，美国的电视节目将大量的攻击榜样直接发送到儿童的家中，置身于这种暴力环境与成人后的攻击水平高度相关（Huesmann et al., 2003）。

研究者已经提出**一般性攻击模型**来解释接触暴力媒体（电视、电影等）与攻击行为的关系（DeWall et al., 2011）。该模型表明，人们通过观看媒体中的暴力节目，掌握了一整套与攻击有关的知识结构：准此而论，“每个暴力节目片段实质上都是一次试验，让人们意识到这个世界是一个危险的地方，攻击是一种应对冲突和愤怒的合理方式，而且攻击是有效的”（Bushman & Anderson, 2002, p. 1680）。让我们来看一项考察暴力电子游戏短期影响的研究。

研究特写

研究者招募了一批之前不怎么玩暴力电子游戏的本科生作为实验的参与者（Engelhardt et al., 2011）。在研究的第一阶段，参与者被随机分配玩 25 分钟的暴力电子游戏（如《侠盗猎车手：罪恶都市》）或非暴力电子游戏（如《美国棒球大联盟 2004》）。在第二阶段，让参与者观看中性照片（例如一个骑自行车的男人）和暴力照片（例如一个男人拿着枪对着另一个男人的嘴），同时研究者记录他们的脑活动。通常情况下，人们在观看暴力图片时会出现一种特殊的脑反应，称为 P3。然而，玩暴力电子游戏的参与者表现出相对较小的 P3 反应，这表明玩暴力游戏使他们对暴力图片变得不敏感。在第三阶段，参与者有机会通过设置噪声的响度和时长来表达对竞争对手的攻击。那些脑活动对暴力图片脱敏最大的参与者，也通常选择更响、更长的噪声来表达最强烈的攻击。

这项研究表明了暴力电子游戏对人们攻击行为倾向的改变有多迅速。一项大规模的分析考察了大量的实验数据，涉及 130 296 名参与者，得出了一个有力的结论，即玩暴力电子游戏会使人处于做出攻击行为的风险之中（Anderson et al., 2010）。正如该分析的研究者所指出的，“当游戏让人一遍遍地重复攻击性的暴力想法和行动时，如此高度的游戏卷入会对玩家产生反社会的影响，这一点也不奇怪”（p. 171）。

你可以选择玩或者不玩暴力电子游戏。然而，对很多人来说，对暴力的接触超出了他们的控制范围。孩子们可能在他们自己的家中感受过攻击行为（Evans et al., 2008）。另外，许多美国孩子在城市的低收入社区长大，这些社区暴力频发，且长期存在（Berkowitz, 2003; Salzinger et al., 2006）。有关暴露于暴力环境对儿童心理健康

为什么家长担心玩暴力电子游戏的孩子容易在现实世界更具攻击性？

和攻击行为倾向影响的研究也只是刚刚开始而已（Lambert et al., 2010; Spano et al., 2012）。

本节介绍了攻击行为出现的诸多原因。幸运的是，人们也乐意帮助他人。我们现在就转向帮助行为的根源。

亲社会行为的根源

2008 年 5 月，中国四川省汶川县发生了里氏 8.0 级地震。媒体中满是地震引起的破坏画面。然而，媒体也报道了人们冒着生命危险救助他人的事迹。来自中国和世界各地的救援者汇聚在四川省，希望能够找到并救助那些幸存者。我们在其他危难中也看到了类似的英雄主义行为。例如，一群 60 岁开外的日本公民在 2011 年 3 月福岛核泄漏事故后自愿加入救援行动，他们希望把年轻的志愿者从辐射的危险中替换下来。

我们该如何解释为什么人们会做出亲社会行为？**丹尼尔·巴特森**（Batson, 1994）指出，有四种力量促使人们为公共利益行动：

- 利他主义（altruism）：出于让他人获益的动机而行动。就像上述例子中挽救他人生命的志愿者那样。
- 利己主义（egoism）：为了自身利益而最终采取亲社会行为。某人做出帮助他人的行为是为了能够得到类似的帮助（如让他人也顺从自己的请求）或奖赏（如金钱或赞美）。
- 集体主义（collectivism）：为了有利于某一特定群体而做出亲社会行为。人们可能会做一些帮助行为来改善家庭、大学生联谊会或政党等环境。
- 原则主义（principlism）：为了践行道德原则而做出亲社会行为。有些人表现出亲社会行为是因为要遵循宗教或习俗的原则。

你可以看到这些动机在不同情境下的应用。

同样的亲社会行为可能有多个动机。比如美国许多高等院校现在都鼓励学生参加服务学习："一种课程作业，即学生通过为他人工作来完成课程的学习目标"（Jay, 2008, p. 255）。比如，在"老年学导论"课程的服务学习项目中，学生们协助某个县机构收集了与老年人有关的法律问题（Anstee et al., 2008）。因为参加这个项目增加了学生的教育经历，我们可以把它视为利己主义的例子（也就是说，学生的奖赏是更多的学习成就）。不过，他们的这种参加也给老年人和县机构带来了益处，所以我们也可以把该服务学习项目视为集体主义的例子。实际上，支持服务学习的教育者通常希望，它逐渐灌输的价值观能引导学生毕生从事亲社会行为（Tomkovick et al., 2008）。

什么样的亲社会动机会促使人们团结起来保护环境?

在亲社会行为的这些动机之中，利他主义的存在有时还有争议。要理解原因，你必须回想之前章节中对进化力量的讨论。根据进化的观点，生命的主要目标是繁殖后代，如此个体才能传递自己的基因。在这种背景下，利他主义有何意义？为什么你应该冒着生命危险帮助他人？这个问题有两个答案，取决于"他人"究竟是家人还是陌生人。

对于家人来说，利他行为是有意义的，因为即使你冒着生命危险，但你帮助了你基因库的总体生存（Burnstein, 2005）。研究者考察了基因重叠对人们利他行为的影响程度。

研究特写

一项实验的参与者有机会为自己和亲属赚钱，这些亲属分别与他们有 50% 的基因重叠（如亲兄弟姐妹和父母）、25% 的重叠（如祖父母、姑姨和甥侄）或 12.5% 的重叠（如堂表兄弟姐妹）（Madsen et al., 2007）。不过，参与者要赚钱必须保持痛苦的身体姿势：他们保持这种姿势的时间越长，他们为自己或亲属赚的钱就越多。在数天里参与者都要回到实验室，以便研究者能够完成每个基因重叠类别下的测试。参与者在每个试次结束后，才能知道自己保持这种痛苦姿势的时间。结果证明了基因重叠的显著影响。总体而言，基因重叠越大，参与者忍受痛苦的时间就越长。研究者用伦敦的大学生和两个南非祖鲁族种群都证明了几乎相同的模式。

因为参与者要给亲属金钱就得忍受痛苦，所以他们的行为符合利他的标准。其他研究表明，人们最愿意帮助他们在情感上亲近的个体，包括他们朋友圈子里的人（Korchmaros & Kenny, 2006; Stewart-Williams, 2007）。对于大多数人而言，他们最亲密的情感依恋对象也是他们的近亲。因此，基于情感亲密的帮助模式也间接地有利于人们基因库的延续。

但是非亲缘关系是怎样的呢？情感亲密性的观点给出了人们对他们最亲密的朋友表现出利他行为的原因。然而，为什么日本的老年人会冒着生命危险拯救别人的生命呢？为了解释人们对泛泛之交和陌生人的利他行为，理论家们提出了**互惠性利他主义**（reciprocal altruism）这一概念（Trivers, 1971）。互惠性利他主义认为，人们之所以做出利他行为，是因为在某种意义上他们希望其他人也会对他们做出类似的利他行为。人们抱有这样一种期望：当你快溺死的时候我救你，将来有一天，如果我快要溺死的时候你也会救我。然而也要注意，互惠性利他主义这一概念并不能解释社会性物种的所有合作行为。例如，上例的日本老年志愿者肯定没有指望他们救的陌生人会回报他们类似的利他行为。为解释这类行为，研究者认为可能*间接互惠*在起作用：人们表现出利他行为是因为他们相信，在将来他们会成为利他行为的受惠者。通俗地说，就是“我替你挠背，将来其他人也会替我挠背”（Nowak & Sigmund, 2005, p. 1291）。

人们对非亲属表现出利他行为时，通常还有社会原因。*同理心利他主义假说*（empathy-altruism hypothesis）认为，存在这样一种特定关系：当你对其他个体产生同理心（情绪认同的感受）时，这些感受会引发提供帮助的利他动机（Batson, 1991）。研究支持了这一假说。比如，有项研究要求参与者将彩票分发给整个小组或小组内的一个成员（Batson et al., 1999）。在一种实验条件下，参与者读到了小组某个成员的自传信息，了解此人被相恋很久的女朋友抛弃了。当参与者体验到同理心时，他们给这位被抛弃的个体多分了彩票。在人类和其他社会物种中，研究者都证明了同理心与利他行为存在非常普遍的联系（de Waal, 2008）。

刚才我们已经回顾了人们做出亲社会行为和利他行为的若干原因。下面我们将描述一个经典的研究项目，该项目充分说明了人们帮助他人的意愿（满足亲社会动机的能力）在多大程度上取决于情境的特征。

情境对亲社会行为的影响

这一研究计划始于一件惨案的新闻报道。据《纽约时报》报道，纽约皇后大街上 38 名安分守法的公民观看了基蒂·吉诺维斯惨遭歹徒杀害的事件。有一本书更详细地描写了该事件的过程：一名歹徒悄悄跟踪吉诺维斯，并在三次不同的袭击中刺伤了她，而纽约人透过自家窗户，对此静静旁观了半个多小时（Rosenthal, 1964）。新闻报道说，当时只有一位目击者在吉诺维斯死后报了警。现在的分析却表明，这些早期描述严重失实（Manning et al., 2007）。例如，警方记录证实，目击该事件的人远不到 38 人，并且鉴于事件的进展方式，基本上不可能有人能目睹整个事件的过程。几乎可以肯定的是，在第一次袭击发生后，就有人报警了。最后要说的是，警察赶到现场时，吉诺维斯还活着。

新闻报道最初的严重失实并没有妨碍其影响力。吉诺维斯命案（以其报道方式）震惊了整个美国，人们无法接受负责任的市民竟然有如此冷漠和铁石心肠的一面。只是旁观而不介入的新闻报道仍不断出现，人们对此没有太大的争议。例如，2009 年在一位德国商人被两名青少年杀害时，有数名路人目睹了这一惨案（Fischer et al., 2011）。面对这类新闻报道，社会心理学家提出了重要的问题：给这些旁观者贴上“冷漠”和“铁石心肠”的标签公平吗？或者我们能用情境的力量来解释他们的不作为吗？

为了弄明白情境的力量，**比布·拉塔内和约翰·达利**（Latané & Darley, 1970）做了一系列经典的研究。他们的目标是要证明**旁观者介入**（bystander intervention）——人们想帮助危难中的陌生人的意愿——对情境的精细特征非常敏感。他们在实验室里巧妙地营造了与旁观者介入相似的情境。

研究特写

参与者是大学生（Darley & Latané, 1968）。实验者将每一名学生单独安置在一间有内部通话设备的屋子里，并让其相信他正与隔壁屋子里的一名或多名同学交流。在讨论个人问题的过程中，参与者听到其中的一名学生癫痫发作并喘息着求救。在“癫痫发作”期间，参与者无法与其他同学对话，也无法知道其他人对突发情况采取了什么措施。研究的因变量是参与者把这个紧急事件报告给实验者的速度。

结果表明，参与者干预的可能性取决于他认为在场的旁观者人数。他认为在场的人数越多，报告这一紧急事件（如果他真的这么做了）的速度就越慢。如**图 16.8** 所示，两人情境下的每名参与者均在 160 秒内进行了干预；但是，那些认为自己是更大旁观者群体一员的参与者，有近 40% 的人从未操心去通知实验者说有一个同学病得很厉害。

这一结果源于**责任分散**（diffusion of responsibility）。当不止一个人能够在紧急事件中提供帮助的时候，人们经常假设其他人会或应该帮忙——于是他们自己就会后退，不介入。

研究者继续考察影响旁观者介入可能性的情境特点。一个重要的变量是紧急事件的严重程度：在危急情境中，其他目击者在场的影响比不危险的情境小得多（Fischer et al., 2011）。请思考这样一项研究，

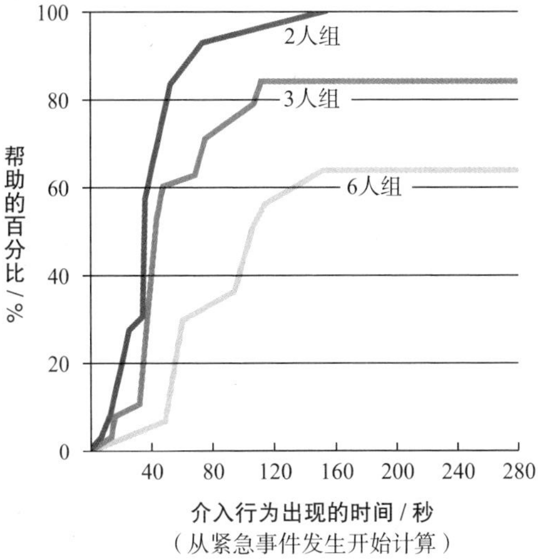

图 16.8　紧急事件中的旁观者介入

在场的旁观者越多，旁观者介入的可能性就越小。2 人组的旁观者介入行动最快。

资料来源：Darley, J. M., & Latané, B. (1968). Bystander intervention in emergencies: diffusion of responsibility. *Journal of personality and social psychology, 8*(4), 377–383.Copyright © 1968 American Psychological Association. Reprinted with permission.

参与者认为自己正在观看一名男人和女人的真实互动，男人开始威胁这个女人（Fischer et al., 2006）。在低身体危险的条件下——男人很瘦弱，并不吓人；在高身体危险的条件下——男人块头很大，很吓人。当女人面临低身体威胁时，参与者单独在场，参与者有 50% 的次数帮助了这位女士；而当身边还有一位旁观者时，帮助的次数只有 6%。当女人面临高身体危险时，参与者单独在场，有 44% 的次数介入；但当身边还有一位旁观者时，仍有 40% 的次数介入。我们可能还是希望，要是参与者更多地帮助这位女士就好了！不过，这项研究为我们提供了希望，当你真的需要帮助时，旁观者会帮你的。

上述紧急情况的确切性质可能很重要，部分原因是：显而易见的危险使旁观者很难无视正在发生的事情。然而在很多现实生活中，那些赶时间的人们——例如在上班或约会途中的人——也许甚至都没有

生活中的批判性思维

如何才能让人们成为志愿者

假设你是一个组织的领导者。很可能你要为组织的活动招募志愿者。为了达到目标，了解人们为何会做志愿工作以及什么因素维持着他们的工作兴趣是很有帮助的。

我们从为什么人们会做志愿工作这个问题开始讨论。研究者们已经确定了几个促使人们成为志愿者的动机（Mannino et al., 2011; Omoto & Snyder, 2002）。例如，人们参加志愿活动是为了表达关于利他主义的个人价值观、扩展人生体验以及加强社会关系。如果志愿者岗位不能满足这些需要，人们就可能不愿意参与。所以为了招募志愿者，你可能需要了解你想要吸引的人有何动机需求。

当人们开始做志愿者后，又是什么驱使他们在自己的岗位上坚持下去的呢？为回答这个问题，研究者对志愿者进行了纵向研究。例如，一项研究对佛罗里达州的238名志愿者进行了为期一年的追踪调查（Davis et al., 2003）。这些志愿者参与了诸如免费医疗救助和反家庭暴力之类的组织。影响志愿者参与满意度的最重要的因素之一是：他们在志愿者岗位上遭受痛苦的程度。尽管你对这个结果可能不会感到吃惊，但是它却对实践有着重要的指导作用。研究者指出，应该把目光放在“那些能让志愿者提前做好准备以应对痛苦情境的培训方法上，或者教给他们一些策略以应对他们肯定会经受的痛苦”（p. 259）。

注意到需要他们帮助的情境。在一个经典实验中，研究者告诉普林斯顿神学院的学生，将要对他们的布道表现进行评价，布道内容有一段是关于善良的撒马利亚人如何费时费力地帮助躺在路边的受伤者的故事（Darley & Batson, 1973）。在他们去布道的路上，要从一个倒在门口不停咳嗽和呻吟的男子身旁经过。在那些认为自己已经布道迟到的人们中，只有10%的人提供了帮助；而在按时赶到的人中，有45%的人提供了帮助；大多数旁观者介入都来自那些早到的学生——其中有63%的学生像善良的撒马利亚人一样提供了帮助。你再次看到了情境的特点是如何解释人们的行为的。

基于你所学的知识，如果你发现自己处在危急情境中，你会做什另一项研究考察的是美国东南部一家临终关怀医院里的 302 名志愿者，重点关注他们在多大程度上将“志愿者”视为重要社会角色的个体差异（Finkelstein et al., 2005）。该研究提出一个假设：那些认为志愿者角色是其自我同一性最重要部分的人也最可能继续他们的志愿者工作。参与者通过回应诸如“自愿为临终关怀医院工作是我个人同一性的一个重要部分”之类的陈述，来表明该社会角色的重要程度。与研究者的预期一致，他们发现角色同一性的强度与志愿工作持续的时长有正相关。根据这一结果可以再次得出具体的建议：“一旦个体开始做志愿工作，使其坚持志愿工作的方法就可能集中在培养志愿者角色同一性上……让志愿者因其贡献而得到公开认可的物品（如 T 恤衫、志愿者工牌）都有助于加强角色同一性”（p. 416）。

这些研究让你也能省察你自己的行为。你的志愿工作的经历出于什么动机？你做好应对痛苦的准备了吗？在多大程度上你欣然接受“志愿者”是一个受人尊敬的社会角色？你可以回答这些问题以增加你的志愿活动的个人收获和社会效益。

- 为什么适合用纵向设计来研究志愿者行为？
- 为什么 T 恤衫和志愿者工牌有助于加强角色同一性？

么？你需要让旁观者注意到你，并且不要让他们感到责任分散。你应当直接指着某个人说：“你！我需要你的帮助。”在一项经典研究中，纽约人看到了一个小偷从沙滩毯上偷走了一台便携式收音机，收音机的主人仅仅把它放在那里几分钟（Moriarty, 1975）。在实验情境中，受害者（实验者的助手）对旁观者说“你有时间吗？”，或者说“你能在我离开的时候照看一下我的包（收音机）吗？”前一种情况没有引发参与者的责任感，当小偷拿走东西的时候，那些人只站在边上看着；然而那些答应替受害者照看东西的人几乎每个人都介入了，他们大声呼救，有的甚至在沙滩上与逃跑的小偷搏斗。这个实验表明，请求帮助的行为使得人们与旁观者建立起了一种特殊的人际联结，从而对情境有了实质性改变。

在这一节，我们讨论了亲社会行为——那种人们互相帮助的情境。人们有若干种动机可以解释亲社会行为。不过，正如我们在本章屡屡看到的，社会情境对人们按这些动机行事的程度有着很大的影响。

STOP 停下来检查一下

❶ 为什么研究者认为遗传因素会影响攻击？

❷ 挫折与攻击之间的关系是什么？

❸ 互惠性利他主义是什么意思？

❹ 为什么会发生责任分散现象？

个人后记

我们已经来到了《心理学与生活》之旅的终点。回溯过往，我希望你能清晰地认识到，自己这一路走来学到了多少知识。不过，我们还只是浅尝辄止，心理学的学习仍有许多兴奋和挑战在等着你。我希望你继续追寻自己对心理学的兴趣，将来有望成为科学研究者或临床实践者，或者应用你学到的心理学知识解决社会和个人问题，从而继续为这一充满活力的事业作出贡献。

剧作家汤姆·斯托帕德提醒我们：“每个出口都是通往其他地方的入口。”我相信，你从《心理学与生活》及心理学导论课程中学到的知识，有利于你顺利地进入下一阶段的人生。在接下来的旅程中，希望你为探索人类行为的心理学注入新的活力，同时加强你与遇到的每个人的联结。

（理查德·格里格）

要点重述

建构社会现实

- 每个人都在建构自己的社会现实。
- 社会知觉受信念和期望的影响。
- 归因理论描述人们对行为的原因所做出的判断。
- 诸如基本归因错误、自我服务偏差、自我实现预言等一些偏差会潜在地影响归因、其他判断和行为。

情境的力量

- 个体如果接受安排扮演某个社会角色，即便是在人为场景中，也会导致其违背自己的信念、性格和价值观而行动。
- 社会规范能塑造群体成员的态度和行为。
- 谢里夫和阿施所做的经典研究说明了导致从众的信息性力量和规范性力量。
- 少数派影响可能是信息性影响的结果。
- 米尔格拉姆对服从的研究有力地证明了情境因素的影响，这些力量会使普通人认可并参与有组织的攻击行为。

态度、态度改变与行动

- 态度是对人、事、物或观念的积极或消极评价。
- 并非所有态度都能准确预测行为，它们必须很容易获得或非常稳定才能预测行为。
- 根据精细可能性模型，说服的中心路径有赖于对论据的仔细分析，而外周路径则有赖于说服情境的表面特征。
- 认知失调理论和自我知觉理论探讨了源自行为活动的态度形成和改变。
- 要引发顺从行为，人们可以利用互惠、一致性、承诺等技巧。

偏　见

- 人们区分内群体和外群体时，即使是任意的微小线索也会引发偏见。
- 刻板印象影响人们对行为和信息的评价方式。
- 内隐偏见通常会影响人们的行为。
- 研究者通过创造条件，让不同群体的成员必须合作才能实现共同的目标，从而消除了偏见的部分影响。
- 跨文化研究也表明，友谊在消除偏见方面有着重要的作用。

社会关系

- 人际吸引部分地取决于邻近性、外表吸引力、相似性和互惠。
- 可以根据激情、亲密和承诺来界定亲密关系。
- 成人依恋风格影响亲密关系的质量。

攻击、利他行为和亲社会行为

- 攻击行为的个体差异反映在遗传、脑功能和人格特质上。
- 挫折和挑衅都会引起攻击行为。
- 不同文化为攻击行为提供了不同的规范。
- 研究者试图解释人们做出亲社会行为的原因，尤其是对自己没有好处的利他行为。
- 进化论的解释关注亲属关系和互惠性。
- 旁观者介入研究表明，情境在很大程度上决定了危急情况下哪些人会提供帮助。

关键术语

社会心理学
社会认知
社会知觉
归因理论
共变模型
基本归因错误
自我服务偏差
自我实现预言
社会角色
规则
社会规范
从众
信息性影响
规范性影响
规范具体化
群体极化
群体思维
态度
说服
精细可能性模型
认知失调
自我知觉理论
顺从
互惠规范
偏见
社会分类
内群体
外群体
内群体偏向
种族歧视
性别歧视
刻板印象
内隐偏见
接触假说
攻击
亲社会行为
利他行为
冲动性攻击
工具性攻击
挫折—攻击假说
互惠性利他主义
旁观者介入
责任分散

“停下来检查一下”答案

第 14 章

停下来检查一下（心理障碍的性质）

1. 最相关的标准似乎是“痛苦或功能障碍”（也就是说，杰瑞的恐惧给他带来个人痛苦）和“适应不良”（也就是说，杰瑞的恐惧使他无法轻松地追求自己的目标）。
2. 分类可以提供一种通用的简略语言、对病因的理解和治疗计划。
3. 行为在不同的文化中有不同的解释——相同的行为在不同的文化背景下可能看起来“正常”或“异常”。

停下来检查一下（焦虑障碍）

1. 患有恐怖症的人会在客观上并不危险的情况下体验到非理性的恐惧。
2. 强迫观念是想法，而强迫行为是动作。
3. 研究表明，人类物种的进化史让人们“准备好”对某些刺激产生恐惧。
4. 焦虑敏感性高的人更容易相信身体症状会产生有害的后果。

停下来检查一下（心境障碍）

1. 双相障碍的特征是严重抑郁与躁狂发作交替出现。
2. 认知三合一是指对自己的消极看法，对当前体验的消极看法，对未来的消极看法。
3. 研究表明，女性比男性更有可能对自己的问题进行反刍式思考，这导致消极情绪增加。
4. 当青少年感到抑郁、无望或孤立并有消极的自我概念时，他们有尝试自杀的风险。

停下来检查一下（躯体症状及相关障碍、分离障碍）

1. 霍华德的情况符合疾病焦虑障碍的定义。
2. 分离性遗忘症是指在没有任何器质性功能障碍的情况下，由心理因素导致的对重要个人经历的遗忘。
3. 研究表明，几乎所有患分离性身份障碍的人确实遭受过某种形式的身体或心理虐待。

停下来检查一下（精神分裂症谱系及其他精神病性障碍）

1. 社交退缩和情感淡漠是精神分裂症的阴性症状。
2. 研究表明，那些高情绪表达家庭中的患者回到家庭后更容易复发。

停下来检查一下（人格障碍）

1. 有边缘型人格障碍的人对被抛弃有强烈的恐惧。
2. 有边缘型人格障碍的人在童年时经历过明显更多的性虐待。
3. 反社会型人格障碍的特征是行为冲动和漠视安全，这产生了自杀的风险。

停下来检查一下（儿童的心理障碍）

1. 注意缺陷 / 多动障碍的行为特征是与儿童的发展水平不相称的注意缺陷以及多动和冲动。
2. 许多父母只有在孩子出生后第二年在社会互动或语言使用方面未能达到发展标准时才开始担心。
3. 研究人员指出，有孤独症的儿童无法发展出标准的心理理论。

停下来检查一下（精神疾病的污名）

1. 对精神疾病的负性态度让患者被视为不可接受的另类。
2. 当人们接受治疗时，他们通常必须公开承认自己有精神疾病，这为污名创造了一种背景。
3. 研究表明，与精神疾病患者接触有助于减少污名。

第 15 章

停下来检查一下（治疗的背景）

1. 治疗过程的目标是做出诊断，提出可能的病因，做出预后估计，并进行治疗。
2. 精神分析师已完成弗洛伊德学派治疗的研究生训练。
3. 研究表明，治疗师的文化胜任力越强，治疗效果越好。
4. 大量从精神病院出院的患者在很短的时间后又重新入院。

停下来检查一下（心理动力学治疗）

1. 心理动力学治疗之所以也被称为领悟疗法，是因为其中心目标是引导患者领悟当前症状和过去冲突之间的关系。
2. 移情是指患者对治疗师产生情绪反应的情况，这种情绪反应通常代表患者生活中的情绪冲突。

3. 克莱因认为，死本能先于性意识存在，并导致与生俱来的攻击性冲动。

停下来检查一下（行为治疗）

1. 使用反条件作用的疗法试图用健康的反应（如放松）取代适应不良的反应（如恐惧）。
2. 通常情况下，临床医生使用奖赏来为期望的行为提供正强化（例如保持戒毒状态）。
3. 泛化技术试图使治疗带来的积极变化延续下去。

停下来检查一下（认知治疗）

1. 认知治疗的基本假设是，异常的行为模式和情绪困扰源于两方面的问题，即人们思考的内容和思考方式。
2. 理性－情绪疗法认为非理性的信念会导致不良的情绪反应。
3. 认知行为疗法的一个目标是改变人们的行为——重要的是让他们相信自己能够有效地做出适应性行为。

停下来检查一下（人本主义治疗）

1. 人类潜能运动的目标是提高个人的潜能，使其达到更高的表现水平，获得更丰富的体验。
2. 来访者中心疗法的治疗师会建立一个无条件积极关注的环境，即尊重和无条件地接纳来访者而不对其进行任何评判。
3. 在格式塔疗法中，患者想象一种感受、一个人、一个物体或一个情境正在占据一把空椅子；他们与椅子的“主人”交谈，以修通他们生活中的问题。

停下来检查一下（团体治疗）

1. 团体治疗让参与者有机会了解他们的问题类型实际上可能是相当普遍的。
2. 夫妻治疗的目标通常是帮助夫妻澄清和改善他们互动的质量。
3. 网络自助团体对行动不便的人尤其有价值，否则他们可能无法进入这些团体。

停下来检查一下（生物医学治疗）

1. 非典型性抗精神病药有助于缓解精神分裂症的症状，而不会引起严重的运动控制问题。
2. SNRI 类药物抑制 5－羟色胺和去甲肾上腺素的再摄取。
3. 这个手术会从根本上改变人格：人们变得不那么情绪化，但他们也失去了自我感。
4. 当人们接受 rTMS 时，他们的脑部会受到重复的磁脉冲刺激。

停下来检查一下（治疗评估和预防策略）

1. 元分析表明，许多标准的抑郁治疗（如认知行为治疗和药物治疗）比安慰剂疗法更能缓解抑郁。
2. 研究证明，一般来说，更积极的治疗联盟能更好地缓解心理障碍。
3. 初级预防的目标是实施那些旨在降低个人患精神疾病概率的项目。

第16章

停下来检查一下（建构社会现实）

1. 凯利认为，人们在归因时会评估区别性、普遍性和一致性。
2. 学生们可能将成功归因于自己，并推脱失败——举例来讲，这一模式可能会使他们在考差了的时候还不改变自己的学习习惯。
3. 在大多数教室中，教师对学生的潜力有着准确的信息，这就限制了自我实现预言的可能性。

停下来检查一下（情境的力量）

1. 斯坦福监狱实验证明了人们采取由社会角色定义的行为模式的速度有多快。
2. 因为人们希望被他人喜欢、接纳和赞许，所以群体能产生规范性影响。
3. 少数派能产生信息性影响：因为大多数群体成员希望自己正确，所以少数派能产生影响。
4. 当群体共同的决策比每个群体成员各自决策的平均值更极端时，就表明群体极化过程在起作用。
5. 精神科医生的预测大大低估了将电击施加至极高强度的个体的人数。

停下来检查一下（态度、态度改变与行动）

1. 态度包括认知、情感和行为三个成分。
2. 说服的中心路径的特点是高度精细化，即对说服材料进行仔细思考。
3. 因为减少失调反映的是想要保持自我一致性的冲动，所以自我感的跨文化差异会对人们在何种情境下体验到失调产生影响。
4. 当人们将大的请求降至中等程度的请求时，他们就已经为你做了一些事情。互惠规范要求你也为他们做一些事情，即同意他们提出的较小的请求。

停下来检查一下（偏见）

1. 在没有偏见的情况下，人们通常对内群体成员有积极的感受，对外群体成员有中性感受。

2. 人们与刻板群体成员通常的互动方式，使得他们不能做出与刻板印象不符的行为。
3. 研究表明，与外群体成员的接触总是能减少偏见。

停下来检查一下（社会关系）

1. 人们倾向于更喜欢那些与他们相似的人。
2. 定义爱的三个维度是激情、亲密和承诺。
3. 具有安全型依恋风格的成人往往有着最长久的浪漫关系。

停下来检查一下（攻击、利他行为和亲社会行为）

1. 研究者使用双生子研究证明，与异卵双生子相比，同卵双生子在反社会和攻击行为方面有更高的一致性。
2. 当人们在追求目标的过程中受挫时，他们更可能做出攻击行为。
3. 互惠性利他主义是指，人们之所以做出利他行为，是因为他们希望自己也会成为此类行为（作为回报）的受益者。
4. 当一群人看到了一个紧急事件时，群体成员通常会假设，已经有人承担起了提供帮助的责任。

专业术语表

异常心理学

abnormal psychology The area of psychological investigation concerned with understanding the nature of individual pathologies of mind, mood, and behavior.

攻击

aggression Behaviors that cause psychological or physical harm to another individual.

广场恐怖症

agoraphobia An extreme fear of being in public places or open spaces from which escape may be difficult or embarrassing.

利他行为

altruism Prosocial behaviors a person carries out without considering his or her own safety or interests.

反社会型人格障碍

antisocial personality disorder A disorder characterized by stable patterns of irresponsible or unlawful behavior that violates social norms.

焦虑障碍

anxiety disorder Mental disorder marked by psychological arousal, feeling of tension, and intense apprehension without apparent reason.

注意缺陷 / 多动障碍

attention-deficit/hyperactivity disorder (ADHD) A disorder of childhood characterized by inattention and hyperactivity-impulsivity.

态度

attitude The learned, relatively stable tendency to respond to people, concepts, and events in an evaluative way.

归因理论

attribution theory A social-cognitive approach to describe the ways the social perceiver uses information to generate causal explanations.

孤独症，也译作自闭症

autistic disorder A developmental disorder characterized by severe disruption of children's ability to form social bonds and use language.

厌恶疗法

aversion therapy A type of behavioral therapy used to treat individuals attracted to harmful stimuli; an attractive stimulus is paired with a noxious stimulus in order to elicit a negative reaction to the target stimulus.

行为矫正

behavior modification The systematic use of principles of learning to increase the frequency of desired behaviors and/or decrease the frequency of problem behaviors.

行为治疗

behavior therapy See behavior modification.

生物医学治疗

biomedical therapy Treatment for a psychological disorder that alters brain functioning with chemical or physical interventions such as drug therapy, surgery, or electroconvulsive therapy.

双相障碍

bipolar disorder A mood disorder characterized by alternating periods of depression and mania.

边缘型人格障碍

borderline personality disorder A disorder defined by instability and intensity in personal relationships as well as turbulent emotions and impulsive behaviors.

旁观者介入

bystander intervention Willingness to assist a

person in need of help.

宣泄

catharsis The process of expressing strongly felt but usually repressed emotions.

来访者

client The term used by clinicians who think of psychological disorders as problems in living, and not as mental illnesses, to describe those being treated.

来访者中心疗法

client-centered therapy A humanistic approach to treatment that emphasizes the healthy psychological growth of the individual based on the assumption that all people share the basic tendency of human nature toward self-actualization.

临床心理学家

clinical psychologist An individual who has earned a doctorate in psychology and whose training is in the assessment and treatment of psychological problems.

临床社会工作者

clinical social worker A mental health professional whose specialized training prepares him or her to consider the social context of people's problems.

认知行为疗法

cognitive behavioral therapy A therapeutic approach that combines the cognitive emphasis on thoughts and attitudes with the behavioral emphasis on changing performance.

认知失调

cognitive dissonance The theory that the tension-producing effects of incongruous cognitions motivate individuals to reduce such tension.

认知治疗

cognitive therapy A type of psychotherapeutic treatment that attempts to change feelings and behaviors by changing the way a client thinks about or perceives significant life experiences.

共同因素

common factors The components that psychotherapies share that contribute to therapeutic effectiveness.

共病

comorbidity The experience of more than one disorder at the same time.

顺从

compliance A change in behavior consistent with a communication source's direct requests.

从众

conformity The tendency for people to adopt the behaviors, attitudes, and values of other members of a reference group.

接触假说

contact hypothesis The prediction that contact between groups will reduce prejudice only if the contact includes features such as cooperation toward shared goals.

权变管理

contingency management A general treatment strategy involving changing behavior by modifying its consequences.

转换障碍

conversion disorder A disorder in which psychological conflict or stress brings about loss of motor or sensory function.

咨询心理学家

counseling psychologist Psychologist who specializes in providing guidance in areas such as vocational selections, school problems, drug abuse, and marital conflict.

反条件作用

counterconditioning A technique used in therapy to substitute a new response for a maladaptive one by means of conditioning procedures.

反移情

countertransference Circumstances in which a psychoanalyst develops personal feelings about a client because of perceived similarity of the client to significant people in the therapist's life.

共变模型

covariation model A theory that suggests that people attribute a behavior to a causal factor if that factor was present whenever the behavior occurred but was absent whenever it didn't occur.

去机构化

deinstitutionalization The movement to treat people with psychological disorders in the community rather than in psychiatric hospitals.

妄想

delusion False or irrational belief maintained despite clear evidence to the contrary.

素质－应激假说

diathesis-stress hypothesis A hypothesis about the cause of certain disorders, such as schizophrenia, that suggests that genetic factors predispose an individual to a certain disorder but that environmental stress factors must impinge in order for the potential risk to manifest itself.

责任分散

diffusion of responsibility In emergency situations, the larger the number of bystanders, the less responsibility any one of the bystanders feels to help.

分离性遗忘症

dissociative amnesia The inability to remember important personal experiences, caused by psychological factors in the absence of any organic dysfunction.

分离障碍

dissociative disorder A personality disorder marked by a disturbance in the integration of identity, memory, or consciousness.

分离性漫游

dissociative fugue A disorder characterized by a flight from home or work accompanied by a loss of ability to recall the personal past.

分离性身份障碍

dissociative identity disorder (DID) A dissociative mental disorder in which two or more distinct personalities exist within the same individual; formerly known as multiple personality disorder.

梦的解析

dream analysis The psychoanalytic interpretation of dreams used to gain insight into a person's unconscious motives or conflicts.

《精神障碍诊断与统计手册》第五版

DSM-5 The current diagnostic and statistical manual of the American Psychological Association that classifies, defines, and describes mental disorders.

精细可能性模型

elaboration likelihood model A theory of persuasion that defines how likely it is that people will focus their cognitive processes to elaborate upon a message and therefore follow the central and peripheral routes to persuasion.

电休克疗法

electroconvulsive therapy (ECT) The use of electroconvulsive shock as an effective treatment for severe depression.

病因学，也译作病原学

etiology The causes of, or factor related to, the development of a disorder.

暴露疗法

exposure therapy A behavioral technique in which clients are exposed to the objects or situations that cause them anxiety.

恐惧

fear A rational reaction to an objectively identified external danger that may induce a person to flee or attack in selfdefense.

自由联想

free association The therapeutic method in which a patient gives a running account of thoughts, wishes, physical sensations, and mental images as they occur.

挫折－攻击假说

frustration-aggression hypothesis According to this hypothesis, frustration occurs in situations in which people are prevented or blocked from attaining their goals; a rise in frustration then leads to a greater probability of aggression.

基本归因错误

fundamental attribution error (FAE) The dual tendency of observers to underestimate the impact of situational factors and to overestimate the influence of dispositional factors on a person's behavior.

广泛性焦虑障碍

generalized anxiety disorder An anxiety disorder in which an individual feels anxious and worried most of the time for at least six months when not threatened by any specific danger or object.

格式塔疗法

Gestalt therapy Therapy that focuses on ways to unite mind and body to make a person whole.

群体极化

group polarization The tendency for groups to make decisions that are more extreme than the decisions that would be made by the members acting alone.

群体思维

groupthink The tendency of a decision-making group to filter out undesirable input so that a consensus may be reached, especially if it is in line with the leader's viewpoint.

人类潜能运动

human-potential movement The therapy movement that encompasses all those practices and methods that release the potential of the average human being for greater levels of performance and greater richness of experience.

疾病焦虑障碍

illness anxiety disorder A disorder in which individuals are preoccupied with having or getting physical ailments despite reassurances that they are healthy.

内隐偏见

implicit prejudice Prejudice that exists outside an individual's conscious awareness.

冲动性攻击

impulsive aggression People respond with aggressive acts in the heat of the moment, reacting to situations and emotions.

信息性影响

informational influence Group effects that arise from individuals' desire to be correct and right and to understand how best to act in a given situation.

内群体

in-group A group with which people identify as members.

内群体偏向

in-group bias People's tendency to favor members of their own group over members of other groups.

精神失常

insanity The legal (not clinical) designation for the state of an individual judged to be legally irresponsible or incompetent.

领悟疗法

insight therapy A technique by which the therapist guides a patient toward discovering insights between present symptoms and past origins.

工具性攻击

instrumental aggression Cognition-based and goal-directed aggression carried out with premeditated thought, to achieve specific aims.

习得性无助

learned helplessness A general pattern of nonresponding in the presence of noxious stimuli that often follows after an organism has previously experienced noncontingent, inescapable aversive stimuli.

抑郁症，也译作重性抑郁障碍

major depressive disorder A mood disorder characterized by intense feelings of depression over an extended time, without the manic high phase of bipolar depression.

躁狂发作

manic episode A component of bipolar disorder

characterized by periods of extreme elation, unbounded euphoria without sufficient reason, and grandiose thoughts or feelings about personal abilities.

元分析

meta-analysis A statistical technique for evaluating hypotheses by providing a formal mechanism for detecting the general conclusions found in data from many different experiments.

心境障碍

mood disorder A mood disturbance such as severe depression or depression alternating with mania.

神经症性障碍

neurotic disorder Mental disorder in which a person does not have signs of brain abnormalities and does not display grossly irrational thinking or violate basic norms but does experience subjective distress; a category dropped from DSM-Ⅲ.

规范具体化，也译作规范共识性或常模一致性

norm crystallization The convergence of the expectations of a group of individuals into a common perspective as they talk and carry out activities together.

规范性影响

normative influence Group effects that arise from individuals' desire to be liked, accepted, and approved of by others.

强迫症

obsessive-compulsive disorder (OCD) A mental disorder characterized by obsessions—recurrent thoughts, images, or impulses that recur or persist despite efforts to suppress them—and compulsions—repetitive, purposeful acts performed according to certain rules or in a ritualized manner.

外群体

out-group A group with which people do not identify.

惊恐障碍

panic disorder An anxiety disorder in which sufferers experience unexpected, severe panic attacks that begin with a feeling of intense apprehension, fear, or terror.

参与式示范

participant modeling A therapeutic technique in which a therapist demonstrates the desired behavior and a client is aided, through supportive encouragement, to imitate the modeled behavior.

宗教咨询师

pastoral counselor A member of a religious order who specializes in the treatment of psychological disorders, often combining spirituality with practical problem solving.

患者

patient The term used by those who take a biomedical approach to the treatment of psychological problems to describe the person being treated.

人格障碍

personality disorder A chronic, inflexible, maladaptive pattern of perceiving, thinking, and behaving that seriously impairs an individual's ability to function in social or other settings.

说服

persuasion Deliberate efforts to change attitudes.

恐怖症

phobia A persistent and irrational fear of a specific object, activity, or situation that is excessive and unreasonable, given the reality of the threat.

安慰剂效应

placebo effect A change in behavior in the absence of an experimental manipulation.

安慰剂疗法

placebo therapy A therapy interdependent of any specific clinical procedures that results in client improvement.

前额叶切断术

prefrontal lobotomy An operation that severs the nerve fibers connecting the frontal lobes of the brain with the diencephalon, especially those fibers in the thalamic and hypothalamic areas; best known form of psychosurgery.

偏见

prejudice A learned attitude toward a target object, involving negative affect (dislike or fear), negative beliefs (stereotypes) that justify the attitude, and a behavioral intention to avoid, control, dominate, or eliminate the target object.

亲社会行为

prosocial behavior Behavior that is carried out with the goal of helping other people.

精神科医生

psychiatrist An individual who has obtained an MD degree and also has completed postdoctoral specialty training in mental and emotional disorders; a psychiatrist may prescribe medications for the treatment of psychological disorders.

精神活性药物

psychoactive drug Chemical that affects mental processes and behavior by temporarily changing conscious awareness of reality.

精神分析

psychoanalysis The form of psychodynamic therapy developed by Freud; an intensive prolonged technique for exploring unconscious motivations and conflicts in neurotic, anxiety-ridden individuals.

精神分析师

psychoanalyst An individual who has earned either a PhD or an MD degree and has completed postgraduate training in the Freudian approach to understanding and treating mental disorders.

心理诊断

psychological diagnosis The label given to psychological abnormality by classifying and categorizing the observed behavior pattern into an approved diagnostic system.

心理病理功能

psychopathological functioning Disruptions in emotional, behavioral, or thought processes that lead to personal distress or block one's ability to achieve important goals.

精神药理学

psychopharmacology The branch of psychology that investigates the effects of drugs on behavior.

精神外科手术

psychosurgery A surgical procedure performed on brain tissue to alleviate a psychological disorder.

心理治疗

psychotherapy Any of a group of therapies, used to treat psychological disorders, that focus on changing faulty behaviors, thoughts, perceptions, and emotions that may be associated with specific disorders.

精神病性障碍

psychotic disorder Severe mental disorder in which a person experiences impairments in reality testing manifested through thought, emotional, or perceptual difficulties; no longer used as diagnostic category after DSM-Ⅲ.

种族歧视

racism Discrimination against people based on their skin color or ethnic heritage.

理性—情绪疗法

rational-emotive therapy (RET) A comprehensive system of personality change based on changing irrational beliefs that cause undesirable, highly charged emotional reactions such as severe anxiety.

互惠性利他主义

reciprocal altruism The idea that people perform altruistic behaviors because they expect that others will perform altruistic behaviors for them in turn.

互惠规范

reciprocity norm Expectation that favors will be returned—if someone does something for another person, that person should do something in return.

压抑

repression The basic defense mechanism by which painful or guilt-producing thoughts, feelings, or memories are excluded from conscious awareness.

阻抗

resistance The inability or unwillingness of a patient in psychoanalysis to discuss certain ideas, desires, or experiences.

规则

rule Behavioral guideline for acting in a certain way in a certain situation.

精神分裂症

schizophrenic disorder Severe form of psychopathology characterized by the breakdown of integrated personality functioning, withdrawal from reality, emotional distortions, and disturbed thought processes.

自我实现预言

self-fulfilling prophecy A prediction made about some future behavior or event that modifies interactions so as to produce what is expected.

自我知觉理论

self-perception theory The idea that people observe themselves to figure out the reasons they act as they do; people infer what their internal states are by perceiving how they are acting in a given situation.

自我服务偏差

self-serving bias An attributional bias in which people tend to take credit for their successes and deny responsibility for their failures.

性别歧视

sexism Discrimination against people because of their sex.

社会分类

social categorization The process by which people organize the social environment by categorizing themselves and others into groups.

社会认知

social cognition The process by which people select, interpret, and remember social information.

社会规范

social norm The expectation a group has for its members regarding acceptable and appropriate attitudes and behaviors.

社会知觉

social perception The process by which a person comes to know or perceive the personal attributes.

社交焦虑障碍

social anxiety disorder A persistent, irrational fear that arises in anticipation of a public situation in which an individual can be observed by others.

社会心理学

social psychology The branch of psychology that studies the effect of social variables on individual behavior, attitudes, perceptions, and motives; also studies group and intergroup phenomena.

社会角色

social role A socially defined pattern of behavior that is expected of a person who is functioning in a given setting or group.

躯体症状障碍

somatic symptom disorder A disorder in which people have physical illnesses or complaints that cannot be fully explained by actual medical conditions.

特定恐怖症

specific phobia Phobia that occurs in response to a specific type of object or situation.

自发缓解效应

spontaneous-remission effect The improvement of some mental patients and clients in psychotherapy without any professional intervention; a baseline criterion against which the effectiveness of therapies must be assessed.

刻板印象

stereotype Generalization about a group of people in which the same characteristics are assigned to all members of a group.

刻板印象威胁

stereotype threat The threat associated with being at risk for confirming a negative stereotype of one's group.

污名

stigma The negative reaction of people to an individual or group because of some assumed inferiority or source of difference that is degraded.

系统脱敏法

systematic desensitization A behavioral therapy technique in which a client is taught to prevent the arousal of anxiety by confronting the feared stimulus while relaxed.

移情

transference The process by which a person in psychoanalysis attaches to a therapist feelings formerly held toward some significant person who figured into past emotional conflict.

参考文献

Abraramowitz, J. S., & Braddock, A. E. (2011). *Hypochondriasis and health anxiety*. Cambridge, MA: Hogrefe.

Abramson, L. Y., Seligman, M. E. P., & Teasdale, J. D. (1978). Learned helplessness in humans: Critique and reformulation. *Journal of Abnormal Psychology, 87*, 32–48, 49–74.

Agerström, J., & Rooth, D.-O. (2011). The role of automatic obesity stereotypes in real hiring discrimination. *Journal of Applied Psychology, 96*, 790–805.

Akinbami, L. J., Liu, X., Pastor, P. N., & Reuben, C. A. (2011). Attention deficit hyperactivity disorder among children aged 5–17 years in the United States, 1998–2009. *NCHS data brief* (no. 70). Hyattsville, MD: National Center for Health Statistics.

Allport, G. W. (1954). *The nature of prejudice*. Cambridge, MA: Addison-Wesley.

Amaral, D. G., Schumann, C. M., & Nordahl, C. W. (2008). Neuroanatomy of autism. *Trends in Neurosciences, 31*, 137–145.

Anderson, C. A., Shibuya, A., Ihori, N., Swing, E. L., Bushman, B. J., Sakamoto, A., Rothstein, H. R., & Saleem, M. (2010). Violent video game effects on aggression, empathy, and prosocial behavior in Eastern and Western countries. *Psychological Bulletin, 136*, 151–173.

Anderson, S. L., Adams, G., & Plaut, V. C. (2008). The cultural grounding of personal relationship: The importance of attractiveness in everyday life. *Journal of Personality and Social Psychology, 95*, 352–368.

Anstee, J. L. K., Harris, S. G., Pruitt, K. D., & Sugar, J. A. (2008). Service-learning projects in an undergraduate gerontology course: A six-stage model and application. *Educational Gerontology, 34*, 595–609.

Aron, A., & Aron, E. N. (1994). Love. In A. L. Weber & J. H. Harvey (Eds.), *Perspectives on close relationships* (pp. 131–152). Boston: Allyn & Bacon.

Aron, A., & Fraley, B. (1999). Relationship closeness as including other in the self: Cognitive underpinnings and measures. *Social Cognition, 17*, 140–160.

Aron, A., & Westbay, L. (1996). Dimensions of the prototype of love. *Journal of Personality and Social Psychology, 70*, 535–551.

Aron, A., Aron, E. N., & Smollan, D. (1992). Inclusion of other in the self scale and the structure of interpersonal closeness. *Journal of Personality and Social Psychology, 63*, 596–612.

Aron, A., Mashek, D., McLaughlin-Volpe, T., Wright, S., Lewandowski, G., & Aron, E. N. (2004). Including close others in the cognitive structure of self. In M. W. Baldwin (Ed.), *Interpersonal cognition* (pp. 206–232). New York: Guilford Press.

Aronson, E. (2002). Building empathy, compassion, and achievement in the jigsaw classroom. In J. Aronson (Ed.), *Improving academic achievement: Impact of psychological factors on education* (pp. 209–225). San Diego, CA: Academic Press.

Aronson, E., & Gonzalez, A. (1988). Desegregation jigsaw, and the Mexican-American experience. In P. A. Katz & D. Taylor (Eds.), *Towards the elimination of racism: Profiles in controversy*. New York: Plenum Press.

Aronson, E., Blaney, N., Stephan, C., Sikes, J., & Snapp, M. (1978). *The jigsaw classroom*. Beverly Hills, CA: Sage.

Asch, S. E. (1940). Studies in the principles of judgments and attitudes: II. Determination of judgments by group and by ego standards. *Journal of Social Psychology, 12*, 433–465.

Asch, S. E. (1952). *Social psychology*. Englewood Cliffs, NJ: Prentice Hall.

Asch, S. E. (1955). Opinions and social pressure. *Scientific American, 193* (5), 31–35.

Asch, S. E. (1956). Studies of independence and conformity: A minority of one against a unanimous majority. *Psychological Monographs, 70* (9, Whole No. 416).

Bakken, T. E., Bloss, C. S., Roddey, C., Joyner, A. H., Rimol, L. M., Djurovic, S., Melle, I., Sundet, K., Agartz, I., Andreassen, O. A., Dale, A. M., & Schork, N. J. (2011). Association of genetic variants on 15q12 with cortical thickness and cognition in schizophrenia. *Archives of General Psychiatry, 68*, 781–790.

Balch, R. W., & Taylor, D. (2002). Making sense of the Heaven's Gate suicides. In D. G. Bromley & J. G. Melton (Eds.), *Cults, religion, and violence* (pp. 209–228). Cambridge, UK: Cambridge University Press.

Bandelow, B., Krause, J., Wedekind, D., Broocks, A., Hajak, G., & Rüther, E. (2005). Early traumatic life events, parental attitudes, family history, and birth risk factors in patients with borderline personality disorder and healthy controls. *Psychiatry Research, 134*, 169–179.

Bandura, A. (1970). Modeling therapy. In W. S. Sahakian (Ed.), *Psychopathology today: Experimentation, theory and research*. Itasca, IL: Peacock.

Bandura, A. (1992). Exercise of personal agency through the self-efficacy mechanism. In R. Schwarzer (Ed.), *Self-efficacy: Thought control of action* (pp. 3–38). Washington, DC: Hemisphere.

Bandura, A. (1997). *Self-efficacy: The exercise of control*. New York: Freeman.

Bandura, A. (2006). Toward of psychology of human agency. *Perspectives on Psychological Science, 1*, 164–180.

Bandura, A., Ross, D., & Ross, S. A. (1963). Imitation of film-mediated aggressive models. *Journal of Abnormal and Social Psychology, 66*, 3–11.

Barak, A., Boniel-Nissim, M., & Suler, J. (2008). Fostering empowerment in online support groups. *Computers in Human Behavior, 24*, 1867–1883.

Barkataki, I., Kumari, V., Das, M., Taylor, P., & Sharma, T. (2006). Volumetric structural brain abnormalities in men with schizophrenia and antisocial personality disorder. *Behavioural Brain Research, 169*, 239–247.

Barker, R., Dembo, T., & Lewin, D. (1941). Frustration and aggression: An experiment with young children. *University of Iowa Studies in Child Welfare, 18* (1).

Baron-Cohen, S. (2008). Theories of the autistic mind. *The Psychologist, 21*, 112–116.

Barrett, M. S., Chua, W.-J., Crits-Christoph, P., Gibbons, M. B., & Thompson, D. (2008). Early withdrawal from mental health treatment: Implications for psychotherapy practice. *Psychotherapy Theory, Research, Practice, Training, 45*, 247–267.

Batson, C. D. (1991). *The altruism question: Toward a social-psychological answer*. Hillsdale, NJ: Erlbaum.

Batson, C. D. (1994). Why act for the public good? Four answers. *Personality and Social Psychology Bulletin, 20*, 603–610.

Batson, C. D., Ahmad, N., Yin, J., Bedell, S. J., Johnson, J. W., Templin, C. M., & Whiteside, A. (1999). Two threats to the common good: Self-interested egoism and empathy-induced altruism. *Personality and Social Psychology Bulletin, 25*, 3–16.

Beck, A. T. (1967). *Depression: Clinical, experimental, and theoretical Aspects*. New York: Harper & Row.

Beck, A. T. (1976). *Cognitive therapy and emotional disorders*. New York: International Universities Press.

Beck, A. T., & Emery, G. (1985). *Anxiety disorders and phobias: A cognitive perspective*. New York: Basic Books.

Beck, A. T., & Rush, A. J. (1989). Cognitive therapy. In H. I. Kaplan & B. Sadock (Eds.), *Comprehensive textbook of psychiatry* (Vol. 5). Baltimore: Williams & Wilkins.

Beck, A. T., Rush, A. J., Shaw, B. F., & Emery, G. (1979). *Cognitive therapy of depression*. New York: Guilford Press.

Bem, D. J. (1972). Self-perception theory. In L. Berkowitz (Ed.), *Advances in experimental social psychology* (Vol. 6, pp. 1–62). New York: Academic Press.

Benight, C. C., Cieslak, R., Molton, I. R., & Johnson, L. E. (2008). Selfevaluative appraisals of coping capability and posttraumatic distress following motor vehicle accidents. *Journal of Consulting and Clinical Psychology, 76*, 677–685.

Benish, S. G., Quintant, S., & Wampold, B. E. (2011). Culturally adapted psychotherapy and the legitimacy of myth: A direct-comparison metaanalysis. *Journal of Counseling Psychology, 58*, 279–289.

Berenson, K. R., Downey, G., Rafaeli, E., Coifman, K. G., & Paquin, N. L. (2011). The rejection-rage contingency in borderline personality disorder. *Journal of Abnormal Psychology, 120*, 681–690.

Berger, T., Hold, E., & Caspar, F. (2009). Internet-based treatment for social phobia: A randomized control trial. *Journal of Clinical Psychology, 65*, 1021–1035.

Berkowitz, L. (1993). *Aggression: Its causes, consequences, and control*. New York: McGraw-Hill.

Berkowitz, L. (1998). Affective aggression: The role of stress, pain, and negative affect. In R. G. Geen & E. Donnerstein (Eds.), *Human aggression: Theories, research, and implications for public policy* (pp. 49–72). San Diego, CA: Academic Press.

Berkowitz, S. J. (2003). Children exposed to community violence: The rationale for early intervention. *Clinical Child and Family Psychology Review, 6*, 293–302.

Bernal, G., Jiménez-Chafey, M. I., & Domenech Rodríguez, M. M. (2009). Cultural adaptation of treatments: A resource for considering culture in evidence-based practice. *Professional Psychology: Research and Practice, 40*, 361–368.

Berscheid, E., & Walster, E. H. (1978). *Interpersonal attraction* (2nd ed.). Reading, MA: Addison-Wesley.

Biederman, J., Faraone, S. V., & Monteaux, M. C. (2002). Differential effect of environmental adversity by gender: Rutter's index of adversity in a group of boys and girls with and without ADHD. *American Journal of Psychiatry, 159*, 1556–1562.

Biel, M. B., Preselow, E., Mulcare, L., Case, B. G., & Fieve, R. (2007). Continuation versus discontinuation of lithium in recurrent bipolar illnesss: A naturalistic study. *Bipolar Disorders, 9*, 435–442.

Bleuler, M. (1978). The long-term course of schizophrenic psychoses. In L. C. Wynne, R. L. Cromwell, & S. Mattysse (Eds.), *The nature of schizophrenia: New approaches to research and treatment* (pp. 631–636). New York: Wiley.

Blumberg, H. P., Leung, H. C., Skudlarski, P., Lacadie, C. M., Fredericks, C. A., Harris, B. C., Charney, D. S., Gore, J. C., Krystal, J. H., & Peterson, B. S. (2003). A functional magnetic resonance imaging study of bipolar disorder. *Archives of General Psychiatry, 60*, 601–609.

Bohner, G., & Dickel, N. (2011). Attitudes and attitude change. *Annual Review of Psychology, 62*, 391–417.

Bolden, L., & Wicks, M. N. (2005). Length of stay, admission types, psychiatric diagnoses, and the implications of stigma in African Americans in the nationwide inpatient sample. *Issues in Mental Health Nursing, 26*, 1043–1059.

Bolton, D., & Perrin, S. (2008). Evaluation of exposure with responseprevention for obsessive compulsive disorder in childhood and adolescence. *Journal of Behavior Therapy and Experimental Psychiatry, 39*, 11–22.

Bolton, J. M., Belik, S.-L., Enns, M. W., Cox, B. J., & Sareen, J. (2008). Exploring the correlates of suicide attempts among individuals with major depressive disorder: Findings from the national epidemiologic survey on alcohol and related conditions. *The Journal of Clinical Psychiatry, 69*, 1139–1149.

Bornstein, R. F., Becker-Matero, N., Winarick, D. J., & Reichman, A. L. (2010). Interpersonal dependency in borderline personality disorder: Clinical context and empirical evidence. *Journal of Personality Disorders, 24*, 109–127.

Botella, C., Bretón-López, J., Quero, S., Baños, R., & García-Palacios, A. (2010). Treating cockroach phobia with augmented reality. *Behavior Therapy, 41*, 401–413.

Bourque, F., van der Ven, E., & Malla, A. (2011). A meta-analysis of the risk for psychotic disorders among first- and second-generation immigrants. *Psychological Medicine, 41*, 897–910.

Boyd, J. E., Katz, E. P., Link, B. G., & Phelan, J. C. (2010). The relationship of multiple aspects of stigma and personal contact with someone hospitalized for mental illness, in a nationally representative sample. *Social Psychiatry and Psychiatric Epidemiology, 45*, 1063–1070.

Boyd, R. C., Diamond, G. S., & Bourolly, J. N. (2006). Developing a family-based depression prevention program in urban community mental health clinics: A qualitative investigation. *Family Process, 45*, 187–203.

Boysen, G. A., & Vogel, D. L. (2007). Biased assimilation and attitude polarization in response to learning about biological explanations of homosexuality. *Sex Roles, 57*, 755–762.

Brans, R. G. H., van Haren, N. E. M., van Baal, C. M., Schnack, H. G., Kahn, R. S., & Hulshoff, H. E. (2008). Heritability of changes in brain volume over time in twin pairs discordant for schizophrenia. *Archives of General Psychiatry, 65*, 1259–1268.

Brewer, M. B. (2007). The importance of being we: Human nature and inter group relations. *American Psychologist, 62*, 728–738.

Bridge, J. A., & Barbe, R. P. (2004). Reducing hospital readmission in depression and schizophrenia: Current evidence. *Current Opinion in Psychiatry, 17*, 505–511.

Bridge, J. A., Iyengar, S., Salary, C. B., Barbe, R. P., Birmaher, B., Pincus, H. A., Ren, L., & Brent, D. A. (2007). Clinical response and risk for reported suicidal ideation and suicide attempts in pediatric antidepressant treatment: A meta-analysis of randomized controlled trials. *JAMA, 297*, 1683–1696.

Brown, R. (1986). *Social psychology: The second edition*. New York: The Free Press.

Brown, R. J. (2004). Psychological mechanisms in medically unexplained symptoms: An integrative conceptual model. *Psychological Bulletin, 130*, 793–812.

Burgard, M., & Mitchell, J. E. (2000). Group cognitive behavioral therapy for buying disorder. In A. L. Benson (Ed.), *I shop therefore I am: Compulsive buying and the search for self* (pp. 367–397). Northvale, NJ: Jason Aronson.

Burger, J. M. (2009). Replicating Milgram: Would people still obey today? *American Psychologist, 64*, 1–11.

Burkley, E. (2008). The role of self-control in resistance to persuasion. *Personality and Social Psychology Bulletin, 34*, 419–431.

Burnstein, E. (2005). Altruism and genetic relatedness. In D. M. Buss (Ed.), *The handbook of evolutionary psychology* (pp. 528– 551). Hoboken, NJ: Wiley.

Bushman, B. J., & Anderson, C. J. (2002). Violent video games and hostile expectations: A test of the general aggression model. *Personality and Social Psychology Bulletin, 28*, 1679–1686.

Butcher, J. N., Mineka, S., & Hooley, J. M. (2008). *Abnormal Psychology* (13th ed.). Boston, MA: Allyn & Bacon.

Byrne, D., & Clore, G. L. (1970). A reinforcement model of evaluative processes. *Personality: An International Journal, 1*, 103–128.

Caprara, G. V., Barbaranelli, C., & Zimbardo, P. G. (1996). Understanding the complexity of human aggression: Affective, cognitive, and social dimensions of individual differences in propensity toward aggression. *European Journal of Personality, 10*, 133–155.

Carvalho, J. P., & Hopko, D. R. (2011). Behavioral theory of depression: Reinforcement as a mediating variable between avoidance and depression. *Journal of Behavior Therapy and Experimental Psychiatry, 42*, 154–162.

Carver, C. S., Johnson, S. L., Joorman, J., LeMoult, J., & Cuccaro, M. L. (2011). Childhood adversity interacts separately with 5-HTTLPR and BDNF to predict lifetime depression diagnosis. *Journal of Affective Disorders, 132*, 89–93.

Caspi, A., Hariri, A. R., Holmes, A., Uher, R., & Moffitt, T. E. (2010). Genetic sensitivity to the environment: The case of the serotonin transporter gene and its implications for studying complex diseases and traits. *American Journal of Psychiatry, 167*, 509–527.

Cassin, S. E., von Ranson, K. M., Heng, K., Brar, J., & Wojtowica, A. E. (2008). Adapted motivational interviewing for women with binge eating disorder: A randomized controlled trial. *Psychology of Addictive Behaviors, 22*, 417–425.

Catalano, R., Novaco, R. W., & McConnell, W. (2002). Layoffs and violence revisited. *Aggressive Behavior, 28*, 233–247.

Catalano, R., Novaco, R., & McConnell, W. (1997). A model of the net effect of job loss on violence. *Journal of Personality and Social Psychology, 72*, 1440–1447.

Centers for Disease Control and Prevention. (2009, December 18). Prevalence of autism spectrum disorders—Autism and Developmental Disabilities Monitoring Network, United States, 2006. *Morbidity and Mortality Weekly Report, 58*, 1–24.

Ceschi, G., van der Linden, M., Dunker, D., Perroud, A., & Brédart, S. (2003). Further exploration memory bias in compulsive washers. *Behaviour Research and Therapy, 41*, 737–748.

Chartrand, T. L., & Bargh, J. A. (1999). The chameleon effect: The perception-behavior link and social interaction. *Journal of Personality and Social Psychology, 76*, 893–910.

Chen, F. F., & Kenrick, D. T. (2002). Repulsion or attraction? Group membership and assumed attitude similarity. *Journal of Personality and Social Psychology, 83*, 111–125.

Choi-Kahn, L. W., Zanarini, M. C., Frankenburg, F. R., Fitzmaurice, G. M., & Reich, D. B. (2010). A longitudinal study of the 10-year course of interpersonal features in borderline personality disorder. *Journal of Personality Disorders, 24*, 365–376.

Chorover, S. (1981, June). Organizational recruitment in "open" and "closed" social systems: A neuropsychological perspective. Conference paper presented at the Center for the Study of New Religious Movements, Berkeley, CA.

Christensen, A., Atkins, D. C., Yi, J., Baucom, D. H., & George, W. H. (2006). Couple and individual adjustment for 2 years following a randomized clinical trial comparing traditional versus integrative behavioral couple therapy. *Journal of Consulting and Clinical Psychology, 74*, 1180–1191.

Cialdini, R. B. (2009). *Influence: Science and practice* (5th ed.). Boston, MA: Allyn & Bacon.

Cialdini, R. B., & Goldstein, N. J. (2004). Social influence: Compliance and conformity. *Annual Review of Psychology, 55*, 591–621.

Cialdini, R. B., Vincent, J. E., Lewis, S. K., Catalan, J., Wheeler, D., & Darby, B. L. (1975). Reciprocal concessions procedure for inducing compliance: The door-in-the-face technique. *Journal of Personality and Social Psychology, 31*, 206–215.

Clark, K., & Clark, M. (1947). Racial identification and preference in Negro children. In T. M. Newcomb & E. L. Hartley (Eds.), *Readings in social psychology* (pp. 169–178). New York: Holt.

Cohen, P., Chen, H., Gordon, K., Johnson, J., Brook, J., & Kasen, S. (2008). Socioeconomic background and the developmental course of schizotypal and borderline personality disorder symptoms. *Development and Psychopathology, 20*, 633–650.

Cojan, Y., Waber, L., Carruzzo, A., & Vuilleumier, P. (2009). Motor inhibition in hysterical conversion disorder. *NeuroImage, 47*, 1026–1037.

Cooper, J. (2007). *Cognitive dissonance: Fifty years of a classic theory*. Thousand Oaks, CA: Sage Publications.

Cousins, D. A., & Young, A. H. (2007). The armamentarium of treatments for bipolar disorder: A review of the literature. *International Journal of Neuropsychopharmacology, 10*, 411–431.

Couture, S., & Penn, D. (2003). Interpersonal contact and the stigma of mental illness: A review of the literature. *Journal of Mental Health, 12*, 291–306.

Crano, W. D., & Prislin, R. (2006). Attitudes and persuasion. *Annual Review of Psychology, 57*, 345–374.

Croarkin, P. E., Levinson, A. J., & Daskalakis, Z. J. (2011). Evidence for GABA-ergic inhibitory deficits in major depressive disorder. *Neuroscience and Biobehavioral Reviews, 35*, 818–825.

Curtis, R. C., & Miller, K. (1986). Believing another likes or dislikes you: Behaviors making the beliefs come true. *Journal of Personality and Social Psychology, 51*, 284–290.

Darley, J. M., & Batson, C. D. (1973). From Jerusalem to Jericho: A study of situational and dispositional variables in helping behavior. *Journal of Personality and Social Psychology, 27*, 100–108.

Daskalakis, Z. J., Levinson, A. J., & Fitzgerald, P. B. (2008). Repetitive transcranial magnetic stimulation for major depressive disorder: A review. *Canadian Journal of Psychiatry, 53*, 555–566.

Davies, K., Tropp, L. R., Aron, A., Pettigrew, T. F., & Wright, S. C. (2011). Cross-group friendships and intergroup attitudes: A meta-analytic review. *Personality and Social Psychology Review, 15*, 332–351.

Davis, M. H., Hall, J. A., & Meyer, M. (2003). The first year: Influences on the satisfaction, involvement, and persistence of new community volunteers. *Personality and Social Psychology Bulletin, 29*, 248–260.

Dawson, L. L., & Hennebry, J. (2003). New religions and the Internet: Recruiting in a new public space. In L. L. Dawson (Ed.), *Cults and new religious movements* (pp. 271–291). Oxford, UK: Blackwell.

de Rivera, J. (1997). The construction of false memory syndrome: The experience of retractors. *Psychological Inquiry, 8*, 271–292.

de Waal, F. B. M. (2008). Putting the altruism back into altruism: The evolution of empathy. *Annual Review of Psychology, 59*, 279–300.

DeWall, C. N., Anderson, C. A., & Bushman, B. J. (2011). The general aggression model: Theoretical extensions to violence. *Psychology of Violence, 1*, 245–258.

Dhont, K., & Van Hiel, A. (2009). We must not be enemies: Interracial contact and the reduction of prejudice among authoritarians. *Personality and Individual Differences, 46*, 172–177.

Diamond, S., Schensul, J. J., Snyder, L. B., Bermudez, A., D'Alessandro, N., & Morgan, D. S. (2009). Building Xperience: A multilevel alcohol and drug prevention intervention. *American Journal of Community Psychology, 43*, 292–312.

Dickerson, F. B., Tenhula, W. N., & Green-Paden, L. D. (2005). The token economy for schizophrenia: Review of the literature and recommendations for future research. *Schizophrenia Research, 75*, 405–416.

DiGrande, L., Neria, Y., Brackbill, R. M., Pulliam, P., & Galea, S. (2011). Long-term posttraumatic stress symptoms among 3,271 civilian survivors of the September 11, 2001, terrorist attacks on the World Trade Center. *American Journal of Epidemiology, 173*, 271–281.

Dimidjian, S., Barrera, M., Jr., Martell, C., Muñoz, R. F., & Lewinsohn, P. M. (2011). The origins and current status of behavioral activation treatments for depression. *Annual Review of Clinical Psychology, 7*, 1–38.

Dion, K. K., & Dion, K. L. (1996). Cultural perspectives on romantic love. *Personal Relationships, 3*, 5–17.

Disner, S. G., Beevers, C. G., Haigh, E. A., & Beck, A. T. (2011). Neural mechanisms of the cognitive model of depression. *Nature Reviews Neuro science, 12*, 467–477.

Distel, M. A., Trull, T. J., Derom, C. A., Thiery, E. W., Grimmer, M. A., Martin, N. G., Willemsen, G., & Boomsma, D. I. (2008). Heritability of borderline personality disorder features is similar across three countries. *Psychological Medicine, 38*, 1219–1229.

Docherty, N. M., St-Hilaire, A., Aakre, J. M., & Seghers, J. P. (2009). Life events and high-trait reactivity together predict psychotic symptom increases in schizophrenia. *Schizophrenia Bulletin 35*, 638–645.

Dollard, J., Doob, L. W., Miller, N., Mower, O. H., & Sears, R. R. (1939). *Frustration and aggression*. New Haven: Yale University Press.

DSM-IV. (1994). *Diagnostic and statistical manual of mental disorders* (4th ed.). Washington, DC: American Psychiatric Association.

DSM-IV-TR. (2000). D*iagnostic and statistical manual of mental disorders* (4th ed., Text revision). Washington, DC: American Psychiatric Association.

DSM-5. (2013). *Diagnostic and statistical manual of mental disorders* (5th ed). Washington, DC: American Psychiatric Association.

Edvardsen, J., Torgersen, S., Røysamb, E., Lygren, S., Skre, I., Onstad, S., & Øien, P. A. (2008). Heritability of bipolar spectrum disorders. Unity or heterogeneity. *Journal of Affective Disorders, 106*, 229–240.

Elkins, I. J., Malone, S., Keyes, M., Iacono, W. G., McGue, M. (2011). The impact of attention-deficit/hyperactivity disorder on preadolescent adjustment may be greater for girls than for boys. *Journal of Clinical Child & Adolescent Psychology, 40*, 532–545.

Ellenstein, A., Kranick, S. M., & Hallet, M. (2011). An update on psychogenic movement disorders. *Current Neurology and Neuroscience Reports, 11*, 396–403.

Ellis, A. (1962). *Reason and emotion in psychotherapy*. New York: Lyle Stuart.

Ellis, A. (1995). *Better, deeper, and more enduring brief therapy: The rational emotive behavior therapy approach*. New York: Brunner/Mazel.

Engelhardt, C. R., Bartholow, B. D., Kerr, G. T., & Bushman, B. J. (2011). This is your brain on violent video games: Neural desensitization to violence predicts increased aggression following violent video game exposure. *Journal of Experimental Social Psychology, 47*, 1033–1036.

Evans, E., Hawton, K., Rodham, K., & Deeks, J. (2005). The prevalence of suicidal phenomena in adolescents: A systematic review of population-based studies. *Suicide and Life Threatening Behavior, 35*, 239–250.

Evans, S. E., Davies, C., & DiLillo, D. (2008). Exposure to domestic violence: A meta-analysis of child and adolescent outcomes. *Aggression and Violent Behavior, 13*, 131–140.

Eysenck, H. J. (1952). The effects of psychotherapy: An evaluation. *Journal of Consulting Psychology, 16*, 319–324.

Fan, F., Zhang, Y., Yang, Y., Mo, L., & Liu, X. (2011). Symptoms of posttraumatic stress disorder, depression, and anxiety among adolescents following the 2008 Wenchuan earthquake in China. *Journal of Traumatic Stress, 24*, 44–53.

Fawcett, C. A., & Markson, L. (2010). Similarity predicts liking in 3-year-old children. *Journal of Experimental Child Psychology, 105*, 345–358.

Fazio, R. H., & Roskos-Ewoldsen, D. R. (2005). Acting as we feel: When and how attitudes guide behavior. In T. C. Brock & M. C. Green (Eds.), *Persuasion: Psychological insights and perspectives* (2nd ed., pp. 41–62). Thousand Oaks, CA: Sage.

Festinger, L. (1957). *A theory of cognitive dissonance*. Stanford, CA: Stanford University Press.

Festinger, L., & Carlsmith, J. M. (1959). Cognitive consequences of forced compliance. *Journal of Abnormal and Social Psychology, 58*, 203–211.

Fink, P., Hansen, M. S., & Oxhøj, M. L. (2004). The prevalence of somatoform disorders among internal medical inpatients. *Journal of Psychosomatic Research, 56*, 413–418.

Finkelstein, M. A., Penner, L. A., & Brannick, M. T. (2005). Motive, role identity, and prosocial personality as predictors of volunteer activity. *Social Behavior and Personality, 33*, 403–418.

Finn, J., & Steele, T. (2010). Online self-help/mutual aid groups in mental health practice. In L. D. Brown & S. Wituk (Eds.), *Mental health self-help* (pp. 87–105). New York: Springer.

Fischer, P., Greitemeyer, T., Pollozek, F., & Frey, D. (2006). The unresponsive bystander: Are bystanders more responsive in dangerous emergencies? *European Journal of Social Psychology, 36*, 267–278.

Fischer, P., Krueger, J. I., Greitemeyer, T., Vogrincic, C., Kastenmüller, A., Frey, D., Heene, M., Wicher, M., & Kainbacher, M. (2011). The bystander-effect: A meta-analytic review on bystander intervention in dangerous and non-dangerous emergencies. *Psychological Bulletin, 137*, 517–537.

Fitzgerald, T. D., Hunter, P. V., Hadjistavropoulos, T., & Koocher, G. P. (2010). Ethical and legal considerations for Internet-based psychotherapy. *Cognitive Behaviour Therapy, 39*, 173–187.

Försterling, F. (2001). *Attributions: An introduction to theories, research and applications*. New York: Psychology Press.

Foucault, M. (1975). *The birth of the clinic*. New York: Vintage Books.

Fournier, J. C., DeRubeis, R. J., Hollon, S. D., Dimidjian, S., Amsterdam, J. D., Shelton, R. C., & Fawcett, J. (2010). Antidepressant drug effects and depression severity: A patient-level meta-analysis. *Journal of the American Medical Association, 303*, 47–53.

Frager, R., & Fadiman, J. (1998). *Personality and personal growth*. New York: Longman.

Fraley, R. C., & Shaver, P. R. (2000). Adult romantic attachment: Theoretical developments, emerging controversies, and unanswered questions. *Review of General Psychology, 4*, 132–154.

Fraley, R. C., Brumbaugh, C. C., & Marks, M. J. (2005). The evolution and function of adult attachment: A comparative and phylogenetic analysis. *Journal of Personality and Social Psychology, 89*, 731–746.

Frank, J. D., & Frank, J. B. (1991). *Persuasion and healing: A comparative study of psychotherapy* (3rd ed.). Baltimore: Johns Hopkins University Press.

Frans, Ö., Rimmö, P. A., Åberg, L., & Fredrikson, M. (2005). Trauma exposure and post-traumatic stress disorder in the general population. *Acta Psychiatrica Scandinavica, 111*, 291–299.

Fraser, L. M., O'Carroll, R. E., & Ebmeier, K. P. (2008). The effect of electroconvulsive therapy on autobiographical memory: A systematic review. *The Journal of ECT, 24*, 10–17.

Freedman, J. L., & Fraser, S. C. (1966). Compliance without pressure: The foot-in-the-door technique. *Journal of Personality and Social Psychology, 4*, 195–202.

Freud, S. (1923). *Introductory lectures on psychoanalysis* (J. Riviera, Trans.). London: Allen & Unwin.

Friend, R., Rafferty, Y., & Bramel, D. (1990). A puzzling misinterpretation of the Asch "conformity" study. *European Journal of Social Psychology, 20*, 29–44.

Gallup, G. G., Jr., & Frederick, D. A. (2010). The science of sex appeal: An evolutionary perspective. *Review of General Psychology, 14*, 240–250.

Geraerts, E., Schooler, J. W., Merckelbach, H., Jelicic, M., Hauer, B. J. A., & Ambadar, Z. (2007). The reality of recovered memories: Corroborating continuous and discontinuous memories of childhood sexual abuse. *Psychological Science, 18*, 564–568.

Gibbons, M. B. C., Crits-Christoph, P., & Hearon, B. (2008). The empirical status of psychodynamic therapies. *Annual Review of Clinical Psychology, 4*, 93–108.

Giesbrecht, T., Lynn, S. J., Lilienfeld, S. O., & Merckelbach, H. (2008). Cognitive processes in dissociation: An analysis of core theoretical assumptions. *Psychological Bulletin, 134*, 617–647.

Gilovich, T. (1991). *How we know what isn't so: The fallibility of human reason in everyday life*. New York: The Free Press.

Glasman, L. R., & Albarracín, D. (2006). Forming attitudes that predict behavior: A meta-analysis of the attitude-behavior relation. *Psychological Bulletin, 132*, 778–822.

Gleaves, D. H., May, M. C., & Cardeña, E. (2001). An examination of the diagnostic validity of dissociative identity disorder. *Clinical Psychology Review, 21*, 577–608.

Godin, G., Sheeran, P., Conner, M., & Germain, M. (2008). Asking questions changes behavior: Mere measurement effects on frequency of blood donation. *Health Psychology, 27*, 179–184.

Goldfried, M. R. (2003). Cognitive-behavior therapy: Reflections on the evolution of a therapeutic orientation. *Cognitive Therapy and Research, 27*, 53–69.

Goldfried, M. R., & Davila, J. (2005). The role of relationship and technique in therapeutic change. *Psychotherapy: Theory, Research, Practice, Training, 42*, 421–430.

Goldstein, R. B., Compton, W. M., Pulay, A. J., Ruan, W. J., Pickering, R. P., Stinson, F. S., & Grant, B. F. (2007). Antisocial behavioral syndromes and DSM-IV drug use disorders in the United States: Results from the National Epidemiologic Survey on Alcohol and Related Conditions. *Drug and Alcohol Dependence, 90*, 145–158.

Goldstrom, I. D., Campbell, J., Rogers, J. A., Lambert, D. B., Blacklow, B., Henderson, M. J., & Manderscheid, R. W. (2006). National estimates for mental health support groups, self-help organizations, and consumer-operated services. *Administration and Policy in Mental Health and Mental Health Services Research, 33*, 92–103.

Goodheart, C. D., Kadzin, A. E., & Sternberg, R. J. (2006). *Evidence-based psychotherapy: Where practice and research meet*. Washington, DC: American Psychological Association.

Gotlib, I. H., & Hamilton, J. P. (2008). Neuroimaging and depression: Current status and unresolved issues. *Current Directions in Psychological Science, 17*, 159–163.

Gottesman, I. I. (1991). *Schizophrenia genesis: The origins of madness*. New York: Freeman.

Greaves, N., Prince, E., Evans, D. W., & Charman, T. (2006). Repetitive and ritualistic behaviour in children with Prader-Willi syndrome and children with autism. *Journal of Intellectual Disability Research, 50*, 92–100.

Greenberg, S. T., & Schoen, E. G. (2008). Males and eating disorders: Gender-based therapy for eating disorder recovery. *Professional Psychology: Research and Practice, 39*, 464–471.

Greenwald, A. G., McGhee, D. E., & Schwartz, J. L. K. (1998). Measuring individual differences in implicit cognition: The Implicit Association Test. *Journal of Personality and Social Psychology, 74*, 1464–1480.

Greenwald, A. G., Poehlman, T. A., Uhlmann, E., & Banaji, M. R. (2009). Understanding and using the Implicit Association Test: III. Meta-analysis of predictive validity. *Journal of Personality and Social Psychology, 97*, 17–41.

Greven, C. U., Rijsdijk, F. V., & Plomin, R. (2011). A twin study of ADHD symptoms in early adolescence: Hyperactivity-impulsivity and inattentiveness show substantial genetic overlap but also genetic specificity. *Journal of Abnormal Child Psychology, 39*, 265–275.

Grilo, C. M., Hrabosky, J. I., White, M., Allison, K. C., Stunkard, A. J., & Masheb, R. M. (2008). Overvaluation of shape and weight in binge eating disorder and overweight controls: Refinement of a diagnostic construct. *Journal of Abnormal Psychology, 117*, 414–419.

Groh, D. R., Jason, L. A., & Keys, C. B. (2008). Social network variables in alcoholics anonymous: A literature review. *Clinical Psychology Review, 28*, 430–450.

Gutierrez, P. M., Watkins, R., & Collura, D. (2004). Suicide risk screening in an urban high school. *Suicide and Life-Threatening Behavior, 34*, 421–428.

Haberstick, B. C., Schmitz, S., Young, S. E., & Hewitt, J. K. (2006). Genes and developmental stability of aggressive behavior: Problems at home and school in a community sample of twins aged 7–12. *Behavior Genetics, 36*, 809–819.

Hall, J. S. (2004). *Roadblocks on the journey of psychotherapy*. Lanham, MD: Jason Aronson.

Hastorf, A. H., & Cantril, H. (1954). They saw a game: A case study. *Journal of Abnormal and Social Psychology, 49*, 129–134.

Hatcher, C., & Himelstein, P. (Eds.). (1996). *The handbook of Gestalt therapy*. Northvale, NJ: Jason Aronson.

Hayes, J. A., Gelso, C. J., & Hummel, A. M. (2011). Managing countertransference. *Psychotherapy, 48*, 88–97.

Hazan, C., & Shaver, P. (1987). Romantic love conceptualized as an attachment process. *Journal of Personality and Social Psychology, 52*, 511–524.

Heider, F. (1958). *The psychology of interpersonal relationships*. New York: Wiley.

Henningsen, D. D., Henningsen, M. L. M., Eden, J., & Cruz, M. G. (2006). Examining the symptoms of groupthink and retrospective sensemaking. *Small Group Research, 37*, 36–64.

Henry, P. J., & Sears, D. O. (2002). The symbolic racism 2000 scale. *Political Psychology, 2*, 253–283.

Hersh, S. M. (1971). *My Lai 4: A report on the massacre and its aftermath*. New York: Random House.

Hettema, J. M., Prescott, C. A., Myerse, J. M., Neale, M. C., & Kendler, K. S. (2005). The structure of genetic and environmental risk factors for anxiety disorders in men and women. *Archives of General Psychiatry, 62*, 182–189.

Hewstone, M., Rubin, M., & Willis, H. (2002). Intergroup bias. *Annual Review of Psychology, 53*, 575–604.

Hinshaw, S. P., & Stier, A. (2008). Stigma as related to mental disorders. *Annual Review of Clinical Psychology, 4*, 367–393.

Hodson, G. (2011). Do ideologically intolerant people benefit from intergroup contact? *Current Directions in Psychological Science, 20*, 154–159.

Hoffman, E. J., & Mathew, S. J. (2008). Anxiety disorders: A comprehensive review of pharmacotherapies. *Mount Sanai Journal of Medicine, 75*, 248–262.

Hollon, S. D., Stewart, M. O., & Strunk, D. (2006). Enduring effects for cognitive behavior therapy in the treatment of depression and anxiety. *Annual Review of Psychology, 57*, 285–315.

Hollon, S. D., Thase, M. E., & Markowitz, J. C. (2002). Treatment and prevention of depression. *Psychological Science in the Public Interest, 3*, 39–77.

Hooley, J. M. (2007). Expressed emotion and relapse of psychopathology. *Annual Review of Clinical Psychology, 3*, 329–352.

Horvath, A. O., Del Re, A. C., Flückiger, C., & Symonds, D. (2011). Alliance in individual psychotherapy. *Psychotherapy, 48*, 9–16.

Horwitz, A. V., Widom, C. S., McLaughlin, J., & White, H. R. (2001). The impact of abuse and neglect on adult mental health: A prospective study. *Journal of Health and Social Behavior, 42*, 184–201.

Hoshino-Browne, E., Zanna, A. S., Spencer, S. J., Zanna, M. P., Kitayama, S., & Lackenbauer, S. (2005). On the cultural guises of cognitive dissonance: The case of Easterners and Westerners. *Journal of Personality and Social Psychology, 89*, 294–310.

Houlihan, D., Schwartz, C., Miltenberger, R., & Heuton, D. (1993). The rapid treatment of a young man's balloon (noise) phobia using in vivo flooding. *Journal of Behavior Therapy and Experimental Psychiatry, 24*, 233–240.

Hudson, J. I., Hiripi, E., Pope, H. G. Jr., & Kessler, R. C. (2007). The prevalence and correlates of eating disorders in the national comorbidity survey replication. *Biological Psychiatry, 61*, 348–358.

Hudson, J. L., Flannery-Schroeder, E., & Kendall, P. (2004). Primary prevention of anxiety disorders. In D. J. A. Dozois, & K. S. Dobson (Eds.), *The prevention of anxiety and depression: Theory, research, and practice* (pp. 101–130). Washington, DC: American Psychological Association.

Huesmann, L. R., Moise-Titus, J., Podolski, C. L., & Eron, L. D. (2003). Longitudinal relations between children's exposure to TV violence and their aggressive and violent behavior in young adulthood: 1977–1992. *Developmental Psychology, 39*, 201–221.

Hyde, J. S., Mezulis, A. H., & Abramson, L. Y. (2008). The ABCs of depression: Integrating affective, biological, and cognitive models to explain the emergence of the gender difference in depression. *Psychological Review, 115*, 291–313.

Hyland, M. E., Whalley, B., & Geraghty, A. W. A. (2007). Dispositional predictors of placebo responding: A motivational interpretation of flower essence and gratitude therapy. *Journal of Psychosomatic Research, 62*, 331–340.

Imada, T., & Ellsworth, P. C. (2011). Proud Americans and lucky Japanese: Cultural differences in appraisal and corresponding emotion. *Emotion, 11*, 329–345.

Imel, Z. E., Baldwin, S., Atkins, D. C., Owen, J., Baardseth, T., & Wampold, B. E. (2011). Racial/ethnic disparities in therapist effectiveness: A conceptualization and initial study of cultural competence. *Journal of Counseling Psychology, 58*, 290–298.

Ingram, A., Saling, M. M., & Schweitzer, I. (2008). Cognitive side effects of brief pulse electroconvulsive therapy: A review. *The Journal of ECT, 24*, 3–9.

Insko, C. A., Thibaut, J. W., Moehle, D., Wilson, M., Diamond, W. D., Gilmore, R., Solomon, M. R., & Lipsitz, A. (1980). Social evolution and the emergence of leadership. *Journal of Personality and Social Psychology, 39*, 431–448.

Jacobs, R. C., & Campbell, D. T. (1961). The perpetuation of an arbitrary tradition through several generations of a laboratory microculture. *Journal of Abnormal and Social Psychology, 62*, 649–658.

Janis, I. (1982). *Groupthink* (2nd ed.). Boston: Houghton Mifflin.

Janofsky, J. S., Dunn, M. H., Roskes, E. J., Briskin, J. K., & Rudolph, M. S. L. (1996). Insanity defense pleas in Baltimore city: An analysis of outcome. *American Journal of Psychiatry, 153*, 1464–1468.

Jasper, F., & Witthöft, M. (2011). Health anxiety and attentional bias: The time course of vigilance and avoidance in light of pictorial illness information. *Journal of Anxiety Disorders, 25*, 1131–1138.

Javdani, S., Sadeh, N., & Verona, E. (2011). Suicidality as a function of impulsivity, callous-unemotional traits, and depressive symptoms in youth. *Journal of Abnormal Psychology, 120*, 400–413.

Jay, G. (2008). Service learning, multiculturalism, and the pedagogies of difference. *Pedagogy, 8*, 255–281.

Johnson, T. E., & Rule, B. G. (1986). Mitigating circumstances, information, censure, and aggression. *Journal of Personality and Social Psychology, 50*, 537–542.

Jones, M. C. (1924). A laboratory study of fear: The case of Peter. *Pedagogical Seminary and Journal of Genetic Psychology, 31*, 308–315.

Jose, P. E., & Brown, I. (2008). When does the gender difference in rumination begin? Gender and age differences in the use of rumination by adolescents. *Journal of Youth and Adolescence, 37*, 180–192.

Jussim, L., & Harber, K. D. (2005). Teacher expectations and self-fulfilling prophecies: Knowns and unknowns, resolved and unresolved controversies. *Personality and Social Psychology Review, 9*, 131–155.

Kadden, R. M., & Litt, M. D. (2011). The role of self-efficacy in the treatment of substance abuse disorders. *Addictive Behaviors, 36*, 1120–1126.

Kallmann, F. J. (1946). The genetic theory of schizophrenia: An analysis of 691 schizophrenic index families. *American Journal of Psychiatry, 103*, 309–322.

Karg, K., Burmeister, M., Shedden, K., & Sen, S. (2011). The serotonin transporter promoter variant (5-HTTLPR), stress, and depression meta-analysis revisited. *Archives of General Psychiatry, 68*, 444–454.

Kazdin, A. E. (2008). Evidence-based treatment and practice: New opportunities to bridge clinical research and practice, enhance the knowledge base, and improve patient care. *American Psychologist, 63*, 146–159.

Kelley, H. H. (1967). Attribution theory in social psychology. In D. Levine (Ed.), *Nebraska symposium on motivation* (Vol. 15). Lincoln: University of Nebraska Press.

Kellner, C. H., Knapp, R., Husain, M. M., Rasmussen, K., Samplson, S., Cullum, M., McClintock, S. M., Tobias, K. G., Martino, C., Mueller, M., Bailine, S. H., Fink, M., & Petrides, G. (2010). Bifrontal, bitemporal and right unilateral placement in ECT: Randomised trial. *The British Journal of Psychiatry, 196*, 226–234.

Kellough, J. L., Beevers, C. G., Ellis, A. J., & Wells, T. T. (2008). Time course of selective attention in clinically depressed young adults: An eye tracking study. *Behaviour Research and Therapy, 46*, 1238–1243.

Keltner, N. L, & Boschini, D. J. (2009). Electroconvulsive therapy. *Perspectives in Psychiatric Care, 45*, 66–70.

Kendler, K. S., Gatz, M., Gardner, C. O., & Pedersen, N. L. (2006). A Swedish national twin study of lifetime major depression. *American Journal of Psychiatry, 163*, 109–114.

Kendler, K. S., Kuhn, J. W., & Prescott, C. A. (2004). Childhood sexual abuse, stressful life events and risk for major depression in women. *Psychological Medicine, 34*, 1475–1482.

Kennedy, R. E., & Craighead, W. E. (1988). Differential effects of depression and anxiety on recall of feedback in a learning task. *Behavior Therapy, 19*, 437–454.

Kerr, N. L., & Tindale, R. S. (2004). Group performance and decision making. *Annual Review of Psychology, 55*, 625–655.

Keshavan, M. S., Nasrallah, H. A., & Tandon, R. (2011). Schizophrenia, "Just the facts" 6. Moving ahead with the schizophrenia concept: From the elephant to the mouse. *Schizophrenia Research, 127*, 3–13.

Keshavan, M. S., Tandon, R., Boutros, N. N., & Nasrallah, H. A. (2008). Schizophrenia, "Just the Facts": What we know in 2008. Part 3: Neurobiology. *Schizophrenia Research, 106*, 89–107.

Kessler, R. C., Adler, L., Barkley, R., Biederman, J., Conners, C. K., Demler, O., Faraone, S. V., Greenhill, L. L., Howes, M. J., Secnik, K., Spencer, T., Ustun, T. B., Walters, E. E., & Zaslavsky, A. M. (2006a). The prevalence and correlates of adult ADHD in the United States: Results form the National Comorbidity Survey Replication. *American Journal of Psychiatry, 163*, 716–723.

Kessler, R. C., Berglund, P., Demler, O., Jin, R., Merikangas, K. R., & Walters, E. E. (2005a). Lifetime prevalence and age-of-onset distributions of *DSM-IV* disorders in the National Comorbidity Survey Replication. *Archives of General Psychiatry, 62*, 593–602.

Kessler, R. C., Chiu, W. T., Demler, O., & Walters, E. E. (2005b). Prevalence, severity, and comorbidity of 12-month DSM-IV disorders in the National Comorbidity Survey Replication. *Archives of General Psychiatry, 62*, 617–627.

Kessler, R. C., Chiu, W. T., Jin. R., Ruscio, A. M., Shear, K., & Walters, E. E. (2006b). The epidemiology of panic attacks, panic disorder, and agoraphobia in the National Comorbidity Survey Replication. *Archives of General Psychiatry, 63*, 415–424.

Kessler, R. C., McGonagle, K. A., Zhao, S., Nelson, C. B., Hughes, M., Eshleman, S., Wittchen, H. U., & Kendler, K. S. (1994). Lifetime and 12-month prevalence of *DSM-III-R* psychiatric disorders in the United States. *Archives of General Psychiatry, 51*, 8–19.

Kim, C.-H., Chang, J. W., Koo, M.-S., Kim, J. W., Suh, H. S., Park, I. H., & Lee, H. S. (2003). *Acta Psychatrica Scandinavica, 107*, 283–290.

Kim, J., & Hatfield, E. (2004). Love types and subjective well-being: A cross-cultural study. *Social Behavior and Personality, 32*, 173–182.

Kirschner, S. M., & Galperin, G. J. (2001). Psychiatric defenses in New York County: Pleas and results. *Journal of the American Academy of Psychiatry and the Law, 29*, 194–201.

Kissane, D. W., Grabsch, B., Clarke, D. M., Christie, G., Clifton, D., Gold, S., Hill, C., Morgan, A., McDermott, F., & Smith, G. C. (2004). Supportive-expressive group therapy: The transformation of existential ambivalence into creative living while enhancing adherence to anticancer therapies. *Psycho-Oncology, 13*, 755–768.

Klein, M. (1975). *The writings of Melanie Klein* (Vols. 1–4). London: Hogarth Press and the Institute of Psychoanalysis.

Klein, O., & Snyder, M. (2003). Stereotypes and behavioral confirmation: From interpersonal to intergroup perspectives. In M. P. Zanna (Ed.), *Advances in experimental social psychology* (Vol. 35, pp. 153–234). New York: Academic Press.

Kong, L. L., Allen, J. J. B., & Glisky, E. L. (2008). Interidentity memory transfer in dissociative identity disorder. *Journal of Abnormal Psychology, 117*, 686–692.

Korchmaros, J. D., & Kenny, D. A. (2006). An evolutionary and close-relationship model of helping. *Journal of Social and Personal Relationships, 23*, 21–43.

Kuipers, E., Onwumere, J., & Bebbington, P. (2010). Cognitive model of caregiving in psychosis. *The British Journal of Psychiatry, 196*, 259–265.

Lamb, R. J., Morral, A. R., Kirby, K. C., Javors, M. A., Galbicka, G., & Iguchi, M. (2007). Contingencies for change in complacent smokers. *Experimental and Clinical Psychopharmacology, 15*, 245–255.

Lambert, S. F., Nylund-Gibson, K., Copeland-Linder, N., & Ialongo, N. S. (2010). Patterns of community violence exposure during adolescence. *American Journal of Community Psychology, 46*, 289–302.

Langlois, J. H., Kalakanis, L., Rubenstein, A. J., Larson, A., Hallam, M., & Smoot, M. (2000). Maxims or myths of beauty? A meta-analytic and theoretical review. *Psychological Bulletin, 126*, 390–423.

Latané, B., & Darley, J. M. (1970). *The unresponsive bystander: Why doesn't he help?* New York: Appleton-Century-Crofts.

Lau, J. Y. F., & Eley, T. C. (2008). Attributional style as a risk marker of genetic effects for adolescent depressive symptoms. *Journal of Abnormal Psychology, 117*, 849–859.

Ledbetter, A. M., Griffin, E., & Sparks, G. S. (2007). Forecasting "friends forever": A longitudinal investigation of sustained closeness between best friends. *Personal Relationships, 14*, 343–350.

Leekam, S. R., Prior, M. R., & Uljarevic, M. (2011). Restricted and repetitive behaviors in autism spectrum disorders: A review of research in the last decade. *Psychological Bulletin, 137*, 562–593.

Leen-Feldner, E. W., Feldner, M. T., Reardon, L. E., Babson, K. A., & Dixon, L. (2008). Anxiety sensitivity and posttraumatic stress among traumatic event-exposed youth. *Behaviour Research and Therapy, 46*, 548–556.

Lemay, E. P., Jr., Clark, M. S., & Greenberg, A. (2010). What is beautiful is good because what is beautiful is desired: Physical attractiveness stereotyping as projection of personal goals. *Personality and Social Psychology Bulletin, 36*, 339–353.

Lenzenweger, M. F., Lane, M. C., Loranger, A. W., & Kessler, R. C. (2007). DSM-IV personality disorders in the National Comorbidity Survey Replication. *Biological Psychiatry, 62*, 553–564.

Leucht, S., Barnes, T. R. E., Kissling, W., Engel, R. R., Correll, C., & Kane, J. M. (2003). Relapse prevention in schizophrenia with new-generation antipsychotics: A systematic review and exploratory meta-analysis of randomized, controlled trials. *American Journal of Psychiatry, 160*, 1209–1222.

Leung, A. K.-Y., & Cohen, D. (2011). Within- and between-culture variation: Individual differences and the cultural logics of honor, face, and dignity cultures. *Journal of Personality and Social Psychology, 100*, 507–526.

Levine, R., Sato, S., Hashimoto, T., & Verma, J. (1995). Love and marriage in eleven cultures. *Journal of Cross-Cultural Psychology, 26*, 544–571.

Li, X., Sundquist, J., & Sundquist, K. (2011). Sibling risk of anxiety disorders based on hospitalizations in Sweden. *Psychiatry and Clinical Neurosciences, 65*, 233–238.

Lilienfeld, S. O., & Lynn, S. J. (2003). Dissociative identity disorder: Multiple personalities, multiple controversies. In S. O. Lilienfeld, S. J. Lynn, & J. M. Lohr (Eds.), *Science and pseudoscience in clinical psychology* (pp. 109–142). New York: Guilford Press.

Lin, H., Tian, W., Chen, C., Liu, T., Tsai, S., & Lee, H. (2006). The association between readmission rates and length of stay for schizophrenia: A 3-year population based study. *Schizophrenia Research, 83*, 211–214.

Link, B. G., Struening, E. L., Rahav, M., Phelan, J. C., & Nuttbrock, L. (1997). On stigma and its consequences: Evidence from a longitudinal study of men with dual diagnoses of mental illness and substance abuse. *Journal of Health and Social Behavior, 38*, 177–190.

Lisanby, S. H. (2007). Electroconvulsive therapy for depression. *New England Journal of Medicine, 357*, 1939–1945.

Little, T. D., Jones, S. M., Henrich, C. C., & Hawley, P. H. (2003). Disentangling the "whys" from the "whats" of aggressive behavior. *International Journal of Behavioral Development, 27*, 122–123.

Liu, J. H., & Latané, B. (1998). Extremitization of attitudes: Does thought-and discussion-induced polarization cumulate? *Basic and Applied Social Psychology, 20*, 103–110.

Livesley, W. J., & Lang, K. L. (2005). Differentiating normal, abnormal, and disordered personality. *European Journal of Personality, 19*, 257–268.

Livingston, J. D., & Boyd, J. E. (2010). Correlates and consequences of internalized stigma for people living with mental illness: A systematic review and meta-analysis. *Social Science & Medicine, 71*, 2150–2161.

Lobbestael, J., Arntz, A., & Bernstein, D. P. (2010). Disentangling the relationship between different types of childhood maltreatment and personality disorders. *Journal of Personality Disorders, 24*, 285–295.

LoBue, V., & DeLoache, J. (2008). Detecting the snake in the grass: Attention to fear-relevant stimuli by adults and young children. *Psychological Science, 19*, 284–289.

Lord, C. G., Paulson, R. M., Sia, T. L., Thomas, J. C., & Lepper, M. R. (2004). Houses built on sand: Effects of exemplar stability on susceptibility to attitude change. *Journal of Personality and Social Psychology, 87*, 733–749.

Lovibond, S. H., Adams, M., & Adams, W. G. (1979). The effects of three experimental prison environments on the behavior of nonconflict volunteer subjects. *Australian Psychologist, 14*, 273–285.

Luborsky, L., & Barrett, M. S. (2006). The history and empirical status of key psychoanalytic concepts. *Annual Review of Clinical Psychology, 2*, 1–19.

Lynn, S. J., Lock, T., Loftus, E. F., Krackow, E., & Lilienfeld, S. O. (2003). The remembrance of things past: Problematic memory recovery techniques in psychotherapy. In S. O. Lilienfeld, S. J. Lynn, & J. M. Lohr (Eds.), *Science and pseudoscience in clinical psychology* (pp. 205–239). New York: Guilford Press

Macaluso, M., Kalia, R., Ali, F., & Khan, A. Y. (2010). The role of benzodiazepines in the treatment of anxiety disorders: A clinical review. *Psychiatric Annals, 40*, 605–610.

Machado, M., & Einarson, T. R. (2010). Comparison of SSRIs and SNRIs in major depressive disorder: A meta-analysis of head-to-head randomized clinical trials. *Journal of Clinical Pharmacy and Therapeutics, 35*, 177–188.

Maddux, W. W., Mullen, E., & Galinsky, A. D. (2008). Chameleons bake bigger pies and take bigger pieces: Strategic behavioral mimicry facilitates negotiation outcomes. *Journal of Experimental Social Psychology, 44*, 461–468.

Madon, S., Guyll, M., Buller, A. A., Scherr, K. C., Willard, J., & Spoth, R. (2008). The mediation of mothers' self-fulfilling effects on their children's alcohol use: Self-verification, informational conformity, and modeling processes. *Journal of Personality and Social Psychology, 95*, 369–384.

Madsen, E. A., Tunney, R. J., Gieldman, G., Plotkin, H. C., Dunbar, R. I. M., Richardson, J.-M., & McFarland, D. (2007). Kinship and altruism: A cross-cultural experimental study. *British Journal of Psychology, 98*, 339–359.

Maier, S. F., & Seligman, M. E. P. (1976). Learned helplessness: Theory and evidence. *Journal of Experimental Psychology, 105*, 3–46.

Mailis-Gagnon, A., & Nicholson, K. (2011). On the nature of nondermatomal somatosensory deficits. *The Clinical Journal of Pain, 27*, 76–84.

Manber, R., Kraemer, H. C., Arnow, B. A., Trivedi, M. H., Rush, A. J., Thase, M. E., Rothbaum, B. O., Klein, D. N., Kocsis, J. H., Gelenberg, A. J., & Keller, M. E. (2008). Faster remission of chronic depression with combined psychotherapy and medication than with each therapy alone. *Journal of Consulting and Clinical Psychology, 76*, 459–467.

Manning, R., Levine, M., & Collins, A. (2007). The Kitty Genovese murder and the social psychology of helping: The parable of the 38 witnesses. *American Psychologist, 62*, 555–562.

Mannino, C. A., Snyder, M., & Omoto, A. M. (2011). Why do people get involved? Motivations for volunteerism and other forms of social action. In D. Dunning (Ed.), *Social motivation* (pp. 127–146). New York: Psychology Press.

Manuck, S. B., Flory, J. D., Muldoon, M. F., & Ferrell, R. E. (2002). Central nervous system serotonergic responsivity and aggressive disposition in men. *Physiology & Behavior, 77*, 705–709.

Mark, T. L., Levit, K. R., Buck, J. A., Coffey, R. M., & Vandivort-Warren, R. (2007). Mental health treatment expenditure trends, 1986–2003. *Psychiatric Services, 58*, 1041–1048.

Markus, H. R., & Kitayama, S. (1991). Culture and the self: Implications for cognition, emotion, and motivation. *Psychological Review, 98*, 224–253.

Markus, H. R., Uchida, Y., Omoregie, H., Townsend, S. S. M. & Kitayama, S. (2006). Going for the gold: Models of agency in Japanese and American contexts. *Psychological Science, 17*, 103–112.

Marshal, M. P., Dietz, L. J., Friedman, M. S., Stall, R., Smith, H. A., McGinley, J., Thoma, B., Murray, P. J., D'Augelli, A. R., & Brent, D. A. (2011). Suicidality and depression disparities between sexual minority and heterosexual youth: A meta-analytic review. *Journal of Adolescent Health, 49*, 115–123.

Martínez-Taboas, A., Canino, G., Wang, M. Q., Garcías, P., & Bravo, M. (2006). Prevalence of victimization correlates of pathological dissociation in a community sample of youths. *Journal of Traumatic Stress, 19*, 439–448.

Mason, L. E. (1997, August 4). Divided she stands. *New York*, pp. 42–49.

Matson, J. L., & Boisjoli, J. A. (2009). The token economy for children with intellectual disability and/or autism: A review. *Research in Developmental Disabilities, 30*, 240–248.

May, R. (1975). *The courage to create*. New York: Norton.

McAllister, H. A. (1996). Self-serving bias in the classroom: Who shows it? Who knows it? *Journal of Educational Psychology, 88*, 123–131.

McLeod, B. D., Wood, J. J., & Avny, S. B. (2011). Parenting and child anxiety disorders. In D. McKay & E. A. Storch (Eds.), *Handbook of child and adolescent anxiety disorders* (pp. 213–228). New York: Springer.

Meador, B. D., & Rogers, C. R. (1979). Person-centered therapy. In R. J. Corsini (Ed.), *Current psychotherapies* (2nd ed., pp. 131–184). Itasca, IL: Peacock.

Meichenbaum, D. (1977). *Cognitive-behavior modification: An integrative approach*. New York: Plenum.

Meichenbaum, D. (1985). *Stress inoculation training*. New York: Pergamon Press.

Meichenbaum, D. (1993). Changing conceptions of cognitive behavior modification: Retrospect and prospect. *Journal of Consulting and Clinical Psychology, 61*, 202–204.

Meineri, S., & Guéguen, N. (2011). "I hope I'm not disturbing you, am I?" Another operationalization of the foot-in-the-mouth paradigm. *Journal of Applied Social Psychology, 41*, 965–975.

Merton, R. K. (1957). *Social theory and social structures*. New York: The Free Press.

Meyer, R. G. (2003). *Case studies in abnormal behavior* (6th ed.). Boston: Allyn & Bacon.

Meyers, S. A., & Berscheid, E. (1997). The language of love: The difference a preposition makes. *Personality and Social Psychology Bulletin, 23*, 347–362.

Miklowitz, D. J., & Tompson, M. C. (2003). Family variables and interventions in schizophrenia. In G. P. Sholevar & L. D. Schwoeri (Eds.), *Textbook of family and couples therapy: Clinical applications* (pp. 585–617). Washington, DC: American Psychiatric Publishing.

Mikulincer, M., Florian, V., Cowan, P. A., & Cowan, C. P. (2002). Attachment security in couple relationships: A systematic model and its implications for family dynamics. *Family Process, 41*, 405–434.

Milgram, S. (1965). Some conditions of obedience and disobedience to authority. *Human Relations, 18*, 56–76.

Milgram, S. (1974). *Obedience to authority*. New York: Harper & Row.

Miller, J. G. (1984). Culture and the development of everyday social explanation. *Journal of Personality and Social Psychology, 46*, 961–978.

Miniño, A. M., Xu, J., & Kochanek, K. D. (2010). Deaths: Preliminary data for 2008. *National Vital Statistics Reports, 59*, 1–52.

Möller, J.-J., Baldwin, D. S., Goodwin, G., Kasper, S., Okasha, A., Stein, D. J., Tandon, R., Versiani, M., & the WPA section on Pharmacopsychiatry. (2008). Do SSRIs or antidepressants in general increase suicidality? WPA Section on Pharmacopsychiatry: Consensus statement. *European Archives of Psychiatry and Clinical Neuroscience, 258* (Suppl. 3), 3–23.

Montoya, R. M., & Insko, C. A. (2008). Toward a more complete understanding of the reciprocity of liking effect. *European Journal of Social Psychology, 38*, 477–498.

Moriarty, T. (1975). Crime, commitment and the responsive bystander: Two field experiments. *Journal of Personality and Social Psychology, 31*, 370–376.

Morling, B., & Lamoreaux, M. (2008). Measuring culture outside the head: A meta-analysis of individualism-collectivism in cultural products. *Personality and Social Psychology Review, 12*, 199–221.

Morry, M. M. (2007). The attraction-similarity hypothesis among crosssex friends: Relationship satisfaction, perceived similarities, and self-serving perceptions. *Journal of Social and Personal Relationships, 24*, 117–138.

Moscovici, S. (1976). *Social influence and social change*. New York: Academic Press.

Moscovici, S. (1980). Toward a theory of conversion behavior. In L. Berkowitz (Ed.), *Advances in experimental social psychology* (Vol. 13, pp. 209–239). New York: Academic Press.

Moscovici, S. (1985). Social influence and conformity. In G. Lindzey & E. Aronson (Eds.), *The handbook of social psychology* (3rd ed., pp. 347–412). New York: Random House.

Moscovici, S., & Faucheux, C. (1972). Social influence, conformity bias, and the study of active minorities. In L. Berkowitz (Ed.), *Advances in experimental social psychology* (Vol. 6). New York: Academic Press.

Moskowitz, G. B. (2004). *Social cognition: Understanding self and others*. New York: Guilford Press.

Motherwell, L., & Shay, J. J. (2005). (Eds.). *Complex dilemmas in group therapy*. New York: Brunner-Routledge.

Mueller, A., Mueller, U., Silbermann, A., Reinecker, H., Bleich, S., Mitchell, J. E., & de Zwaan, M. (2008). A randomized, controlled trial of group cognitive-behavioral therapy for compulsive buying disorder: Posttreatment and 6-month follow-up results. *Journal of Clinical Psychiatry, 69*, 1131–1138.

Narayan, V. M., Narr, K. L., Phillips, O. R., Thompson, P. M. Toga, A. W., Szeszko, P. R. (2008). Greater regional cortical gray matter thickness in obsessive-compulsive disorder. *NeuroReport, 19*, 1551–1555.

Nash, J. R., Sargent, P. A., Rabiner, E. A., Hood, S. D., Argyropoulos, S. V., Potokar, J. P., Grasby, P. M., & Nutt, D. J. (2008). Serotonin 5-HT_{1A} receptor binding in people with panic disorder: Positron emission tomography study. *The British Journal of Psychiatry, 193*, 229–234.

Nelson, D. A., Mitchell, C., & Yang, C. (2008). Intent attributions and aggression: A study of children and their parents. *Journal of Abnormal Child Psychology, 36*, 793–806.

Nelson, T. D. (2006). *The psychology of prejudice* (2nd ed.). Boston: Allyn & Bacon.

Nielsen, S. F., Hjorthøj, C. R., Erlangsen, A., & Nordentoft, M. (2011). Psychiatric disorders and mortality among people in homeless shelters in Denmark: A nationwide register-based cohort study. *Lancet, 377*, 2205–2214.

Nock, M. K., Borges, G., Bromet, E. J., Cha, C. B., Kessler, R. C., & Lee, S. (2008). Suicide and suicidal behavior. *Epidemiologic Reviews, 30*, 133–154.

Norcross, J. C., Karpiak, C. P., & Lister, K. M. (2005). What's an integrationist? A study of self-identified and (occasionally) eclectic psychologists. *Journal of Clinical Psychology, 61*, 1587–1594.

Nosko, A., T., T.-T., Lawford, H., & Pratt, M. W. (2011). How do I love thee? Let me count the ways: Parenting during adolescence, attachment styles, and romantic narratives in emerging adulthood. *Developmental Psychologyi, 47*, 645–657.

Nowak, M. A., & Sigmund, K. (2005). Evolution of indirect reciprocity. *Nature, 437*, 1291–1298.

Nrugham, L., Larsson, B., & Sund, A. M. (2008). Predictors of suicidal acts across adolescence: Influences of family, peer and individual factors. *Journal of Affective Disorders, 109*, 35–45.

Nutt, R. L., & Stanton, M. (2011). Family psychology specialty practice. *Couple and Family Psychology: Research and Practice, 1*, 92–105.

Öhman, A., & Mineka, S. (2001). Fears, phobias, and preparedness: Toward an evolved module of fear and fear learning. *Psychological Review, 108*, 483–522.

Omoto, A. M., & Snyder, M. (2002). Considerations of community: The context and process of volunteerism. *American Behavioral Scientist, 45*, 846–867.

Opton, E. M. Jr. (1970). Lessons of My Lai. In N. Sanford & C. Comstock (Eds.), *Sanctions for evil*. San Francisco: Jossey-Bass.

Opton, E. M. Jr. (1973). "It never happened and besides they deserved it." In W. E. Henry & N. Stanford (Eds.), *Sanctions for evil* (pp. 49–70). San Francisco: Jossey-Bass.

Paris, J. (2003). P*ersonality disorders over time: Precursors, course, and outcome*. Washington, DC: American Psychiatric Publishing.

Peckham, A. D., McHugh, K., & Otto, M. W. (2010). A meta-analysis of the magnitude of biased attention in depression. *Depression and Anxiety, 27*, 1135–1142.

Penton-Voak, I. (2011). In retreat from nature? Successes and concerns in Darwinian approaches to facial attractiveness. *Journal of Evolutionary Psychology, 2011*, 173–193.

Perahia, D. G. S., Pritchett, Y. L., Kajdasz, D. K., Bauer, M., Jain, R., Russell, J. M., Walker, D. J., Spencer, K. A., Froud, D. M., Raskin, J., & Thase, M. E. (2008). A randomized, double-blind comparison of duloxetine and venlafaxine in the treatment of patients with major depressive disorder. *Journal of Psychiatric Research, 42*, 22–34.

Perls, F. S. (1969). *Gestalt therapy verbatim*. Lafayette, CA: Real People Press.

Peterson, C., & Seligman, M. E. P. (1984). Causal explanations as a risk factor for depression: Theory and evidence. *Psychological Review, 91*, 347–374.

Peterson, C., & Vaidya, R. S. (2001). Explanatory style, expectations, and depressive symptoms. *Personality and Individual Differences, 31*, 1217–1223.

Petry, N. M., & Roll, J. M. (2011). Amount of earnings during prize contingency management treatment is associated with posttreatment abstinence outcomes. *Experimental and Clinical Psychopharmacology, 19*, 445–450.

Pettigrew, T. F. (2008). Future directions for intergroup contact theory and research. *International Journal of Intercultural Relations, 32*, 187–199.

Pettigrew, T. F., Christ, O., Wagner, U., & Stellmacher, J. (2007). Direct and indirect intergroup contact effects on prejudice: A normative interpretation. *International Journal of Intercultural Relations, 31*, 41–425.

Pettigrew, T. F., Tropp, L. R., Wagner, U., & Christ, O. (2011). Recent advances in intergroup contact theory. *International Journal of Intercultural Relations, 35*, 271–280.

Petty, R. E., & Briñol, P. (2008). Persuasion: From single to multiple to metacognitive processes. *Perspectives on Psychological Sciences, 3*, 137–147.

Petty, R. E., Cacioppo, J. T., Strathman, A. J., & Priester, J. R. (2005). To think or not to think: Exploring two routes to persuasion. In T. C. Brock & M. C. Green (Eds.), *Persuasion: Psychological insights and perspectives* (2nd ed., pp. 81–116). Thousand Oaks, CA: Sage.

Pfeiffer, P. N., Heisler, M., Piette, J. D., Rogers, M. A. M., & Valenstein, M. (2011). Efficacy of peer support interventions for depression: A meta-analysis. *General Hospital Psychiatry, 33*, 29–36.

Pietrzak, R. H., Goldstein, R. B., Southwick, S. M., & Grant, B. F. (2011). Prevalence and Axis I comorbidity of full and partial posttraumatic stress disorder in the United States: Results from wave 2 of the national epidemiological survey on alcohol and related conditions. *Journal of Anxiety Disorders, 25*, 456–465.

Podell, J. L., & Kendall, P. C. (2011). Mothers and fathers in family cognitive-behavioral therapy for anxious youth. *Journal of Child and Family Studies, 20*, 182–195.

Poelmans, G., Pauls, D. L., Buitelaar, J. K., & Franke, B. (2011). Integrated genome-wide association study findings: identification of a neurodevelopmental network for attention deficit hyperactivity disorder. *American Journal of Psychiatry, 168*, 365–377.

Poulin, S. R., Maguire, M., Metraux, S., & Culhane, D. P. (2010). Service use and costs for persons experiencing chronic homelessness in Philadelphia: A population-based study. *Psychiatric Services, 61*, 1093–1098.

Powers, M. B., & Emmelkamp, P. M. G. (2008). Virtual reality exposure therapy for anxiety disorders: A meta-analysis. *Journal of Anxiety Disorders, 22*, 561–569.

Prangnell, S. J. (2010). Behavioural interventions for self injurious behaviour: A review of recent evidence (1998–2008). *British Journal of Learning Disabilities, 38*, 259–270.

Pressman, L. J., Loo, S. K., Carpenter, E. M., Asarnow, J. R., Lynn, D., McCracken, J. T., McGough, J. J., Lubke, G. H., Yang, M. H., & Smalley, S. L. (2006). Relationship of family environment and parental psychiatric diagnosis to impairment in ADHD. *Journal of the American Academy of*

Child and Adolescent Psychiatry, 45, 346–354.

Radua, J., van den Heuvel, O. A., Surguladze, S., & Mataix-Cols, D. (2010). Meta-analytical comparison of voxel-based morphometry studies in obsessive compulsive disorder vs. other anxiety disorders. *Archives of General Psychiatry, 67*, 701–711.

Ramírez, J. M., & Andreu, J. M. (2006). Aggression, and some related psychological constructs (anger, hostility, and impulsivity): Some comments from a research project. *Neuroscience and Biobehavioral Reviews, 30*, 276–291.

Rapoport, J. L. (1989, March). The biology of obsessions and compulsions. *Scientific American*, pp. 83–89.

Regan, R. T. (1971). Effects of a favor and liking on compliance. *Journal of Experimental Social Psychology, 7*, 627–639.

Reis, H. T., & Aron, A. (2008). Love: What is it, why does it matter, and how does it operate? *Perspectives on Psychological Science, 3*, 80–86.

Rhodes, G. (2006). The evolutionary psychology of facial beauty. *Annual Review of Psychology, 57*, 199–226.

Richards, D. (2009). Features and benefits of online counselling: Trinity College online mental health community. *British Journal of Guidance and Counselling, 37*, 231–242.

Rief, W., & Broadbent, E. (2007). Explaining medically unexplained symptoms—models and mechanisms. *Clinical Psychology Review, 27*, 821–841.

Riela, S., Rodriguez, G., Aron, A., Xu, Xiaomeng, & Acevedo, B. P. (2010). Experiences of falling in love: Investigating culture, ethnicity, gender, and speed. *Journal of Social and Personal Relationships, 27*, 473–493.

Rogers, C. R. (1951). *Client-centered therapy.* Boston: Houghton Mifflin Company.

Rogers, C. R. (1951). *Client-centered therapy: Its current practice, implications and theory*. Boston: Houghton Mifflin.

Rogers, C. R. (1959). A theory of therapy, personality, and interpersonal relationships, as developed in the client-centered framework. In S. Koch (Ed.), *Psychology: A study of a science* (Vol. 3). New York. McGraw-Hill.

Rohrer, J. H., Baron, S. H., Hoffman, E. L., & Swinder, D. V. (1954). The stability of autokinetic judgment. *Journal of Abnormal and Social Psychology, 49*, 595–597.

Rosenhan, D. L. (1973). On being sane in insane places. *Science, 179*, 250–258.

Rosenhan, D. L. (1975). The contextual nature of psychiatric diagnoses. *Journal of Abnormal Psychology, 84*, 462–474.

Rosenthal, A. M. (1964). *Thirty-eight witnesses*. New York: McGraw-Hill.

Rosenthal, R., & Jacobson, L. F. (1968). *Pygmalion in the classroom: Teacher expectations and intellectual development*. New York: Holt.

Ross, C. A. (2009). Errors of logic and scholarship concerning dissociative identity disorder. *Journal of Child Sexual Abuse, 18*, 221–231.

Ross, L. (1977). The intuitive psychologist and his shortcomings. In L. Berkowitz (Ed.), *Advances in experimental social psychology* (Vol. 10, pp. 173–220). New York: Academic Press.

Ross, L. (1988). Situational perspectives on the obedience experiments. [Review of the obedience experiments: A case study of controversy in social science]. *Contemporary Psychology, 33*, 101–104.

Ross, L., & Nisbett, R. E. (1991). *The person and the situation: Perspectives of social psychology.* New York: McGraw-Hill.

Ross, W. (2011). Ethical issues involved in online counseling. *Journal of Psychological Issues in Organizational Culture, 2*, 54–66.

Rothman, D. J. (1971). *The discovery of the asylum: Social order and disorder in the new republic.* Boston: Little, Brown.

Rucklidge, J. J. (2010). Gender differences in attention-deficit/hyperactivity disorder. *Psychiatric Clinics of North America, 33*, 357–373.

Rudd, M. D., Berman, A. L., Joiner, T. E. Jr., Nock, M. K., Silverman, M. M., Mandrusiak, M., Van Orden, K., & Witte, T. (2006). Warning signs for suicide: Theory, research, and clinical applications. *Suicide and Life-Threatening Behavior, 36*, 255–262.

Ruitenbeek, H. M. (1973). *The first Freudians*. New York: Jason Aronson.

Rummel-Kluge, C., Komossa, K., Schwarz, S., Hunger, H., Schmid, F., Lobos, C. A., Kissling, W., Davis, J. M., & Leucht, S. (2010). Head-to-head comparisons of metabolic side effects of second generation antipsychotics in the treatment of schizophrenia: A systematic review. *Schizophrenia Research, 123*, 225–233.

Ruscio, A. M. Brown, T. A., Chiu, W. T., Sareen, J., Stein, M. B., & Kessler, R. C. (2008). Social fears and social phobia in the USA: Results from the National Comorbidity Survey Replication. *Psychological Medicine, 38*, 15–28.

Rutter, P. A., & Behrendt, A. E. (2004). Adolescent suicide risk: Four psychosocial factors. *Adolescence, 39*, 295–302.

Salzinger, S., Ng-Mak, D. S., Feldman, R. S., Kam, C. M., & Rosario, M. (2006). Exposure to community violence: Processes that increase the risk for inner-city middle school children. *Journal of Early Adolescence, 26*, 232–266.

Satir, V. (1967). *Conjoint family therapy* (rev. ed.). Palo Alto, CA: Science and Behavior Books.

Scherr, K. C., Madon, S., Guyll, M., Willard, J., & Spoth, R. (2011). Self-verification as a mediator of mothers' self-fulfilling effects on adolescents' educational attainment. *Personality and Social Psychology Bulletin, 37*, 587–600.

Schlosser, D. A., Zinberg, J. L., Loewy, R. L., Casey-Cannon, S., O'Brien, M. P., Bearden, C. E., Vinogradov, S., & Cannon, T. D. (2010). Predicting the longitudinal effects of the family environment on prodromal symptoms and functioning in patients at-risk for psychosis. *Schizophrenia Research, 118*, 69–75.

Schmader, T., Johns, M., & Forbes, C. (2008). An integrated process model of stereotype threat effects on performance. *Psychological Review, 115*, 336–356.

Schneider, K., & May, R. (1995). *The psychology of existence: An integrative, clinical perspective.* New York: McGraw-Hill.

Schueller, S. M. (2009). Promoting wellness: Integrating community and positive psychology. *Journal of Community Psychology, 37*, 922–937.

Schutter, D. J. L. G. (2008). Antidepressant efficacy of high-frequency transcranial magnetic stimulation over the left dorsolateral prefrontal cortex in double-blind sham-controlled designs: A meta-analysis. *Psychological Medicine.*

Sciutto, M. J., & Eisenberg, M. (2007). Evaluating the evidence for and against the overdiagnosis of ADHD. *Journal of Attention Disorders, 11*, 106–113.

Scull, A. (1993). *A most solitary of afflictions: Madness and society in Britain 1700–1900.* London: Yale University Press.

Seligman, M. E. P. (1975). *Helplessness: On depression, development, and death.* San Francisco: Freeman.

Seligman, M. E. P., & Maier, S. F. (1967). Failure to escape traumatic shock. *Journal of Experimental Psychology, 74*, 1–9.

Shaver, P. R., & Hazan, C. (1994). Attachment. In A. L. Weber & J. H. Harvey (Eds.), *Perspectives on close relationships* (pp. 110– 130). Boston: Allyn & Bacon.

Shedler, J. (2010). The efficacy of psychodynamic therapy. *American Psychologist, 65*, 98–109.

Sherif, C. W. (1981, August). *Social and psychological bases of social psychology*. The G. Stanley Hall Lecture on social psychology, presented at the annual convention of the American Psychological Association, Los Angeles, 1961.

Sherif, M. (1935). A study of some social factors in perception. *Archives of Psychology, 27*(187).

Sherif, M., Harvey, O. J., White, B. J., Hood, W. R., & Sherif, C. W. (1988). *The Robbers Cave experiment: Intergroup conflict and cooperation*. Middletown, CT: Wesleyan University Press. (Original work published 1961)

Shevlin, M., Houston, J. E., Dorahy, M. J., & Adamson, G. (2008). Cumulative traumas and psychosis: An analysis of the National Comorbidity Study and the British Psychiatric Morbidity Survey. *Schizophrenia Bulletin, 34*,193–199.

Shi, J., Gershon, E. S., & Liu, C. (2008). Genetic associations with schizophrenia: Meta-analyses of 12 candidate genes. *Schizophrenia Research, 104*, 96–107.

Shields, D. C., Asaad, W., Eskandar, E. N., Jain, F. A., Cosgrove, G. R., Flahtery, A. W., Cassem, E. H., Prince, B. H., Rauch, S. L., & Dougherty, D. D. (2008). Prospective assessment of stereotactic ablative surgery for intractable major depression. *Biological Psychiatry, 64*, 449–454.

Shih, J. H., Eberhart, N. K., Hammen, C. L., & Brennan, P. A (2006). Differential exposure and reactivity to interpersonal stress predict sex differences in adolescent depression. *Journal of Clinical Child and Adolescent Psychology, 35*, 103–115.

Shneidman, E. S. (1987, March). At the point of no return. *Psychology Today*, pp. 54–59.

Sia, T. L., Lord, C. G., Blessum, K. A., Ratcliff, C. D., & Lepper, M. R. (1997). Is a rose always a rose? The role of social category exemplar change in attitude stability and attitude-behavior consistency. *Journal of Personality and Social Psychology, 72*, 501–514.

Siever, L. J. (2008). Neurobiology of aggression and violence. *American Journal of Psychiatry, 165*, 429–442.

Sigmon, S. T., Pells, J. J., Edenfield, T. M., Hermann, B. A., Scharter, J. G., LaMattina, S. M., & Boulard, N. E. (2007). Are we there yet? A review of gender comparisons in three behavioral journals through the 20th century. *Behavior Therapy, 38*, 333–339.

Sinaceur, M., Thomas-Hunt, M. C., Neale, M. A., O'Neill, O. A., & Haag, C. (2010). Accuracy and perceived expert status in group decisions: When minority members make majority members more accurate privately. *Personality and Social Psychology Bulletin, 36*, 423–437.

Sloane, R. B., Staples, F. R., Cristol, A. H., Yorkston, N. J., & Whipple, K. (1975). *Psychotherapy versus behavior therapy*. Cambridge, MA: Harvard University Press.

Smith, M., Hopkins, D., Peveler, R. C., Holt, R. I. G., Woodward, M., & Ismail K. (2008). First- v. second-generation antipsychotics and risk for diabetes in schizophrenia: Systematic review and meta-analysis. *The British Journal of Psychiatry, 192*, 406–411.

Smith, T. B., Domenech Rodríguez, M., & Bernal, G. (2011). Culture. *Journal of Clinical Psychology: In Session, 67*, 166–175.

Smoller, J. W., Biederman, J., Arbeitman, L., Doyle, A. E., Fagerness, J., Perlis, R. H., Sklar, P., & Faraone, S. V. (2006). Association between the 5HT1B receptor gene (HTR1B) and the inattentive subtype of ADHD. *Biological Psychiatry, 59*, 460–467.

Snowden, L. R., & Yamada, A.-M. (2005). Cultural differences in access to care. *Annual Review of Clinical Psychology, 1*, 143–166.

Snyder, D. K., & Balderrama-Durbin, C. (2012). Integrative approaches to couple therapy: Implications for clinical practice and research. *Behavior Therapy*, in press.

Solomon, A. (2001). *The noonday demon*. New York: Scribner.

Spano, R., Pridemore, W. A., & Bolland, J. (2012). Are exposure to violence and violent behavior precursors for initiation of gun carrying for poor, urban minority youth? *Journal of Interpersonal Violence, 27*, 158–176.

Stagnitti, M. N. (2007). *Trends in the use and expenditures for the therapeutic class prescribed psychotherapeutic agents and a subclasses, 1997 and 2004*. Rockville, MD: Agency for Healthcare Research and Quality.

Stahr, B., Cushing, D., Lane, K., & Fox, J. (2006). Efficacy of a function-based intervention in decreasing off-task behavior exhibited by a student with ADHD. *Journal of Positive Behavior Interventions, 8*, 201–211.

Stanley, D. A., Sokol-Hessner, P., Banaji, M. R., & Phelps, E. A. (2011). Implicit race attitudes predict trustworthiness judgments and economic trust decisions. *PNAS, 108*, 7710–7715.

Stanley, D., Phelps, E., & Banaji, M. (2008). The neural basis of implicit attitudes. *Current Directions in Psychological Science, 17*, 164–170.

Stein, M. B., Jang, K. L., Taylor, S., Vernon, P. A., & Livesley, W. J. (2002). Genetic and environmental influences on trauma exposure and posttraumatic stress disorder symptoms: A twin study. *American Journal of Psychiatry, 159*, 1675–1681.

Steiner, M., Dunn, E., & Born, L. (2003). Hormones and mood: From menarche to menopause and beyond. *Journal of Affective Disorders, 74*, 67–83.

Stepanova, E. V., Strube, M. J., & Hetts, J. J. (2009). They saw a triple lutz: Bias and perception in American and Russian newspaper coverage of the 2002 Olympic figure skating scandal. *Journal of Applied Social Psychology, 39*, 1763–1784.

Stewart, S. A. (2005). The effects of benzodiazepines on cognition. *Journal of Clinical Psychiatry, 66* (Suppl. 2), 9–13.

Stewart-Williams, S. (2007). Altruism among kin vs. nonkin: Effects of cost of help and reciprocal exchange. *Evolution and Human Behavior, 28*, 193–198.

Stone, J., & McWhinnie, C. (2008). Evidence that blatant versus subtle stereotype threat cues impact performance through dual processes. *Journal of Experimental Social Psychology, 44*, 445–452.

Striegel-Moore, R. H., & Franko, D. L. (2008). Should binge eating disorder be included in DSM-V? A critical review of the state of the evidence. *Annual Review of Clinical Psychology, 4*, 305–324.

Subotnik, K. L., Nuechterlein, K. H., Ventura, J., Gitlin, M. J., Marder, S., Mintz, J., Hellemann, G. S., Thornton, L. A., & Singh, I. R. (2011). Risperidone nonadherence and return of positive symptoms in the early course of schizophrenia. *American Journal of Psychiatry, 168*, 286–292.

Substance Abuse and Mental Health Service Administration (SAMHSA). (2010). *Results from the 2009 national survey on drug use and health: Volume I. Summary of national findings*.

Sue, S. (2006). Cultural competency: From philosophy to research and practice. *Journal of Community Psychology, 34*, 237–245.

Sullivan, H. S. (1953). *The interpersonal theory of psychiatry*. New York: Norton.

Swazey, J. P. (1974). *Chlorpromazine in psychiatry: A study of therapeutic innovation*. Cambridge, MA: MIT Press.

Swogger, M. T., Conner, K. R., Meldrum, S. C., & Caine, E. D. (2009). Dimensions of psychopathy in relation to suicidal and self-injurious behavior. *Journal of Personality Disorders, 23*, 201–210.

Szasz, T. S. (1974). *The myth of mental illness* (rev. ed.). New York: Harper & Row.

Szasz, T. S. (2004). *Faith in freedom: Libertarian principles and psychiatric practices*. Somerset, NJ: Transaction Publishers.

Tajfel, H., Billig, M., Bundy, R., & Flament, C. (1971). Social categorization and intergroup behavior. *European Journal of Social Psychology, 1*, 149–178.

Tan, K. R., Rudolph, U., & Lüscher, C. (2011). Hooked on benzodiazepines: $GABA_A$ receptor subtypes and addiction. *Trends in Neurosciences, 34*, 188–197.

Tandon, R., Keshavan, M. S., & Nasrallah, H. A. (2008). Schizophrenia, "Just the Facts": What we know in 2008. 2. Epidemiology and etiology. *Schizophrenia Research, 102*, 1–18.

Tarbox, S. I., & Pogue-Geile, M. F. (2008). Development of social functioning in preschizophrenic children and adolescents: A systematic review. *Psychological Bulletin, 34*, 561–583.

Taylor, C. T., Bomyea, J., & Amir, N. (2010). Attentional bias away from positive social information mediates the link between social anxiety and anxiety vulnerability to a social stressor. *Journal of Anxiety Disorders, 24*, 403–408.

Teplin, L. A., McClelland, G. M., Abram, K. M., & Weiner, D. A. (2005). Crime victimization in adults with severe mental illness. *Archives of General Psychiatry, 62*, 911–921.

Thase, M. E., & Denko, T. (2008). Pharmacotherapy of mood disorders. *Annual Review of Clinical Psychology, 4*, 53–91.

Thoma, N. C., & Cecero, J. J. (2009). Is integrative use of techniques in psychotherapy the exception or the rule? Results of a national survey of doctoral-level practitioners. *Psychotherapy Theory, Research, Practice, Teaching, 46*, 405–417.

Thompson, P. M., Vidal, C., Giedd, J. N., Gochman, P., Blumenthal, J., Nicolson, R., Toga, A. W., & Rapoport, J. L. (2001). Mapping adolescent brain change reveals dynamic wave of accelerated gray matter loss in very early-onset schizophrenia. *PNAS, 98*, 11650–11655.

Tiger, J. H., & Hanley, G. P. (2006). Using reinforcer pairing and fading to increase the milk consumption of a preschool child. *Journal of Applied Behavior Analysis, 39*, 399–403.

Tomkovick, C., Lester, S. W., Flunker, L., & Wells, T. A. (2008). Linking collegiate service-learning to future volunteerism: Implications for nonprofit organizations. *Nonprofit Management and Leadership, 19*, 3–26.

Torgersen, S., Lygren, S., Øien, P. A., Skre, I., Onstad, S., Edvardsen, J., Tambs, K., & Kringlen, E. (2000). A twin study of personality disorders. *Comprehensive Psychiatry, 41*, 416–425.

Trivers, R. L. (1971). The evolution of reciprocal altruism. *Quarterly Review of Biology, 46*, 35–57.

Tryon, G. S., & Winograd, G. (2011). Goal consensus and collaboration. *Psychotherapy, 48*, 50–57.

Tryon, W. W. (2008). Whatever happened to symptom substitution? *Clinical Psychology Review, 28*, 963–968.

Turner, M. E., & Pratkanis, A. R. (1998). A social identity maintenance model of groupthink. *Organizational Behavior and Human Decision Processes, 73*, 210–235.

Uher, R., Caspi, A., Houts, R., Sugden, K., Williams, B., Poulton, R., & Moffitt, T. E. (2011). Serotonin transporter gene moderates childhood maltreatment's effects on persistent but not single-episode depression: Replications and implications for resolving inconsistent results. *Journal of Affective Disorders, 135*, 56–65.

van Tol, M.-J., van der Wee, N. J. A., van den Heuvel, O. A., Nielen, M. M. A., Demenescu, L. R., Aleman, A., Renken, R., van Buchem, M. A., Zitman, F. G., & Veltman, D. J. (2010). Regional brain volume in depression and anxiety disorders. *Archives of General Psychiatry, 67*, 1002–1011.

Vanden Bogaerde, A., & De Raedt, R. (2011). The moderational role of anxiety sensitivity in flight phobia. *Journal of Anxiety Disorders, 25*, 422–426.

Vaughn, E. D., Thomas, A., & Doyle, A. L. (2011). The multiple disability implicit association test: Psychometric analysis of a multiple administration IAT measure. *Rehabilitation Counselling Bulletin, 54*, 223–235.

Viding, E., Blair, J. R., Moffitt, T. E., & Plomin, R. (2005). Evidence for substantial genetic risk for psychopathy in 7-year-olds. *Journal of Child Psychology and Psychiatry, 46*, 592–597.

Vieland, V. J., Hallmayer, J., Huang, Y., Pagnamenta, A. T., Pinto, D. Khan, H., Monaco, A. P., Paterson, A. D., Scherer, S. W., Sutcliffe, J. S., Szatmari, P., & The Autism Genome Project (AGP). (2011). Novel method for combined linkage and genome-wide association analysis finds evidence of distinct genetic architecture for two subtypes of autism. *Journal of Neurodevelopmental Disorders, 3*, 113–123.

Vishwanath, A., Herath, T., Chen, R., Wang, J., & Rao, H. R. (2011). Why do people get phished? Testing individual differences in phishing vulnerability within an integrated information processing model. *Decision Support Systems, 51*, 576–586.

Vonnegut, M. (1975). *The Eden express*. New York: Bantam.

Wampold, B. E. (2001). *The great psychotherapy debate: Models, methods, and findings*. Mahwah, NJ: Erlbaum.

Wang, P. S., Berglund, P., Olfson, M., Pincus, H. A., Wells, K. B., & Kessler, R. C. (2005). Failure and delay in initial treatment contact after first onset of mental disorders in the national comorbidity survey replication. *Archives of General Psychiatry, 62*, 603–613.

Waters, N. L., & Hans, V. P. (2009). A jury of one: Opinion formation, conformity, and dissent on juries. *Journal of Empirical Legal Studies, 6*, 513–540.

Weeks, J. W., Heimberg, R. G., Rodebaugh, T. L., & Norton, P. J. (2008). Exploring the relationship between fear of positive evaluation and social anxiety. *Journal of Anxiety Disorders, 22*, 386–400.

West, M. L., Yanos, P. T., Smith, S. M., Roe, D., & Lysaker, P. H. (2011). Prevalence of internalized stigma among persons with severe mental illness. *Stigma Research and Action, 1*, 54–59.

Whitchurch, E. R., Wilson, T. D., & Gilbert, D. T. (2011). "He loves me, he loves me not...": Uncertainty can increase romantic attraction. *Psychological Science, 22*, 172–175.

Widom, C. S., Dutton, M. A., Czaja, S. J., & DuMont, K. A. (2005). Development and validation of a new instrument to assess lifetime trauma and victimization history. *Journal of Traumatic Stress, 18*, 519–531.

Windy, D., & Ellis, A. (1997). *The practice of rational emotive behavior therapy*. New York: Springer.

Wolpe, J. (1958). *Psychotherapy by reciprocal inhibition*. Stanford, CA: Stanford University Press.

Wolpe, J. (1973). *The practice of behavior therapy* (2nd ed.). New York: Pergamon Press.

Wood, S. J., Pantelis, C., Velakoulis, D., Yücel, M., Fornito, A., & McGorry, P. D. (2008). Progressive changes in the development toward schizophrenia: Studies in subjects at increased symptomatic risk. *Schizophrenia Bulletin, 34*, 322–329.

Wood, W. (2000). Attitude change: Persuasion and social influence. *Annual Review of Psychology, 51*, 539–570.

Wood, W., Lundgren, S., Ouellette, J. A., Busceme, S., & Blackstone, T. (1994). Minority influence: A meta-analytic review of social influence processes. *Psychological Bulletin, 115*, 323–345.

World Health Orgnization. (2008). The global burden of disease: 2004 update.

Yeh, M. T., Coccaro, E. F., & Jacobson, K. C. (2010). Multivariate behavior genetic analyses of aggressive behavior subtypes. *Behavior Genetics, 40*, 603–617.

Youman, K., Drapalski, A., Stuewig, J., Bagley, K., & Tangney, J. (2010). Race differences in psychopathology and disparities in treatment seeking: Community and jail-based treatment-seeking patterns. *Psychological Services, 7*, 11–26.

Zahn-Waxler, C., Shirtcliff, E. A., & Marceau, K. (2008). Disorders of childhood and adolescence: Gender and psychopathology. *Annual Review of Clinical Psychology, 4*, 275–303.

Zajonc, R. B. (1968). Attitudinal effects of mere exposure. Journal of Personality and Social Psychology. *Monograph Supplement, 9* (2, Part 2), 1–27.

Zimbardo, P. G. (2007). *The Lucifer effect: Understanding how good people turn evil*. New York: Random House.

Zwaigenbaum, L., Bryson, S., Rogers, T., Roberts, W., Brian, J., & Szatmari, P. (2005). Behavioral manifestations of autism in the first year of life. *International Journal of Developmental Neuroscience, 23*, 143–152.